"十二五"国家重点出版规划项目

国家出版基金项目
NATIONAL PUBLICATION FOUNDATION

U9712393

野战火箭装备与技术

野战火箭发动机结构完整性评估工程软件应用

蒙上阳 杨军辉 许进升 郑健 编著

国防工业出版社

·北京·

内 容 简 介

本书是《野战火箭发动机结构完整性评估数值方法》的姊妹篇,主要介绍 MSC.Patran 与 MSC.Marc 商用有限元软件在野战火箭发动机结构完整性评估领域的应用和操作方法,首先在介绍二型软件用法的基础上,以某型野战火箭发动机为例,详细介绍采用 MSC.Patran 2012 软件建立野战火箭发动机三维有限元模型的前处理方法,然后与 MSC. Marc 2012 软件配合,完成黏弹性有限元数值计算,获取发动机在各种载荷历程下的响应,最后通过 MSC.Patran 2012 软件详细介绍后处理的方法。

本书案例来自工程实际,主要侧重于工程应用,以图文结合的方式讲解了操作方法与技巧,可供从事野战火箭发动机研究、设计、生产和检验的科技人员使用,也可供野战火箭发动机专业的学生参考。

图书在版编目(CIP)数据

野战火箭发动机结构完整性评估工程软件应用/蒙上阳等编著. —北京:国防工业出版社,2015.12
(野战火箭装备与技术)
ISBN 978-7-118-10604-6

Ⅰ.①野… Ⅱ.①蒙… Ⅲ.①野战 – 火箭发动机 – 工程结构 – 完整性 – 评估 – 应用软件 Ⅳ.①V43 – 39

中国版本图书馆 CIP 数据核字(2015)第 284160 号

※

国防工业出版社出版发行

(北京市海淀区紫竹院南路 23 号 邮政编码 100048)
北京嘉恒彩色印刷有限责任公司印刷
新华书店经售

*

开本 710 × 1000 1/16 印张 16 字数 330 千字
2015 年 12 月第 1 版第 1 次印刷 印数 1—1500 册 定价 80.00 元

(本书如有印装错误,我社负责调换)

国防书店:(010)88540777   发行邮购:(010)88540776
发行传真:(010)88540755   发行业务:(010)88540717

《野战火箭装备与技术》丛书编委会

序

炮兵是陆军火力打击骨干力量,装备发展是陆军装备发展的重点。野战火箭是炮兵的重要装备,以其突然、猛烈、高效的火力在战争中发挥了重要作用。随着现代高新技术的飞速发展及其在兵器领域的广泛应用,20世纪90年代初,国外开始应用制导技术和增程技术发展制导火箭,使火箭炮具备了远程精确点打击和精确面压制能力,推动了炮兵由覆盖式面压制火力支援向点面结合的火力突击转变。同时,随着贮运发箱模块化发射技术的应用,火箭炮摆脱了集束定向管的束缚,实现了不同弹径、射程、战斗部种类火箭弹的共架发射,具有射程远、精度高、火力猛、点面结合、毁伤高效、反应快速、机动灵活和保障便捷的特点,标志着野战火箭装备技术水平发展到了一个新的高度,夯实了野战火箭在陆军火力打击装备中的重要地位。

我国一直重视野战火箭装备技术发展,近年来更是在野战火箭武器的远程化、精确化、模块化和信息化等方面取得了长足进步,野战火箭装备技术总体水平达到了世界先进水平,部分达到领先水平。韩珺礼研究员带领的陆军火箭科研创新团队,长期从事野战火箭武器装备论证、预先研究、型号研制和作战运用研究等工作,取得了大量成果,相继推出的多型野战火箭武器系统均已成为陆军炮兵的火力骨干装备。

《野战火箭装备与技术》丛书(共14册)系统分析了未来战争形态的演进对陆军炮兵远程精确打击装备的需求,明晰了我国野战火箭武器装备的发展方向,从多角度研究了我国野战火箭武器装备的理论技术与运用问题,是对我国近年来野战火箭特别是远程火箭发展的总结与升华。该丛书在国内首次系统建立了涵盖野战火箭论证、设计、制造、试验和作战运用等多个方面的理论体系和技术体系,是近年来国内野战火箭装备技术和作战运用研究的理论结晶,为野战火箭向更远程、更精确、更大威力发展奠定了坚实理论与技术基础。《野战火箭装备与技术》丛书对于推动我国野战火箭武器深入发展具有重大意义!相信在各级机关的支持下,在广大科研人员的共同努力下,我国野战火箭武器将更加适应基于信息系统的打击需求,在未来信息化战争中将发挥更重要的作用!

刘怡昕

二〇一五年十一月

刘怡昕:中国工程院院士、南京炮兵学院教授。

自序

　　炮兵是陆军火力打击力量的重要组成部分,具备突然、猛烈、密集、高效的火力特点,在历次战争中发挥了重要作用,有"战争之神"的美誉。随着制导技术、电子信息技术等诸多高新技术在炮兵装备中的应用,陆军炮兵的远程精确打击能力得到大幅提升,炮兵已由过去的火力支援兵种向火力主战兵种转型,这与野战火箭武器的发展密不可分。为适应现代战争需求,野战火箭武器系统正朝着远程压制、精确打击、一装多能、高效毁伤、模块通用的方向发展。

　　为了提高我军炮兵作战能力,我国十分重视野战火箭武器的发展,从装备仿研、技术引进到自主研发,经过多年的积累与创新,在远程化、精确化、模块化、信息化等方面达到了较高水平。在基于信息系统的体系作战中,野战火箭主要担负战役战术纵深内对面目标精确压制和点目标精确打击任务。以贮运发箭模块化共架发射和精确化为主要特征的先进远程野战火箭武器系统,集远程综合压制、精确打击、实时侦察和效能评估于一体,为复杂战场环境下远程精确火力打击提供了重要保证,是我国陆军未来火力打击装备发展的重点。

　　野战火箭装备技术的发展已进入到一个新的更高阶段,立之弥高,逾之弥艰,需要有完整的基础理论加以支撑,需要有关键技术不断突破和创新,需要在基础研究上下功夫。但是,目前该领域的学术理论、技术研究成果相对分散,成系统的装备技术和理论文献很少,不利于野战火箭武器装备的优化发展。因此,迫切需要对该领域的理论与技术进行系统梳理、结集出版,以满足论证、研制、生产、作战使用等各领域参考资料缺乏的急需,为野战火箭领域人才培养和装备发展提供系统的理论与技术支撑。《野战火箭装备与技术》丛书立足野战火箭发展,填补了国内野战火箭理论与技术体系空白,被列入"十二五"国家重点图书出版规划项目,并得到了国家出版基金的资助。本丛书共有 14 个分册,全面系统地对我国陆军野战火箭研究成果和国内外该领域的发展趋势进行了阐述,着重对我国野战火箭基础研究和工程化研究方面取得的创新性成果进行了提炼,是我国野战火箭领域科技进步的结晶。本丛书的出版,对推动我国野战火箭装备技术不断自主创新、促进陆军武器装备发展、提升我国武器装备竞争力以及培养野战火箭领域专业人才具有重要意义。

　　本丛书的撰写得到了机关和广大专家的指导和帮助。感谢中国科学院院士包为民和中国工程院院士刘怡昕、中国工程院院士杨绍卿的悉心指导,感谢徐明友教授等我国野战火箭领域老一辈科研工作者奠定的基础,感谢总装备部某研究所各位领导和诸位同事的支持,感谢南京炮兵学院、南京理工大学、北京理工大学、兵器工业导航与控制技术研究所、国营 743 厂、国营 5137 厂等单位领导和科研工作者的支持,感谢国防工业出版社和陆军火箭科研创新团队为本丛书所做出的大量工作! 在本丛书的撰写过程中参考了相关文献和资料,在此对相关作者一并表示感谢!

　　由于水平所限,书中难免有错误和不当之处,恳请读者不吝赐教。

韩珺礼

二〇一五年十一月

前言

　　野战火箭炮不仅以其能够在极短的时间内连续发射大量火箭弹,瞬间形成广大的弹幕,造成严重的人员伤亡和装备破坏,而且以其机动灵活、造价低廉、操作简单及维修方便等一系列优点,成为近年来无论是发达国家还是发展中国家都竞相采用和研制的炮兵武器。现代战场的纵深作战要求陆军炮兵先敌开火、远战歼敌,因此增大武器的射程是增强炮兵火力的主要方法之一。研制射程更远的身管火炮既花费大,研制周期又长,而研制射程远的野战火箭弹,要容易、有效得多。对野战火箭弹进行增程必须提高野战火箭发动机的内弹道性能,这可以通过加大野战火箭发动机装药的肉厚、采用多种药型组合,以及改变推进剂配方等方法得到。然而,这些改进都将可能导致发动机在点火发射时工作环境更为恶劣,特别是对于药型复杂的贴壁浇注式增程野战火箭发动机,点火发射时发动机通常存在较为严重的强度问题。从已知的火箭弹的故障来看,发动机是导致灾难性故障的最主要原因之一,因此,准确得到发动机在点火增压过程中的安全性与可靠性,可指导发动机设计、研制、生产和寿命预估工作。然而,野战火箭发动机热试车和点火发射时发动机主要承受载荷是燃气内压,点火时燃气内压在几十至几百毫秒的时间里,燃烧室压力由工作环境的大气压迅速增至十几兆帕,发动机不仅处于高温、高压及高应变率的恶劣环境下,而且点火发射存在不可重现性,从而试图通过试验测量真实发动机的响应无疑是异常困难的。随着数值仿真技术的发展,通过数值仿真软件辅以高性能的计算机可模拟野战火箭发动机在各种复杂载荷工况下的响应,可以大大减少对物理样机的试验,节约研发经费。所以,通过数值仿真对整个野战火箭发动机点火发射时的位移、应力和应变场响应进行分析,以评估其结构完整性、使用安全性与可靠性正成为发动机设计、研制不可或缺的手段。

　　本书主要基于 MSC.Patran 2012、MSC.Nastran 2012 和 MSC.Marc 2012,使用软件的黏弹性增量有限元功能,进行了某型野战火箭发动机结构完整性、贮存寿命预估与喷管温度场数值仿真,并从发动机结构完整性评估工程应用出发,通过实例对建模过程、结果展示和分析方法进行了详实的介绍,为有兴趣的学者掌握这两种软件、完成野战火箭发动机结构完整性评估提供了学习用例。

　　本书内容共分 3 个部分,第 1 部分介绍了 MSC.Patran 2012 和 MSC.Nastran

2012 软件特点、功能和具体操作方法,学者可以对照步骤进行工程实际操作;第 2 部分介绍 MSC.Marc 2012 软件特点、功能和具体操作方法,主要给出了黏弹性材料本构的输入方法,方便读者对照操作;第 3 部分以某型野战火箭发动机为例,分别进行了发动机的结构完整性评估与寿命预估,以及喷管温度场的仿真计算,演示了整个数值仿真流程的实现过程,并针对评估报告的提取内容进行详实描述,便于学者借鉴参考。

本书的第 1 章、第 2 章、第 4 章由蒙上阳撰写,第 3 章、第 5 章由杨军辉撰写,第 6 章由许进升、郑健撰写,全书最后由蒙上阳统合定稿。本书的编写得到了不少专家的指导和帮助,感谢南京理工大学周长省教授、陈雄副院长,国营 743 厂李照勇所长、杜红英研究员、郭光全副所长,顺程科源(中国)科技公司安卫东总经理、赵明宇经理、薛兴东经理等,他们以丰富的实践经验提出了很多宝贵意见,对此一并表示深深的谢意!

尽管编写人员尽到了最大的努力,但是由于水平所限,本书难免有错误和不当之处,恳请读者不吝赐教。

作 者

目录

第1章
MSC.Patran与MSC.Nastran数值仿真软件

1.1 MSC.Patran 与 MSC.Nastran 介绍

MSC.Patran和MSC.Nastran是MSC.Software公司(MSC.Software Corporation，MSC)有限元分析和计算机仿真应用软件核心产品，MSC.Software公司的产品主要有MSC.Patran、MSC.Nastran、MSC.Marc、MSC.Dytran、MSC.Fatigue、MSC.Mvision和MSC.Easy5等。其中，MSC.Patran是由美国国家航空航天局(NASA)支持，在1980年开发的通用计算机辅助工程分析前后置处理器，可将工程技术人员从繁重的计算数据准备工作中解放出来，并能将计算结果进行可视化处理。MSC.Patran拥有优良的用户界面，是目前最好的前后处理软件，广泛应用于航空、航天、兵器、汽车、船舶、电子和核能等领域，可完成结构设计、静态分析、动态分析、热传导分析、疲劳和运动模拟等内容，为世界众多著名大公司所采用。

1.1.1 MSC.Software 公司简介

MSC.Software创建于1963年，总部设在美国洛杉矶，其最早最著名的产品是大型通用结构有限元分析软件MSC.Nastran，近十几年来，通过并购、重组，MSC.Software迅速壮大，先后收购了流体CAE软件公司Pisces International、CAD供应厂商Aries Technology公司、CAE公司PDA Engineers、机构动力学和运动学仿真软件公司Knowledge Revolution、高度非线性CAE软件公司MARC和美国AES公司等，占有超过40%的全球CAE市场份额。随着公司的发展，MSC.Software公司已从纯粹的CAE公司发展成从CAD/CAE软件到系统/硬件及工程咨询服务一体化集成，提供全方位整体解决方案的公司。

MSC.Software公司的产品被广泛应用于各个行业的工程仿真分析，包括国防、航空航天、机械制造、汽车、船舶、兵器、电子、铁道、石化、能源、材料工程等领域。其产品作为世界公认的CAE工业标准，获得各权威机构的质量认证，如MSC.Nastran软件获得美国联邦航空管理局(FAA)认证，成为领取飞行器适航证的唯一验证软件；MSC.Marc软件通过了ISO9001质量认证；MSC.Software产品作为与压力容器行业标准(JB4732—95)相适应的设计分析软件，全面通过了(中国)全国压力容器技术委员会的考核认证。MSC.Software公司为客户提供集软件工具、行业专长和专业化服务一体的整体解决方案，帮助客户在产品设计定型或生产之前预测、仿真和优化产品的性能质量，改进产品加工工艺，降低设计成本，节约资金，缩短研发周期。

自1993年以来，MSC.Software公司开始了在中国的业务拓展，先后在北京、上海、成都和深圳建立了四个办事处，形成了包括代理、软硬件合作伙伴及系统集成商在内的广泛的销售网络和渠道，并在北京、上海、长春、西安和成都等地建立了相应的技术培训中心和工程咨询中心，形成了以北京技术服务部及工程咨询部为核心，以MSC.Software上海、成都、深圳的办事处、代理和技术培训中心为基地的服务网络，并通过每年定期召开的中国用户年会为用户提供横向交流平台。

1.1.2 MSC.Patran 功能简介

MSC.Patran是由NASA倡导开发的集成并行框架式有限元前后处理及分析仿真软件，其开放式、多功能的体系结构可将工程设计、工程分析、结果评估、用户化设计和交互图形界面集于一身，构成一个完整的CAE集成环境。MSC.Patran可以帮助用户实现从设计到制造全过程的产品性能仿真。MSC.Patran用户界面友好，直观易学，便于快速掌握。图1-1所示为MSC.Patran 2012用户界面。

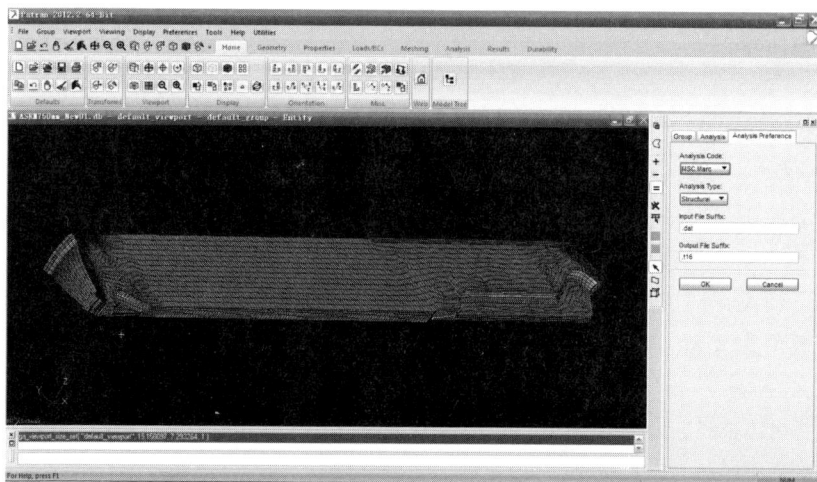

图 1-1 MSC.Patran 2012 的用户界面

MSC.Patran作为目前最好的前后处理软件，具有高度的集成能力和良好的适用性：

(1) 模型处理智能化：MSC.Patran不仅具有完善独立的几何建模和编辑工具，并且具有直接几何访问技术(DGA)，能够使用户直接从其它CAD/CAM系统中获取几何模型、参数和特征等，同时具有自动网格及映射网格划分功能，使得用户有更为灵活的建模手段。MSC.Patran允许用户直接在几何模型上设定载荷、边界条件、材料和单元特性，并将这些信息自动地转换成相关的有限元信息。

(2) 分析集成：MSC.Patran提供了众多的软件接口，可将不同类型的大部分分析软件和技术集于一体，为用户提供一个公共的环境。在其它软件中建立的模型，在MSC.Patran中仍然可以正常使用，从而解决了不同软件之间的兼容问题，有助于提高工作效率。

(3) 结果可视化处理：MSC.Patran具有丰富的结果后处理功能，能够提供图、表、文本、动态模拟等多种结果形式，可形象逼真、准确可靠地直观显示所有分析结果。

(4) 二次开发功能：可将MSC.Patran作为前后置处理器，利用PCL(Patran Command Language)语言和编程函数库进行二次开发。

1. 模型创建

1) 图形用户界面

MSC.Patran采用符合Open Software Foundation(OSF) Motif标准的图形用户界面，可采用最多不超过三级菜单的光标驱动菜单和表格系统输入命令，用户界面友好、清晰。基于Motif的图形菜单和电子表格系统不但易学易用，而且可通过随机的在线帮助系统提供整个MSC.Patran用户手册信息。

2) 直接访问CAD几何模型

MSC.Patran不但可以作为一个完整的应用系统独立运行，完成各种复杂模型的实体建模，而且可以配合不同需求，选用不同模块完成不同的工程分析。可直接在MSC.Patran框架内访问现有CAD/CAM系统数据库，读取、转换、修改和操作正在设计的几何模型。MSC.Patran支持的几何转换标准包括Parasolid、ACIS、STEP、IGES，还可以直接读取CATIA的几何模型等。MSC.Patran支持的CAD/CAM软件如图1-2所示。

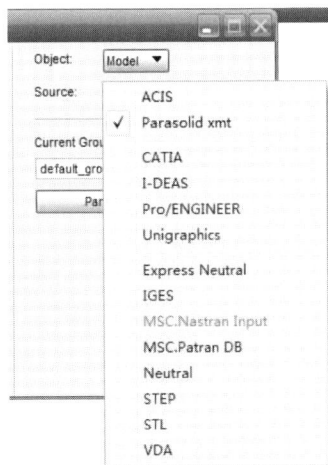

图1-2 MSC.Patran 2012 支持的 CAD/CAM 软件

导入的CAD信息包括点、曲线、曲面和实体、Unigraphics特征。其中，Unigraphics特征不但可以读入MSC.Patran，而且可以在MSC.Patran中根据分析的要求进行更改，随后特征仍可返回UG供CAD设计修改使用。

3) 强大的几何造型功能

MSC.Patran提供了一系列的几何造型和编辑功能，不但可以编辑读入的CAD几何，对其划分有限元网格，而且可以独立创建各种复杂的几何模型。

MSC.Patran支持的几何要素包括点、曲线、曲面、实体、Trimmed、裁剪曲面、三参数实体和B-rep实体等。MSC.Patran多种生成选项包括：平移或复制、转动、比例缩放、镜像，滑动拉伸、法向拉伸，抽取点、线、面，倒角，直接定义XYZ坐标，任意方向拉伸、旋转生成，复杂要素分解，要素相交产生新的要素，投影点、线、面，由有限元网格生成曲面，通过组的变换生成几何项，几何项序号重新排序，此外还包含了曲线、曲面合并功能；任意的局部坐标系设定选项(笛卡儿、圆柱和球坐标)、重心、形心、转动惯量等几何模型的质量和几何特性计算。

2. 分析集成

MSC.Patran提供了"按事件分类"的分析解算器选择功能，分析选择可根据不同分析软件(包括MSC.Patran自身应用分析模块)设置不同的工作环境，MSC.Patran界面内可直接选择的求解器如图1-3所示。

另外，MSC.Patran还可以选择自身的求解器和分析功能，主要有：通用结构分析(PATRAN FEA)、非线性结构分析(PATRAN AFEA)、专业热分析包(PATRAN THERMAL)、专业疲劳分析包(PATRAN FATIGUE)、高级分析管理器(PATRAN ANALYSIS MANAGER)、高级层板复合材料建模器(PATRAN LAMINATE MODELER)。

MSC.Patran还可方便地与第三方分析器集成。如在MSC.Patran中设定了分析选择，其工作

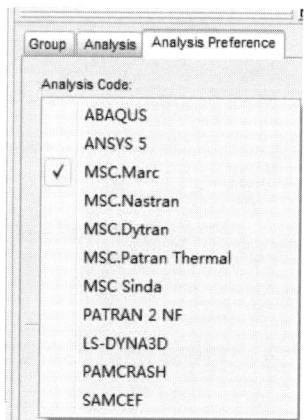

图1-3 MSC.Patran 2012 求解器

环境会自动地定义到与所选择的分析软件相应匹配的状态，不必离开MSC.Patran即可进行各种分析计算，此时MSC.Patran为使用MSC.Nastran提供了大量特定的菜单和表格，供输入数据使用，包括单元、材料类型和特性、载荷、边界条件与求解类型及设置参数。当用户有不同的分析软件时，只需在MSC.Patran中建立一个模型即可通过分析选择不同的分析软件进行计算，而不必构造不同的分析模型。当选用MSC.Nastran的分析模型进行结构分析时，可切换分析选择器到MSC.Marc，使用同一模型进行非线性热分析。

3．有限元建模

MSC.Patran根据不同的几何模型提供了多种不同的生成和定义有限元模型工具，包括多种网格划分器，完成有限元模型的编辑处理、单元设定、任意梁截面建模、边界和载荷定义以及交互式计算结果后处理等。

1）网格生成器

MSC.Patran提供了针对不同分析目的的多种网格处理器，以快速生成分析用的有限元网格。这些网格生成器包括：

(1) 快速曲面网格划分器：任意二维曲面网格生成和缝合，用户定义局部或全局单元尺寸，网格自动调整以确保网格质量，网格密度控制，无曲面的面网格，边界和特殊区域的网格最佳形状调整，p-单元算法等。

(2) 自动实体单元网格划分器：四面体网格，任意几何体三维网格划分，网格密度控制功能，边界及重要区域网格最佳形状调整，四面体网格诊断等。

(3) 可靠的映射网格划分器：通用一维、二维、三维有限元网格划分，单一命令多种网格划分选项，均匀、非均匀(包括单方向、双方向及基于曲率的网格划分)控制，网格过渡控制，网格种子控制，用户控制的网格光顺处理，两条线之间产生面单元。

(4) 扫掠网格生成器：一维、二维和三维单元可从低一阶次的单元扫掠形成，扫掠方法主要有拉伸、滑动、滑动—导轨—法向、圆弧方向、柱面径向、球面径向，球面周向矢量域等。

MSC.Patran在相近的四边形网格之间作出实体单元，强大的单元库包括线性、二阶及三阶单元，主要有杆、三角形、四边形、四面体、楔形单元和六面体等。特殊单元类型包括质量单元、弹簧元、阻尼单元、弹性支撑、自由度集和多点约束(MPC)等。

2）模型编辑处理

MSC.Patran还有一些独特的网格处理功能，如网格的优化处理、单元验证试验、节点和单元编辑等，更方便使用。具体有：自动硬点生成，自动产生高阶单元的边中、面中或中心节点，单元平移、转动、镜像和比例缩放以及复制和管理单元，节点和单元的修改编辑，单元细化，一个几何体多种不同网格划分并存于同一个数据库，节点号、单元号偏置等。

特别是建立裂缝模型，可生成位置重合的节点，用于生成零长度单元，如间隙单元和滑移线单元。重合节点自动消除功能选项包括：根据划分或几何关系，检查重合的节点；可根据组定义、个别选择或整个模型，检查不连续和特殊单元；预览要删除的重合节点；选择节点不进行重合检查。

3）单元检查

为了确保所分析模型的完整性，一般需要对模型进行单元检查，主要包括以下内容：壳单元的细长比、翘曲、扭曲、阶梯性及法向的一致性检查，高阶壳单元的法向和切向偏置检查，实体单元的细长比、内角、扭曲、表面扭曲、表面阶梯性、表面翘曲、四面体间隙、单元连接及重合检查，雅可比测试，单元特性、材料及边界条件的图形显示，单元自由边和自由面的图形显示。有限元网格可以随时与几何点、线、面或体相关联，这对生成网格时未做几何关联或网格从外部读入的情况非常有用。另外还可通过组的变换生成网格，或利用其它单元的表面或边生成新的单元。

节点可投影到平面、曲面、曲线或指定的空间位置；单元网格可进行打开和闭合控制。

在MSC.Patran中，函数赋值既可以用于施加载荷和边界条件，又可用于材料和单元特性的定义。

4) 任意梁截面定义

梁是工程领域最常用的一种结构，在结构分析中，若将三维简化成一维来处理，可能会造成空间梁的摆放位置和方向错误。MSC.Patran内嵌的梁单元库中梁均以参数的方式提供给用户，并通过三维摆放保证分析模型的正确性。更为重要的是除常规梁单元库外，MSC.Patran还特别提供了任意梁截面计算和模型处理方法，可方便地选择各种形状的梁截面，而不必考虑如何简化梁模型。

4. 定义分析条件

当网格划分完成之后，紧接着就需要在分析模型上定义相应的单元特性、材料属性、载荷及边界条件。MSC.Patran全面的分析模型定义功能可将各种分析信息(单元、材料、载荷、边界条件等)直接加到有限元网格或任何CAD几何类型上。如果分析信息定义到CAD几何模型上，单元和材料属性、载荷和边界条件将与几何保持相关性，并且当网格改变或修改时无需重新定义。

1) 载荷边界条件

MSC.Patran进行的结构分析所施加的载荷和边界条件，可直接作用于几何或有限元模型上，主要包含：连续，集中于一点，沿一条边，在一个平面、柱面或球面内，通过一个曲面，以及通过一个实体的载荷和边界条件。分析用到的载荷和约束选项主要包括：力和力矩，压力和面分布力，强迫位移或约束，温度，点、面或体积热源，对流，热通量等。

此外，多个点或单元与其它点或单元相联系的表格可由用户输入区域；数学函数表达的域可用于施加变化载荷；不同的有限元网格之间可计算结果插值，如热-结构，多个载荷和边界条件作用时产生多个工况。

2) 材料

MSC.Patran中定义了多种材料模型，材料类型主要有各向同性、正交各向异性、各向异性、复合材料、热各向同性、热正交各向异性和热各向异性等。

对于密度和材料主方向随空间位置变化的,可直接加在几何或有限元模型上。复合材料属性包括:对称和反对称层合板复合材料,短纤维复合材料。

相关材料性质还包括应力、应变、应变率、温度或频率相关性,每个特性定义可有数十上百个特性输入位置;所有数据均可用彩色图显示出来以供检查;每个特性值均由分析器自动指定一个名字。

MSC.Software公司独有的MSC.Mvision材料数据库信息系统可完全集成到MSC.Patran中,并通过MSC.Patran材料选择器将来自材料数据库的材料信息直接嵌入到有限元模型或CAD几何模型中。如非金属材料、复合材料、塑料、陶瓷、各类金属及合金材料的性能及制造特性信息等。目前,MSC.Software公开发售的MSC.Mvision材料数据库信息系统包括来自全球各地各大材料制造商(公司)、材料研究机构、国防及军事研制部门、航空航天材料试验中心等的数万种材料信息(含各类材料的性能数据、试验环境数据、表格、成分、图像、供应厂商、材料牌号等)。对于更为复杂的材料,还可通过MSC.Patran的PCL宏命令语言定义诸如时间、载荷、温度等相关属性,既可直接显示在MSC.Patran模型上,亦可用电子表格或坐标图表示。

5. 结果后处理

MSC.Patran提供了多种结果可视化工具,可灵活、快速地理解结构在载荷作用下的复杂行为,如结构受力、变形、温度场、疲劳寿命、流体流动等。分析的结果同时可与其它有限元程序联合使用。其主要功能有多种结果彩图显示,类型包括等值图、彩色云图、连续色彩云带、混合云带、单元填充显示,矢量、张量显示,值显示,变形形状、等值面、流线、流面、记号显示,x-y曲线,阈值和参考彩色谱对照表等。

输出结果的颜色范围可按以下方法定义:半自动,手工,显示出最小、最大或同时显示出最小和最大值。

组合结果值选项包括:在单元中心或节点显示,节点结果仅在可见表面显示,仅显示用户选定的节点和单元的结果。

屏幕显示的标题选项包括:自动或手工屏幕定位,大小和颜色可调,显示开关,与硬件相关的实体消隐及连续云图瞬态动画。

输出图形格式包括BMP、JPEG、MPEG、PNG、TIFF和VRML。

结果显示可以将变形后的几何叠加,在未变形的几何上同时显示出来,包括:线框或隐藏线方式,变形动画和可调的显示放大因子。

结果显示可按等值线或云图方式叠加在变形或未变形的消隐几何上,任何与时间或载荷有关的结果都可以做线框、隐藏线和消隐实体方式的动画显示,包括模态、变形、等值线、云图、连续云图和单元填充结果动画等。

有多种张量和矢量显示方式:节点和/或单元结果的幅值、方位和方向显示,叠加在变形或未变形的几何上，可选择标号显示，可用色图或单色图显示张量，可加一比例因子，可在总体坐标、单元坐标、外部单元文件和其它坐标系里显示等。

沿梁单元的结果分布可用X-Y曲线方式显示：可同时显示多达三个结果曲线，测量计算导出结果(剪力、力矩)时第一个单元和最后一个单元的距离，结果可在梁单元的任何一点导出和显示，曲线可以由一个结果对另一个结果或总体变量沿任一路径产生。

利用图像功能绘制结果图：任意选取的节点或单元结果显示、标出最小和/或最大值、显示所有结果、切面显示、不同参考彩色谱显示、任意多个视窗显示、强大的标号显示控制、对所有显示内容生成硬拷贝图像。

X-Y曲线支持键盘和外部文件多种输入方法，且输入格式十分灵活，包括：X-Y数据成对输入，仅输入Y数据而X数据按给定的增量自动增加。

同时可有多个曲线窗：曲线窗可相互覆盖、曲线窗大小可调。

每个曲线窗可有无数条曲线：数据可按分散点、折线、小方块或样条线的形式显示；曲线的颜色、风格(实线、点线或虚线)及宽度可调；15种曲线标识符号。

曲线坐标轴的定义：颜色、风格(实线或虚线)、宽度和长度可调。

图注：颜色、尺寸、边线、背景色及显示内容的多少可任选。

标题：整个屏幕、每个曲线窗、每个坐标轴、每条曲线及每个图注均可给定标题；标题字体和颜色可调。

X和Y轴比例可调：线性或对数坐标可自动、手工或给定一个范围来产生。

6．MSC.Patran 流程

MSC.Patran界面友好，它将软件使用中应用最多的工具集中于工具栏中，其每一项都对应一个操作界面，用于实现相应的操作，完成一定的功能，如图1-4所示。

图1-4 MSC.Patran 2012 的主要工具栏

MSC.Patran的一般使用流程为建立几何模型→选择分析解算器→建立有限元分析模型→提交计算→后置处理。

建立几何模型：首先应建立几何模型，或从其它CAD软件中直接读入，再利用图1-4所示的 Geometry 工具栏打开 Geometry 界面，用该界面中提供的功能，对读入的模型进行编辑修改，例如，MSC.Patran可直接读入CATIA的 *.model。几何对象将以图形的形式显示在编辑区中。

选择分析解算器：完成几何模型后，根据所要的分析类型，选用适当的解算器，在 Preferences 菜单中，打开 Analysis Preference 界面，从中选用适当的解算器，MSC.Patran的基本、默认解算器是MSC.Nastran。

建立有限元分析模型：在几何模型上建立有限元分析模型，主要用到图1-4中的工具栏 Meshing 、 Loads/BCs 和 Properties 项，打开相对应的界面，分别执行网格划分、载荷/边界条件定义、赋予材料属性。 Meshing 工具栏主要用于有限元网格的划分，点击该项，在屏幕的右侧会弹出 Finite Elements 界面，可执行网格划分的各种操作，例如选用网格类型，选取划分网格的方法，对划分好的网格进行编辑修改等。 Loads/BCs 工具栏用于定义模型的载荷和边界条件，MSC.Patran支持多种载荷形式和边界条件。 Properties 工具栏用于材料定义、选用，以及赋予材料物理属性，MSC.Patran中定义了多种材料模型，如各向同性材料、正交各向异性材料、各向异性材料、复合材料等。

提交计算：设置与计算相关的求解程序及参数，即可递交运算，相对应的工具栏是 Analysis ，运算完成后会产生相应的输出文件。

后置处理：读入分析结果输出文件，通过 Results 后处理工具，即可以图形、动画、曲线等多种形式显示计算结果。在后处理阶段，可以形象清楚地显示应力应变分布、变形情况、变形过程等。

1.1.3　MSC.Nastran 功能简介

MSC.Nastran是由MSC.Software公司推出的一款大型结构有限元分析软件，其第一个版本始于1969年。MSC公司自1963年开始从事计算机辅助工程领域CAE产品的开发和研究，1966年，NASA为了满足当时航空航天工业对结构分析的迫切需求，主持开发大型应用有限元程序的招标，MSC中标并参与了整个Nastran的开发过程。1969年，NASA推出了第一个Nastran版本Nastran Level 12。1971年，MSC公司对原始的Nastran做了大量改进，采用了新的单元库，增强了程序的功能，改进了用户界面，提高了运算精度和效率。特别对矩阵运算方法做重大改进，继而推出了自己的专利版本：MSC.Nastran。1989年，MSC公司发布了经改良的MSC.Nastran 66版本。该版本包含了新的执行系统、高效的数据库管理、自动重启动及更易理解的DMAP开发手段等新特点，融入许多FEM领域最杰出的研究成果，使MSC.Nastran变得更加通用、更加易于使用。之后，MSC公司对Nastran不断进行改进和升级，先后推出了MSC.Nastran V67.5～MSC.Nastran V70.7等七个版本，其性能和适用性不断完善。2001年后，MSC公司每年推出一个版本，即MSC.Nastran V2001至MSC.Nastran V2015。

MSC.Nastran具有开放式的结构,全模块化的组织结构使其不但拥有很强的分析功能而且保证了很好的灵活性,可根据工程问题和系统需求通过模块选择、组合获取最佳的应用系统。此外,MSC.Nastran还为用户提供了强大的开发工具DMAP语言。

针对实际工程应用,MSC.Nastran中有近70余种单元构成的独特单元库。所有这些单元可满足MSC.Nastran各种分析功能的需要,且保证求解的高精度和高可靠性。模型建好后,MSC.Nastran即可进行分析,如动力学分析、非线性分析、灵敏度分析、热分析等。现就MSC.Nastran的主要功能作一介绍。

1．静力分析

静力分析是求解结构在静力载荷(如集中/分布静力、温度载荷、强制位移、惯性力等)作用下的响应,得出所需的节点位移、节点力、约束(反)力、单元内力、单元应力和应变能等。该分析同时还提供结构的质量和质心数据。MSC.Nastran支持的材料模型有:均质各向同性材料,正交各向异性材料,各向异性材料,随温度变化的材料。对于单元上的点、线和面载荷、热载荷、强迫位移,通过各种载荷的加权组合,在前后处理程序MSC.Patran中定义时可把载荷直接施加于几何体上。

在静力分析中除线性外,MSC.Nastran还可处理一系列具有非线性属性的静力问题,主要分为几何非线性、材料非线性及考虑接触状态的非线性,如塑性、蠕变、大变形、大应变和接触问题等。

2．屈曲分析

屈曲分析主要用于研究结构在特定载荷下的稳定性以及确定结构失稳的临界载荷,MSC.Nastran中屈曲分析包括线性屈曲和非线性屈曲分析。线弹性失稳分析又称特征值屈曲分析;线性屈曲分析可以考虑固定的预载荷,也可使用惯性释放;非线性屈曲分析包括几何非线性失稳分析,弹塑性失稳分析,非线性后屈曲(Snap-through)分析。在算法上,MSC.Nastran采用先进的微分刚度概念,考虑高阶应变-位移关系,结合MSC.Nastran特征值抽取算法可精确地判别出相应的失稳临界点。该方法较其它有限元软件中所使用的限定载荷量级法具有更高的精确度和可靠性。此外,MSC.Nastran提供了另外三种不同的Arc-Length方法,特别适用于非稳定段和后屈曲问题的求解,不但可帮助,准确地找出失稳点,而且可跟踪计算结构的非稳定阶段及后屈曲点后的响应。

3．动力学分析

结构动力学分析是MSC.Nastran的主要应用之一。结构动力分析不同于静力分析,常用来确定时变载荷对整个结构或部件的影响,同时还要考虑阻尼及惯性效应的作用。

MSC.Nastran动力学分析功能包括：正则模态及复特征值分析、频率及瞬态响应分析、(噪)声学分析、随机响应分析、响应及冲击波分析、动力灵敏度分析等。针对中小及超大型问题不同的解题规模，可选择MSC.Nastran不同的动力学方法加以求解。例如，在处理大型结构动力学问题时，可采用特征缩减技术使解题效率大为提高。

为求解动力学问题，MSC.Nastran提供了所需的动力和阻尼单元，如瞬态响应分析的非线性弹性单元、各类阻尼单元、(噪)声学阻滞单元及吸收单元等。阻尼类型包括：结构阻尼、材料阻尼、不同的模态阻尼(含等效黏滞阻尼)、(噪)声阻滞阻尼和吸收阻尼、可变的模态阻尼(等效黏性阻尼、临界阻尼的分数、品质因数)、离散的黏性阻尼单元、随频率变化的非线性阻尼器等。MSC.Nastran可在时域或频域内定义各种动力学载荷，包括动态定义所有的静载荷、强迫位移、速度和加速度、初始速度和位移、延时、时间窗口、解析显式时间函数、实复相位和相角、作为结构响应函数的非线性载荷、基于位移和速度的非线性瞬态载荷、随载荷或受迫运动不同而不同的时间历程等。

MSC.Nastran的高级动力学功能还可分析更深层、更复杂的工程问题，如控制系统、流固耦合分析、传递函数计算、输入载荷的快速傅里叶变换、陀螺及进动效应分析(需DMAP模块)、模态综合分析(需Superelement模块)。所有动力计算数据可利用矩阵法、位移法或模态加速法快速地恢复，或直接输出到机构仿真或相关性测试分析系统。

MSC.Nastran的主要动力学分析功能包括特征模态分析、直接复特征值分析、直接瞬态响应分析、模态瞬态响应分析、响应谱分析、模态复特征值分析、直接频率响应分析、模态频率响应分析、非线性瞬态分析、模态综合、动力灵敏度分析等。

4．非线性分析

在很多情况下，结构响应与所受的外载荷并不成比例。由于材料的非线性的存在，就牵扯到非线性的问题。要解决这些问题，就必须考虑材料和几何、边界和单元等非线性因素。MSC.Nastran具有几何非线性、材料非线性和边界非线性等非线性分析功能。

(1) 几何非线性分析。几何非线性分析研究结构在载荷作用下几何模型发生变形、如何变形、变形的大小等问题。所有这些均取决于结构受载时的刚性或柔性。非稳定段过渡、回弹，后屈曲分析的研究都属于几何非线性的应用。在几何非线性分析中，应变-位移关系是非线性的，这意味着结构本身会产生大位移或大的转动，应力-应变关系或是线性或是非线性。对于极短时间内的高度非线性瞬态问题、大应变及显式积分等，MSC.Dytran可以进一步对MSC.Nastran

进行补充。在几何非线性中可包含大变形、旋转、温度载荷、动态或定常载荷、拉伸刚化效应等。

(2) 材料非线性分析。当材料的应力-应变关系是非线性时要用到这类分析。包括非线性弹性(含分段线弹性)、超弹性、热弹性、弹塑性、塑性、黏弹/塑率相关塑性及蠕变材料,适用于各类各向同性、各向异性、具有不同拉压特性(如绳索)及与温度相关的材料等。

(3) 边界非线性(接触问题)。平时我们经常遇到一些接触问题,如齿轮传动、冲压成形、橡胶减振器、紧配合装配等。当一个结构与另一个结构或外部边界相接触时通常要考虑非线性边界条件。由接触产生的力同样具有非线性属性。对这些非线性接触力,MSC.Nastran提供了两种方法:一是三维间隙单元(GAP),支持开放、封闭或带摩擦的边界条件;二是三维滑移线接触单元,支持接触分离、摩擦及滑移边界条件。另外,在MSC.Nastran的新版本中还将增加全三维接触单元。

(4) 非线性瞬态分析。非线性瞬态分析可用于分析以下三种类型的非线性结构的非线性瞬态行为:考虑结构的材料非线性行为;几何非线性行为(如大位移,超弹性材料的大应变,追随力);边界条件的非线性行为(如结构与结构的接触,缝隙的开启与闭合,考虑与不考虑摩擦,强迫位移)。

非线性单元除几何、材料、边界非线性外,MSC.Nastran还提供了具有非线性属性的各类分析单元如非线性阻尼、弹簧、接触单元等。非线性弹簧单元允许用户直接定义载荷位移的非线性关系。

5. 热传导分析

热传导分析通常用来校验结构零件在热边界条件或热环境下的产品特性,利用MSC.Nastran可以计算出结构内的热分布状况,并直观地看到结构内潜热、热点位置及分布。可根据计算结果改变发热元件的位置、提高散热手段、绝热处理或其它方法优化产品的热性能。

MSC.Nastran提供温度相关的热传导分析支持能力。基于一维、二维、三维热分析单元,MSC.Nastran可以解决包括传导、对流、辐射、相变、热控系统在内的热传导现象,并真实地仿真各类边界条件,构造各种复杂的材料和几何模型,模拟热控系统,进行热-结构耦合分析。

6. 空气动力弹性及颤振分析

气动弹性问题是航空航天工业中非常重要的问题之一,涉及气动、惯性及结构力间的相互作用,求解相当复杂。如飞机、导弹、火箭、高层建筑等都需要气动弹性方面的计算。为解决这方面的问题,MSC.Nastran中提供了多种有效的方法。

MSC.Nastran的气动弹性分析功能主要包括静态和动态气弹响应分析、颤振分析及气弹优化。

7．流-固耦合分析

流-固耦合分析主要用于解决流体与结构之间的相互作用效应。MSC.Nastran中拥有多种方法求解完全的流-固耦合分析问题，包括流-固耦合法、水弹性流体单元法、虚质量法。

8．高级对称分析

针对结构的对称、反对称、轴对称或循环对称等不同的特点，MSC.Nastran提供了不同的算法。高级对称分析可大大压缩大型结构分析问题的规模，提高计算效率。

(1) 对称分析。如果结构具有对称性，每一个对称面，有限元模型就相应地减小近1/2，例如，当结构有一个对称面时只要计算1/2模型，而当结构有两个对称面时只需计算1/4模型就可得到整个模型的受力状况。对称分析一般包括对称和反对称分析两种。MSC.Nastran可以在结构或有限元模型上施加各种对称或反对称载荷及边界条件。

(2) 轴对称分析。压力容器及其它一些类似的结构通常是由板壳或平面绕某一轴线旋转而得到的，具有轴对称性。此时结构的位移仅仅沿着半径方向，有限元模型简化到只需要分析结构的一个截面就够了。轴对称分析一般适用于线性及超弹性问题的分析。

(3) 高级循环对称分析。很多结构，包括旋转机械乃至太空中的雷达天线，经常由绕某一轴循环有序周期性排列的特定的结构件组成，对于这类结构通常就要用循环对称或称之为旋转对称的方法进行结构分析。在分析时仅需要选取特定的结构件即可获得整个组件结构的计算结果，可以减少计算和建模的时间。循环对称可分两种对称类型，即简单循环对称和循环复合对称。简单旋转对称中，对称结构件没有平面镜像对称面且边界可以有双向弯曲曲面；复合循环对称中，每个对称结构件具有一个平面镜像对称面，且对称结构件之间的边界是平面。循环对称分析通常可解决线性静力、模态、屈曲及频率响应分析等问题。

总之，MSC.Nastran是计算机辅助工程中的得力助手。

1.1.4 MSC.Patran 与 MSC.Nastran 数据文件

在Patran和Nastran运行时，会生成许多文件，主要包括*.db、*.bdf、*.op2、*.xdb、*.f04、*.f06、Patran.ses.**、*.jou等，还有一些中间临时文件，在运行结束时会被自动删除，下面就这些主要文件作简要说明。

*.db文件是MSC.Patran的数据库文件，用于保存各种几何信息和有限元模型的信息，它是MSC.Patran中最基本的文件。

　　.bdf文件是由MSC.Patran生成的、供MSC.Nastran读取的文件，其中保存着在MSC.Patran中所建立的有限元模型的所有信息，MSC.Nastran就是根据.bdf文件来进行运算的。

　　.op2文件和.xdb文件是MSC.Nastran计算结果输出文件，由MSC.Patran读取并进行后置处理。

　　*.f04文件是系统信息统计文件，可以用文本编辑器打开，其记录了本次分析中的系统信息，比如占用系统内存、硬盘、CPU时间等，以及创建了哪些文件，每项工作的时间等情况。

　　*.f06文件是分析运算过程记录文件，其中记录了许多非常有用的信息：有限元单元的各种信息，包括单元类型、节点坐标、载荷情况、约束情况；计算结果信息，包括最大应力、最大位移等；警告、出错信息，警告和出错信息都以错误号(数字)的形式给出，用户可以查阅MSC的用户手册，从而找出出现错误的原因，加以改正。

　　Patran.ses.**文件是对话文件，记录了本次从Patran打开到退出期间所有的对话过程，"**"表示两位数字，由系统自动赋予。

　　*.jou文件是日志文件，记录了用户在数据库中的所有操作，利用日志文件，即使原来创建的数据库文件丢失，亦可借此重建模型。

　　使用时，先由Patran生成*.db文件，再生成*.bdf文件，Nastran读取*.bdf文件并进行计算，输出*.op2和(或)*.xdb文件，然后再由Patran读入，显示计算结果。

　　此外，还有一个settings.pcl文件，其也是一个可编辑的文本文件，MSC.Patran启动时，会根据该文件内容来设置当前的环境变量，所以，用户可根据自己的爱好，编辑settings.pcl。

1.2　几何模型

　　结构分析的首要工作是建立几何模型(Geometry)。Patran具有强大的几何建模功能，可在Patran中直接建立几何模型，也可从其它CAD系统中读入、编辑获取几何模型。

1.2.1　Patran 2012 界面与操作

1. Patran 2012 界面

　　以MSC.Patran 2012为例，其界面共划分为四个区域：菜单和工具栏区，操作界面区，图形编辑区，信息显示和命令行输入区，如图1-5所示。

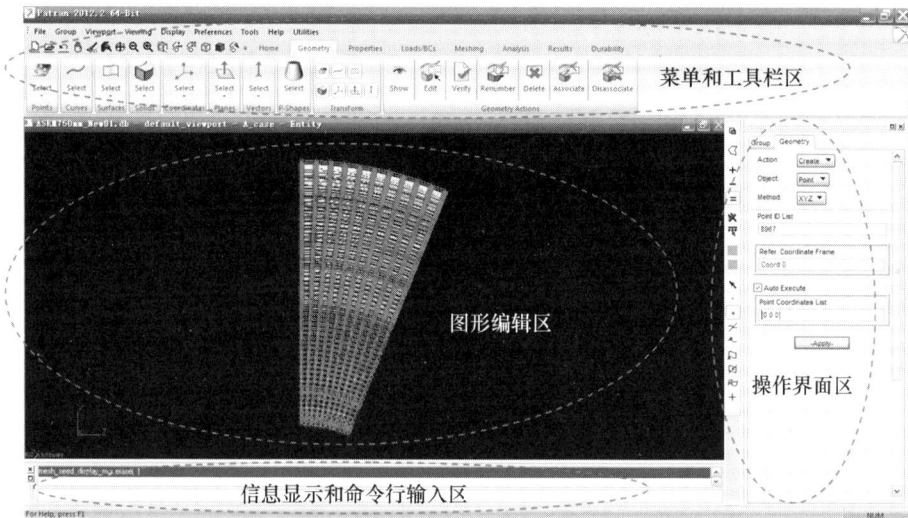

图 1-5　Patran 2012 界面功能分区

1) 菜单和工具栏区

如图1-6所示，Patran 2012的界面上有一行菜单，三行工具栏。

图 1-6　Patran 2012 菜单和工具栏

File 菜单主要用于Patran数据库文件的打开/关闭，同时也用来从其它CDA系统输入模型； Group 菜单主要用于组的操作，组是Patran中一个比较重要的概念，通过将模型的各部分分组，使操作变得非常方便； Viewport 菜单用于视窗设置； Viewing 菜单用于图形显示设置，其也包括了工具栏中一些工具的功能； Display 菜单用于设置各种元素的显示方式； Preferences 菜单用于选择解算器、定制用户自己的环境等操作； Tools 菜单中提供了许多非常有用的工具； Help 菜单为使用者提供在线帮助； Utilities 菜单用于设置Patran的其它各种功能。

界面上的工具，都是在平时使用中经常要用的，有些用于视图控制，有些用于显示方式控制，而以 Home 开头的第二行工具是最重要的，这些按钮都对应分析过程中的某一步，从左到右，覆盖了整个分析过程，单击其中的某个按钮，就会在屏幕右侧出现相应的界面。工具在界面上是可以移动的，它们跟Windows其它程序界面上的工具按钮一样，可以由使用者拖动而放置在用户喜欢的位置。用户也可以定制自己喜欢的快捷方式，单击右键，选择自己喜欢的显示方式，显示在界面上。

2）操作界面区

由工具按钮和菜单项打开的各种界面一般都显示在Patran界面的右侧，即操作界面区。大部分的具体功能实现都是在这些界面中完成的，如图1-7所示，该图是由 Geometry 工具按钮打开的 Geometry 界面，用于建立几何模型，实现各种几何功能。

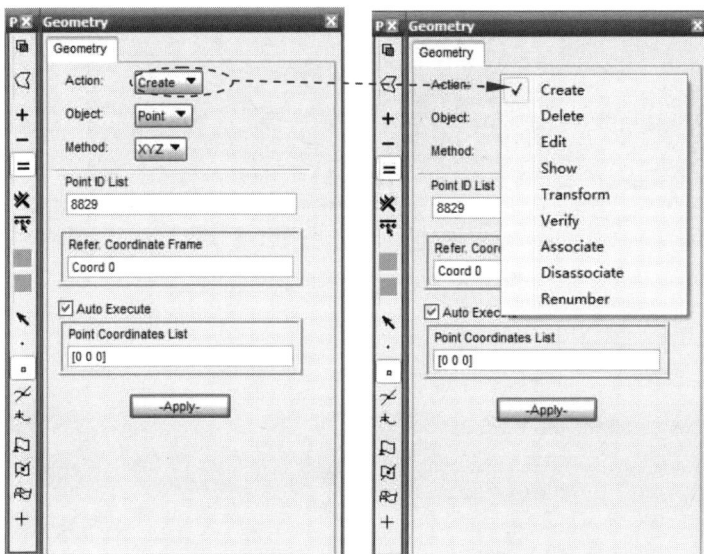

图 1-7　Patran 2012 Geometry 界面及功能选项

在Patran中，各种功能的实现，用户大多数情况下是利用这种对话框式的界面实现人机交互的。

3）图形编辑区

如图1-8所示，图形编辑区主要用来显示模型，用户可以在该区域用光标对模型进行操作。

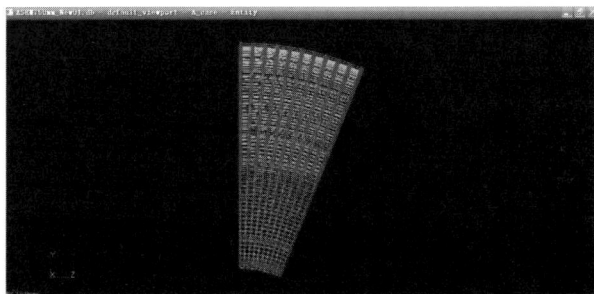

图 1-8　Patran 2012 图形编辑区

4) 信息显示和命令行输入区

如图1-9所示，Patran中的所有行为都会显示在信息显示窗口，通常置于屏幕下部，例如，Patran执行了哪些PCL命令，系统进行了哪些设置，错误信息等，都会显示出来。如果对此非常熟悉，用户也可以在命令行输入区自己直接输入PCL命令来执行。

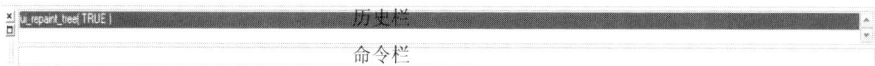

图 1-9　Patran 2012 信息显示和命令行

2．Patran 2012 操作

Patran是进行建模、分析和后处理的主要工具，在Application Widget界面的上部，通常采用三项式结构："Action""Object"和"Method"(或"Type")，分别对应三个下拉式菜单，这三项非常类似于语言中的"动词""宾语"和"状语"，在"Action"中表示可完成工作的操作，在"Object"中表示操作对象，在"Method"(或"Type")中表示操作方法(方式)，三者结合起来，再辅以其它的设定和输入，可完成一项复杂的操作，类似日常生活中人的思维、行为习惯，容易理解，使用起来非常方便。

1.2.2　建立(Create)几何模型

MSC.Patran 2012几何模型功能基本由 Geometry 界面来实现，在Patran的界面上，单击 Geometry 工具按钮，打开 Geometry 界面，其会显示在屏幕右侧，如图1-5所示。在该界面中，可以完成创建各种几何元素，编辑修改几何模型，以满足建立有限元模型的需求。Patran中的几何元素包括点(Point)、曲线(Curve)、曲面(Surface)和实体(Solid)等，以下仅作入门介绍，完整内容请参阅Patran用户手册及书后所列参考文献。

1．坐标系(Coord)

首先介绍坐标系，Patran中的坐标系为右手坐标系，默认的是"0号直角坐标系"，为创建有限元模型方便，往往要定义自己的坐标系，即局部坐标系，在点、线、面、实体的创建过程中，每个界面中都有"Reger. Coordinate Frame"让用户选择坐标系。Patran中支持的坐标系有直角坐标系、柱坐标系和球坐标系，这些坐标系的分量都有字母标记和数字标号，它们的对应关系如表1-1所示。

表 1-1　各坐标系分量之间的对应关系和数字标号

数字标号	1	2	3
直角坐标分量	X	Y	Z
柱坐标分量	R	T	Z
球坐标分量	R	T	Q

在 Geometry 界面中，在工作"Action"对应选项中选择"Create"项，在"Object"项对应选项中选择"Coord"项，开始创建用户坐标系，如图1-10所示。"3Point"法是根据给定的3个点来创建新的坐标系，如图1-11所示。

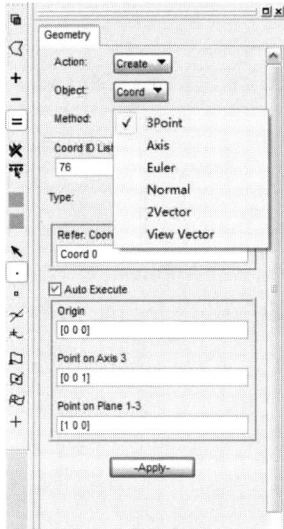

图 1-10 创建坐标系的方法   图 1-11 "3Point"法创建坐标系

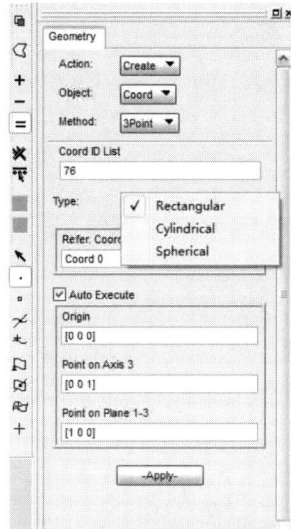

其它创建坐标系的方法有："Axis"法是根据给定的原点和两个轴来创建坐标系；"Euler"法是将原有坐标系通过3次旋转而生成新的坐标系；"Normal"法是以曲面为参考建立坐标系。给定原点，选定一曲面/实体表面，即可创建一坐标系；"2Vector"法是根据两个矢量创建坐标系；"ViewVector"法是以当前视野平面为Ⅰ-Ⅱ平面建立坐标系。

在MSC.Patran 2012中，用户可方便地自定义坐标系，自定义的坐标系有时非常有用，如在复合材料结构建模时，由于复合材料是各向异性的，使用时其性能是有方向性的，如果结构不在同一平面内，或者即使在同一平面内，但不同的地方使用角度不同，则仅用一个坐标系就无法描述，这时，就需要建立局部坐标系，使局部坐标系的轴与复合材料的主轴同向。

2．点(Point)

几何点是Patran中最基本的几何元素，由X、Y、Z三坐标来描述，默认情况下在屏幕上显示为蓝色。在Patran中创建点的方法很多，如图1-12所示。图1-13为"XYZ"三坐标法，根据输入点的三个坐标值来建立点，在"Action"对应选项中选择"Create"，在"Object"对应选项中选择"Point"，即确定要创建的是点，接着单击"Method"项对应的选项，选中"XYZ"项，在"Point Coordinates

Lists"文本框中输入坐标值，然后单击"Apply"，即可看到在屏幕上出现以蓝色显示的点，这样就创建了一个点。

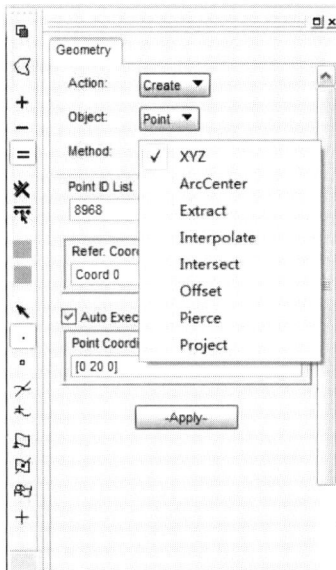

图 1-12　创建几何点的方法　　　　图 1-13　XYZ 三坐标法创建几何点

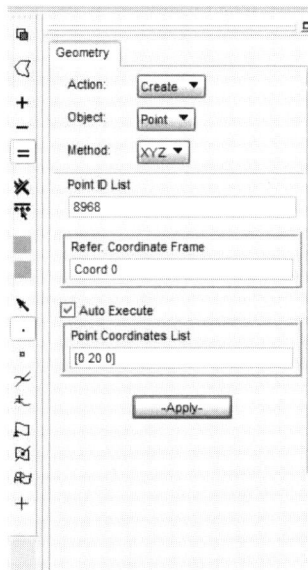

　　每创建一个点，Patran都会给所创建的点赋予一个标号，同时在"Point ID List"中显示下一个将要创建点的标号，其它几何体的创建也是一样。用户也可以修改几何体的标号。

　　其它创建方法有："ArcCenter"法是根据已有圆弧建立点，新建点是已有圆弧的圆心；"Extract"法是在已有的一组曲线上生成点；"Interpolate"法是在已有两点之间/已有曲线上同时创建多个点；"Intersect"法是在两个元素的交点上创建一个点，这里的两个元素是指曲线/曲线、曲线/曲面、曲线/平面、矢量/曲线、矢量/曲面、矢量/平面，在系统的公差范围内，这两个元素之间应该是相交的，如果这两个元素之间不相交，Patran则会在两个元素上分别创建一个点，这两个点之间的连线是这两个元素上所有点之间连线最短的；"Offset"法是在已有曲线上创建点的一种方法，以给定曲线上的一个点作为参考点，给定一个距离作为偏移量，在曲线上创建一个点；"Pierce"法创建一个点，该点是一条曲线与一个曲面的交点；"Project"投影法是将一组已有的点按照给定的方向投影到曲线、曲面、实体表面而创建新的点。

3. 曲线(Curve)

　　与创建点相似，在 Geometry 界面中，在"Action"对应选项中选择"Create"项，在"Object"项对应选项中选择"Curve"项，开始创建曲线。

根据不同的需要，选择创建曲线的方法很多，见图1-14。每创建一条曲线，Patran都会给新建曲线赋予一个ID标号，同时，下一个标号显示在"Curve ID List"文本框中。

"Point"法是由点创建一条曲线，这些点可以是已有的点，也可以是顶点、节点，或是其它点。如图1-15所示，通过"Option"选项，可以选择用几个点来创建曲线，如果选择两个点，则在两个点之间建立一条直线；如果选择三个点，则过三个点建立一条曲线，而中间点在曲线上的位置既可以通过自然坐标参数u来调节，也可以根据弦长来确定；如果选择四个点，则过四个点建立一条曲线。

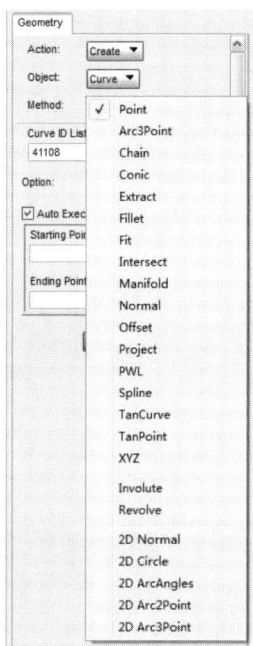

图 1-14 创建曲线的方法

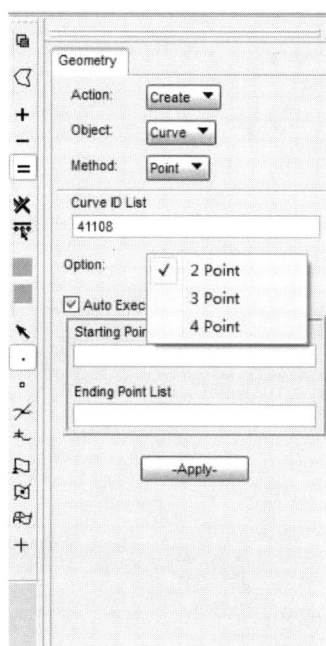

图 1-15 "Point"法创建曲线

其它创建曲线的方法有："Arc3Point"法是用三点创建圆弧；"Chain"法是由已有曲线、边首尾相连接起来，构成一条曲线；"Conic"法是建立双曲线、抛物线、椭圆、圆弧等圆锥二次曲线；"Extract"法是由已有的曲面/实体表面创建曲线；"Fillet"法是在已有两条曲线之间生成过渡圆弧，形成光滑过渡曲线；"Fit"法是多点以最小二乘法生成一拟合曲线；"Intersect"法是生成两个曲面的交线；"Manifold"法是由曲面上的点，直接在曲面上生成曲线；"Normal"法是过某点生成垂直于曲线的直线；"Offset"法是通过平移(偏移)的方法生成曲线；"Project"法是通过向曲面/平面投影生成曲线；"PWL"法是一次创建多条直线,选择多个点,Patran依次在这些点之间构建直线;"Spline"

法是过多点创建一条曲线，或根据多点拟合一条曲线，"LoftSpline"是过所有点创建曲线，"B-Spline"是拟合曲线；"TanCurve"法即过两曲线作切线；"TanPoint"法是过一点向一曲线作切线；"XYZ"法是由给定的矢量方向和原点创建一条直线；"Involute"法是创建一条渐开线曲线，可以用"Option"选项选择使用渐开角或使用初始、终止半径两种方法来创建渐开曲线；"Revolve"法是通过点绕轴线的旋转生成曲线，通过指定旋转轴、旋转角度，选定点来生成曲线；"2D Normal"法是过一点向一曲线作垂线；"2D Circle"法是以指定点为圆心，给定长度为半径，在给定的平面内，创建一平面圆；"2D ArcAngles"法是以指定点为圆心，给定长度为半径，在指定的平面内，根据起始角度和终止角度创建一平面圆弧曲线；"2D Arc2Point"法是在给定平面内，根据指定的三点绘圆，即圆心、起点、终点，或者根据指定的半径、起始点坐标绘圆；"2D Arc3Point"法是根据给定的三点绘圆弧，即起点、中间点、终点。

4．曲面(Surface)

通常以所创建的点、线来创建曲面。在 Geometry 界面中，在"Action"对应选项中选择"Create"项，在"Object"项对应选项中选择"Surface"项，创建曲面，其方法见图1-16。如"Curve"法是在"Method"项对应选项中选择"Curve"项，如图1-17所示，由已有曲线创建曲面，可由两条、三条、四条或多条曲线生成曲面，在"Option"选项中选择由几条曲线创建曲面，这些曲线可以是共面的，也可以是空间的。

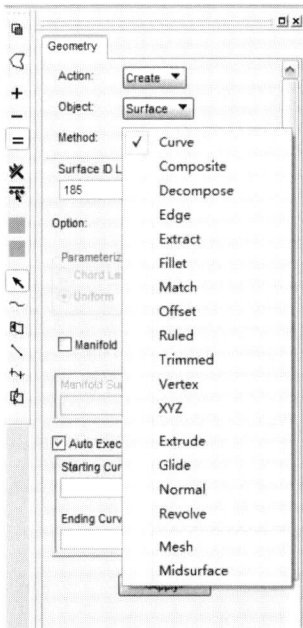

图1-16　创建曲面的方法　　图1-17　"Curve"法创建曲面

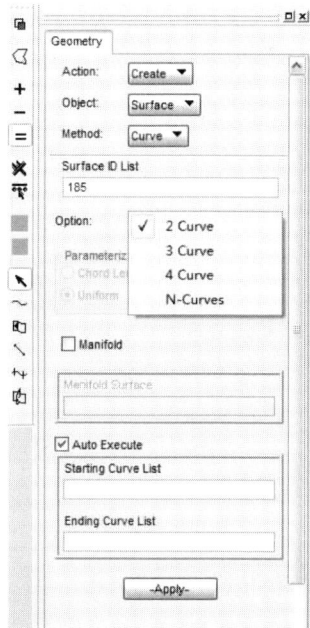

其它创建曲面的方法有："Composite"法是由已有曲面创建新的复杂曲面，当现有曲面过多、过于细碎，可将这些曲面重新组合成一个新曲面，界面"Inner Loop Option"选项中"All"表示建立的复杂曲面内部闭合的环线都会被作为内部边界来处理，新曲面内部是有孔的，"None"表示将内部不连续的部分自动连通，形成一个没有内边界的复杂曲面，"Select"表示可以有选择地处理内部闭合的环线；"Decompose"法是根据已有曲面的四个顶点创建一个四边形；"Edge"法是选择已有曲面的边(3条或4条)创建新的曲面；"Extract"法是在一个实体内部或表面创建一个曲面；"Fillet"法是在已有的两个曲面、实体表面之间创建参数化二次过渡曲面；"Match"法是创建一双三次曲面，将两个已有曲面的相邻近的边连接起来；"Offset"法是平移创建一个曲面，即通过将一平面复制一个，再平移得到一个新的曲面；"Ruled"法是在两条曲线或边之间生成规则的曲面；"Trimmed"法是创建裁剪曲面；"Vertex"法是由四个顶点生成一曲面；"XYZ"法是从给定的原点出发，以给定的矢量为对角线，创建一矩形平面；"Extrude"法是由一条基曲线/边根据给定的条件移动，在空间扫成一曲面，这种方法也可用于实体造型，可指定矢量"Translation Vector"确定一移动方向和移动距离，通过"Scale Factor"定义比例因子来控制扫成面形状，设置"Angle"控制扫成面以扫成方向矢量为轴心旋转的角度；"Glide"法是通过基曲线沿一组方向曲线/边定义的路径滑动而创建两参数曲面，选项"Option"可确定方向曲线是一条或两条，方向曲线只有一条时，"Glide Input Options"选择"Normal Project Glide"，可消除一个移动自由度，以避免扭曲面的出现，选择"Fixed Glide"时，三个转动自由度被消除，曲线只能作移动，当有两条方向曲线时，就不需要对曲线的运动自由度加以限制，以构造出更为复杂的曲面；"Normal"法是沿曲线曲率的方向平移曲线，扫成曲面，可由"Thickness Input Options"和"Thickness"项控制曲面的宽度"Construction Point Options"选项确定扫成方向，点的位置由"Construction Point"项输入，通过曲面沿一定方向移动，用于实体造型；"Revolve"法是旋转生成曲线；"Mesh"法是根据有限元单元、节点生成曲面；"Midsurface"法是在实体的中面处创建曲面。

5. 实体(Solid)

Patran 2012具有丰富的创建实体的方法，包括基本实体法，通过旋转、拉伸等创建实体，以及通过对基本实体的编辑生成各种复杂的实体等。在 Geometry 界面中，在"Action"对应选项中选择"Create"项，在"Object"项对应选项中选择"Solid"项创建实体，"Method"项所对应的创建方法如图1-18所示。"Primitive"法是创建几种基本的实体，包括立方体、圆柱、圆锥、球体和圆环体，如图1-19所示。

图 1-18　创建实体的方法

图 1-19　"Primitive"创建基本实体方法

其它创建实体的方法有："Surface"法是以给定的曲面为表面创建实体；"B-rep"(Boundary represented)法是由若干围成一个空间的曲面、体的表面生成实体；"Decompose"法是在实体的两个相对的表面之间创建一实体；"Face"法是由5个或6个曲面或实体表面定义一个实体；"Vertex"法是根据给定的8个点创建一个实体；"XYZ"法是由给定的基点和矢量创建一立方体；"Extrude"法是曲面以给定点为基点，沿给定的矢量方向平移，扫成一个实体；"Glide"法是由给定的曲面，以给定的曲线为轨迹，扫成一实体；"Normal"法是由给定的曲面沿其法线方向移动，扫成实体；"Revolve"法是将给定的曲面绕给定的轴旋转生成实体。

另外，删除"Delete"操作是编辑修改几何模型中常用的操作，在 Geometry 界面中，包括"Action/Delete""Object/Any""Point""Curve""Surface""Solid""Coord""Plane"和"Vector"，其中，"Any"指所有可删除的对象。

1.2.3　编辑(Edit)几何模型

为满足建立复杂几何模型的需要，Patran 2012有非常丰富的几何编辑、操作功能。在 Geometry 界面中，在"Action"对应选项中选择"Edit"项，在"Object"项对应选项中，可以看到编辑功能的对象可以是点、线、曲面、实体和特征。

1. 编辑点(Point)

对点的编辑只有一个"Equivalence"，如图1-20所示。在"Object"项中选择"Point"，在"Method"项中选择"Equivalence"，其功能是查找重合点并将其合并成一个点。在创建点时，可能会在空间的同一位置(以全局公差为判据)创建若干个点，从而导致模型在这些点处不连续，产生裂缝或重合现象，应将这些点合并，使其在空间上和在几何上都是一个点。

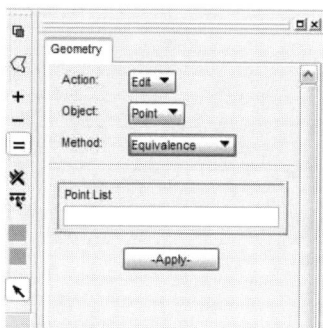

图 1-20　"Equivalence"编辑点

2. 编辑曲线(Curve)

编辑曲线的方法较多，有打断、平滑过渡、打散复杂曲线、延伸曲线、平滑连接一组曲线、修整、反向、裁剪等，如图1-21所示。"Break"法为打断曲线，如图1-22所示，通过在曲线上插入点、平面或利用参数，将已有曲线分成几段，通过"Option"选项的选择，可以确定是使用点，还是使用参数或在曲线上插入平面来将曲线断开，用来断开曲线的点不一定在曲线上，此时将会以该点到曲线的垂足位置断开曲线。

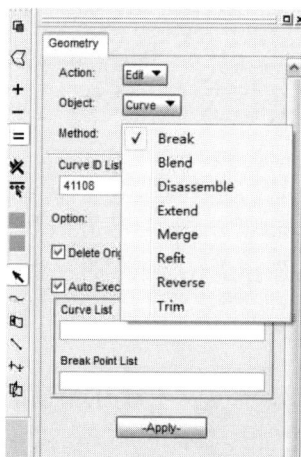

图 1-21　编辑曲线的方法

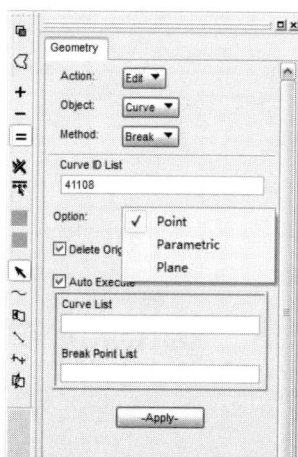

图 1-22　"Break"编辑曲线

　　其它编辑曲线的方法有："Blend"法是将一系列首尾相连的曲线采用平滑过渡的方法重新连接，新创建的每一条曲线都过原来的首尾点，同时相邻的两条曲线之间平滑过渡，即在连接点相切；"Disassemble"法是将复杂曲线打散，回到原来的各段曲线的状态，打散由"Create/Curve/Chain"创建的曲线；"Extend"法是将曲线、边按给定的方式延伸一段长度，延伸方法有5种，分别是直线延伸、连续曲率、过点、整圆、到另一曲线，这些方法在"Method/Extend"中选择，若"Option"项选择"2Curve"，则是将选定的两条曲线同时延伸，直到两曲线的空间交点；"Merge"法是将若干条相连的曲线连接成一条或多条曲线，同时作平滑处理；"Refit"法是在"Option"项选择"Uniform"时，则根据已有曲线创建参数三次曲线，以近似高阶部分；"Reverse"法是将曲线的自然坐标正方向反向，从而重新定义已有一组曲线的连接；"Trim"法是以给定的点为界，将曲线多余的部分在给定的点处裁剪、删除。

3. 编辑曲面(Surface)

　　编辑曲面的方法有断开、延伸和打孔等，在 Geometry 界面中，在"Action"对应选项中选择"Edit"项，在"Object"项对应选项中，选择"Surface"，进行曲面的编辑，如图1-23所示。"Break"法是根据给定条件，将一个曲面分成两个或多个曲面，这里，给定的条件由"Option"选项确定，包括曲线"Curve"、曲面"Surface"、平面"Plane"、点"Point"、两个点"2Point"或参数"Parametric"来拆分曲面，如图1-24所示。

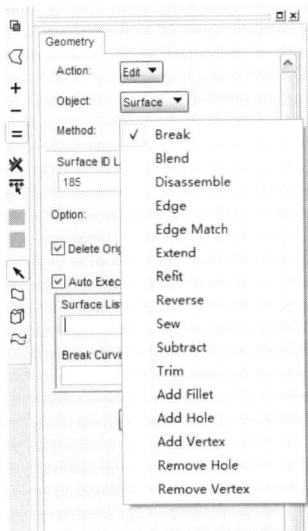

图 1-23　编辑曲面的方法　　　图 1-24　"Break"法编辑曲面

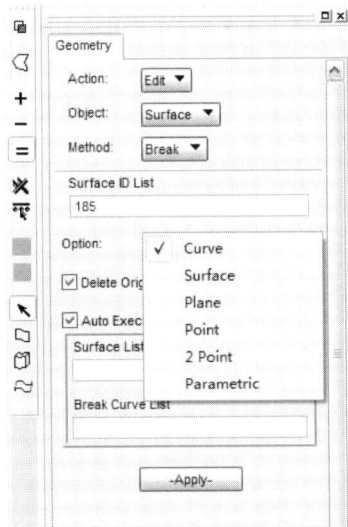

　　其它编辑曲面的方法有："Blend"法是由已有的一组曲面创建参数化双三次曲面，每两个曲面之间至少要有一条公共边，权重系数"Weighting Factors"

用于调节改变程度，权重系数的值从0到1；"Disassemble"法是作用于裁剪曲面，恢复创建裁剪曲面之前各曲面的状态；"Edge Match"法是通过重新创建曲面使得已有曲面之间划分一致；"Extend"法是延伸曲面，形成新的曲面；"Refit"法是用三次曲面来近似高阶几何曲面；"Reverse"法是将曲面的正方向反向；"Sew"法与"Edit/Point/Equivalence"方法相结合消除曲面的重复顶点，与"Edit/Surface/Edge"方法结合消除曲面的重复边界；"Trim"法是以给定的边裁剪曲面；"Fillet"法是以给定的半径和顶点对曲面倒圆角；"Add Hole"法是在曲面上打孔；"Add Vertex"法是给曲面增加顶点；"Remove Edge"法是去除裁剪曲面的边；"Remove Hole"法是去除曲面上的孔；"Remove Vertex"法是去除顶点。

4．编辑实体(Solid)

编辑实体的操作与编辑曲面类似，在 Geometry 界面中，如图1-25所示。"Break"法是根据给定条件将实体拆分，如图1-26所示，可在选项"Option"中选定条件，有"Point""Parametric""Plane""Surface"。"Point"选项是根据给定的点将实体拆分成两个、四个或八个子实体，若该点在实体的边界上，则以过点的平面将实体拆分成两个子实体，若该点在实体的表面，则以过点的两个正交平面将实体拆分成四个子实体，若该点在实体内部，则以过点的三个正交平面将实体拆分成八个子实体；"Parametric"是根据指定实体的自然坐标值来拆分实体，可以拆分成两个、四个或八个子实体；"Plane"是根据选定的平面将实体拆分；"Surface"是根据选定的曲面将实体拆分。

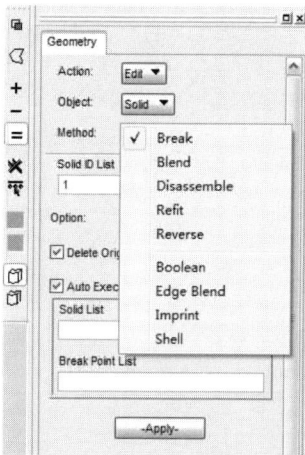

图 1-25　编辑实体的方法　　　　图 1-26　"Break"法编辑实体

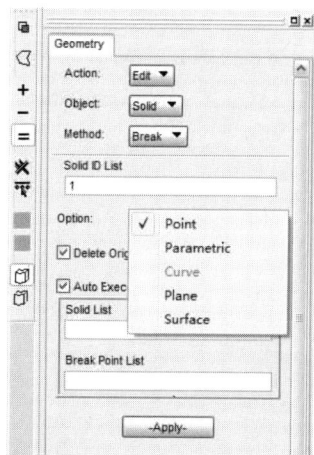

其它编辑实体的方法有："Blend"法是根据一组实体生成新的参数化实体，同时对原实体的连接部位作平滑处理；"Disassemble"法是将"B-rep"实体拆

分成组成它的原曲面;"Refit"法是将几何体中的高阶几何部分用三阶实体来近似表示,高阶几何会影响有限元网格的划分;"Reverse"法是改变实体自然坐标的方向;"Boolean"法是进行实体间的布尔运算操作;"Edge Blend"法是对实体进行倒角,有倒直角、倒圆角、通过倒角建立多面体等;"Imprint"法是将一个实体的外形曲线"印"到另一个实体上;"Shell"法是对实体抽薄壳。另外,若出现*.db文件无法正常打开,可采用文件输入的方式,将数据库文件通过 File → Import... 输入,也许能够修复其中的错误。

1.2.4 显示信息(Show)

为实时了解几何模型的构建情况,需要随时了解模型的各种信息,如位置、尺寸、方向等,Patran在 Geometry 界面的"Action/Show"中操作,如图1-27所示。"Show"的对象涵盖所有的几何元素,包括点、线、面、实体、平面、矢量和坐标系。

(1) 显示点(Point)的信息。"Object/Point""Info/Distance"显示点到点、线、面、平面、矢量的距离;"Info/Location"显示点的坐标位置;"Info/Node"显示节点的标号(ID),如图1-28所示。

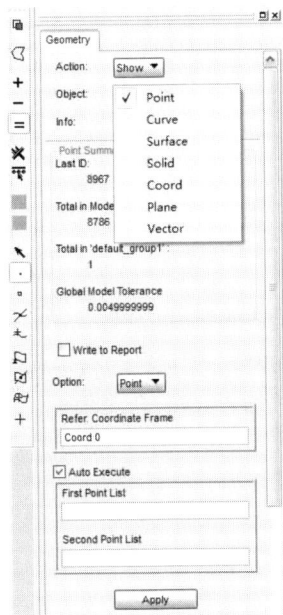

图 1-27 "Show"几何信息

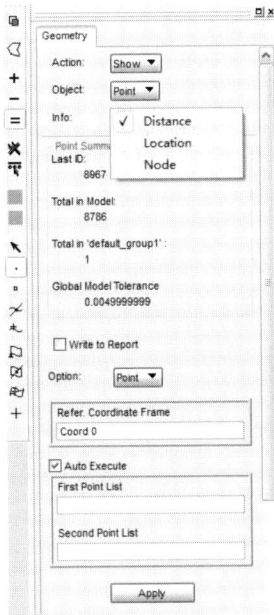

图 1-28 显示点信息

(2) 显示曲线(Curve)的信息。"Object/Curve""Info/Attributes"显示曲线的类型、长度、起始点;"Info/Arc"显示模型中圆弧的总数、当前组中圆弧的总数，还有几何建模公差；"Info/Angle"显示两曲线间的夹角；"Info/Length"以给定的最小长度和最大长度为界，显示处在其间的曲线的起始点、长度和类型；"Info/Node"显示位于曲线上的节点的标号。

(3) 显示曲面(Surface)的信息。"Object/Surface""Info/Attributes"显示曲面的面积、几何类型、曲面相关的顶点、边的数量；"Info/AreaRange"以给定的最小面积和最大面积为界，显示其间曲面面积、几何类型、相关顶点、边；"Info/Node"显示曲面上节点的标号(ID)；"Info/Normal"显示曲面的法矢量。

(4) 显示实体(Solid)的信息。"Object/Solid""Info/Attributes"显示实体的顶点数、面数、体积、几何类型等。

(5) 显示坐标系(Coord)的信息。"Object/Coord""Info/Attributes"显示坐标系在默认坐标系中的ID信息、类型。

(6) 显示平面(Plane)的信息。"Object/Plane""Info/Attributes"显示平面在默认坐标系中的ID信息、单位法矢量在每个方向上的分量值。

(7) 显示矢量(Vector)信息。"Object/Vector""Info/Attributes"显示矢量在默认坐标系中的ID信息、单位矢量在每个方向上的分量值。

1.2.5 变换(Transform)

变换"Transform"是非常有用的操作功能，由已有几何元素进行移位、旋转、缩放和镜像等方法来创建新的几何对象。在 Geometry 界面中"Action/Transform"对应的操作对象包括点、曲线、曲面、实体、坐标系、平面和矢量，如图1-29、图1-30所示。

(1) "Method/Translate"是用平移的方法创建几何对象。其对应的对象包括点、曲线、曲面、实体、坐标系、平面和矢量。"Object/Point"，给定方向和大小，将已有点移动/创建点；"Object/Curve""Object/Surface""Object/Solid""Object/Coord""Object/Plane"和"Object/Vector"与对点的操作类似。

(2) Rotate是用旋转的方法创建几何对象，包括点、曲线、曲面、实体、坐标系、平面和矢量。

(3) Scale是用缩放的方法创建几何对象，包括点、曲线、曲面、实体和矢量。

(4) Mirror是用镜像的方法创建几何对象，包括点、曲线、曲面、实体、平面和矢量。

(5) MCoord是通过在两个坐标系之间平移、旋转来创建新的几何对象，包括点、曲线、曲面、实体、平面和矢量，通常MCoord操作在相同类型的坐标系之间进行。

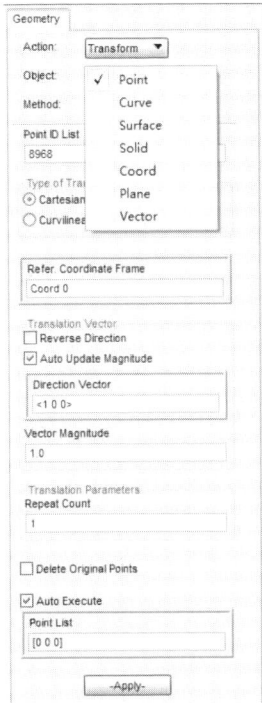

图 1-29　变换"Transform"的几何对象

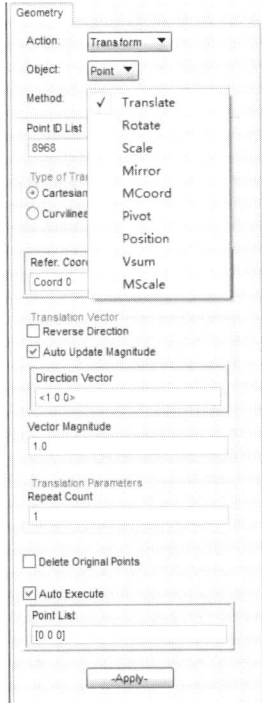

图 1-30　变换"Transform"的方法

(6) Pivot是在三点定义的平面内通过旋转的方法创建几何对象，包括点、曲线、曲面、实体、平面和矢量。

(7) Position是根据对象由给定的三个原点所确定的位置，通过平移、旋转、缩放，在由给定的三个目标点确定的相应位置创建新的几何对象，包括点、曲线、曲面、实体、平面和矢量。

(8) Vsum是将两个给定的原点与两组选定的对象之间形成的矢量求和，在和矢量所在的位置创建相应的新的对象，包括点、曲线、曲面和实体。

(9) MScale即"Move and Scale"，同时通过移动、缩放、旋转、扭转来创建新的对象，包括点、曲线、曲面和实体。

1.2.6　检查(Verify)

在 Geometry 界面的"Action"项中，"Verify"用来检查曲面的边和B-rep实体，其用来消除曲面间的裂缝和实体中一些不合法的边，有"Verify/Surface"和"Verify/Solid"两项，如图1-31、图1-32所示。"Verify"显示曲面的"free"边和"non-manifold"边，"free"边是指只属于一个曲面的边，"non-manifold"是指由多个面共享的边。在Patran中，"non-manifold"边作为曲面模型或一般实体模型的边是合适的，但作为"B-rep"实体模型的边却是非法的。

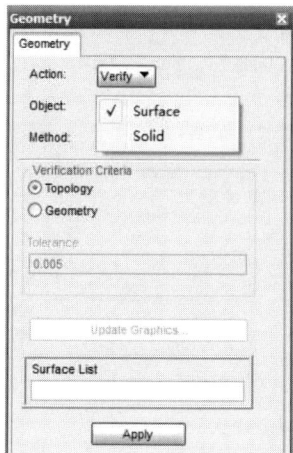

图 1-31　检查"Verify"几何对象

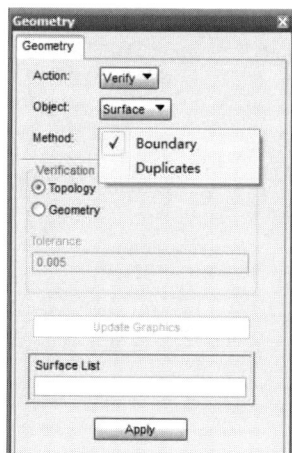

图 1-32　检查"Verify"方法

通过"Verify"操作，即可知道曲面、实体边的情况，可以消除错误，确保有限元模型的正确性。

1.2.7　关联(Associate)与解除关联(Disassociate)

关联是将一个几何对象"关联"到另一个几何对象中去。比如将点关联到曲线、曲面上，将曲线关联到曲面上等，如图1-33、图1-34所示，这样的点、线称为硬点、硬线。关联功能可控制节点分布，方便有限元网格划分。使用"Associate"可以将点关联到曲线、曲面上，也可以将曲线关联到曲线、曲面上，在 Geometry 界面的"Object"和"Method"中可以选定，被关联的对象会用三角符号表示出来。"Disassociate"的作用与"Associate"正好相反，即将关联的对象解除，恢复其原样。

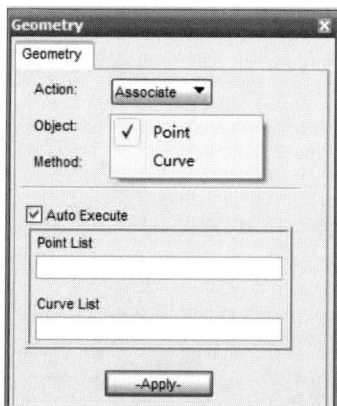

图 1-33　关联"Associate"几何对象

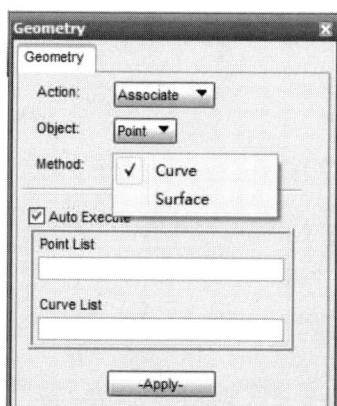

图 1-34　关联"Associate"方法

1.2.8　重新编号(Renumber)

"Renumber"对进行几何对象重新标号，包括点、曲线、曲面、实体、平面和矢量，如图1-35所示。重新标号时，统计信息会显示在界面上，包括模型中该类对象的总数、最小ID号、最大ID号。

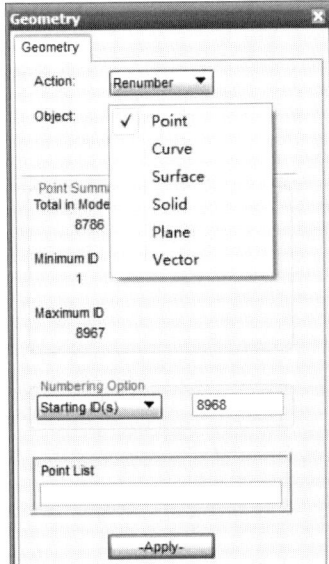

图 1-35　重新编号"Renumber"的对象

1.3　有限元建模及载荷/边界条件

数值仿真分析软件划分网格的能力和网格质量与分析结果的正确性和准确性息息相关，Patran 2012能够完成各种复杂几何的网格划分，具有强大的网格划分能力，并且通过控制功能，可以对划分过程和划分参数进行控制。在Patran 2012中进行有限元网格划分由 Meshing 界面来完成，在Patran中单元的划分关系与物理特性是分开的，即在划分有限元网格时，只涉及其划分，而不涉及单元的物理特性，单元的物理特性由 Properties 中的 Element Properties 来赋予。

Patran具有丰富的单元库，可适应不同几何的需要，单元划分包括点、线、三角形、四边形、四面体、五面体、六面体等，同时，一种单元形状又具有多种划分形式，比如四面体单元就具有4、5、10、11、14、15、16、40节点等不同形式。Patran中的有限元单元可以具有几何相关性，即施加到几何上的属性等同于施加到有限元单元上，而施加到有限元单元上的属性也等同于施加到几何上，根据几何可以找到其单元，根据单元也能找到其所在的几何，极大方便了有限元模型创建。

有限元模型构建完成之后，即可施加边界条件。Patran边界条件可直接施加到有限元模型上，也可加在几何模型上，这需要几何模型与有限元模型是相关的。若边界条件随时间或空间是变化的，则需要通过场"Field"完成。

1.3.1 有限元建模(Meshing)

1. 有限元划分简介

在Patran的主窗口中，单击 Meshing 按钮，打开有限元网格划分界面 Finite Elements ，如图1-36所示，其形式和操作方法类似于 Geometry 的界面。利用该界面，可以对已有的几何模型直接进行网格划分，也可以手工划分网格以及对已划分好的网格进行修改和优化。通常网格划分涉及单元形状及类型、网格生成器选择、网格密度控制等。

Patran 2012提供了丰富的单元库，可完成对点、线、面到实体的有限元离散划分。点单元(Point)通过节点来创建，多用于动态问题中的集中质量处理。梁单元(Beam)和杆单元(Bar)有2节点、3节点和4节点三种划分形式(Bar2、Bar3、Bar4)，梁和杆均用线来表示，在几何上没有区别，但两者的物理特性不同，Patran中通过 Properties 定义梁截面特性。三角形单元(Tri)有3节点、4节点、6节点、7节点、9节点和13节点等形式，适用于曲面的网格划分。四边形单元(Quad)精确度要高于三角形单元，但其适应能力略差，适合于较规则的曲面。四面体单元(Tet)适用于实体网格的划分，其有4节点、5节点、10节点、11节点、14节点、15节点、16节点和40节点等形式。五面体单元(Wedge)是楔形单元，其有6节点、7节点、15节点、16节点、20节点、21节点、24节点和52节点等类型。六面体单元(Hex)精度最高，适用于较规则实体的网格划分，六面体单元有8节点、9节点、20节点、21节点、26节点、27节点、32节点和64节点等类型。

2. 生成(Create)有限元模型

直接划分有限元网格，就是根据选定的单元形式和划分类型，还有选定的网格生成器和控制参数，对曲线、曲面和实体进行网格划分。当这些参数都选定了之后，Patran就会自动进行网格划分。

(1) 网格划分器。Patran中共有IsoMesh、Paver、Hybrid三个网格生成器，如图1-37所示。IsoMesh用于曲线、曲面和实体的网格划分，可以使用的单元类型有三角形、四边形、四面体、五面体和六面体，适用于规则几何的划分；Paver可自动以三角形和四边形划分网格，适合于复杂的曲面网格划分；Hybrid可对任何实体用四面体进行网格划分。

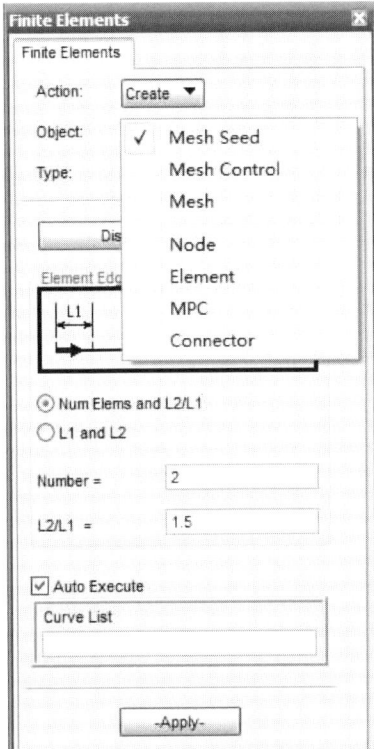

图 1-36　网格划分界面　　　　　　图 1-37　自动网格生成器

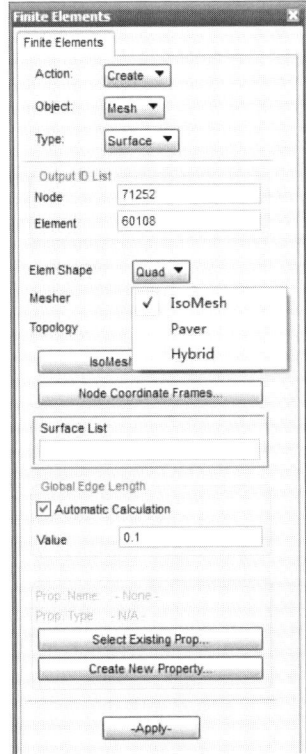

　　(2) 网格疏密控制。有限元网格疏密可由"Mesh Seed"，即撒种子来控制，位于 `Finite Elements` 界面中的"Create/Mesh Seed"，如图1-38所示。"Mesh Seed"有"Uniform""One Way Bias""Two Way Bias""Curve Based""Tabular"和"PCL Function"六种方法。"Uniform"以等距方式生成种子；"One Way Bias"以长度等比递增或递减方式生成种子；"Two Way Bias"自两头开始以长度等比递增或递减方式生成种子；"Curve Based"曲率控制生成种子；"Tabular"根据表格赋值位置生成种子；"PCL Function"根据PCL函数定义位置生成种子。

　　"Global Edge Length"可输入长度值，以设置单元的默认长度/边长；"Hard Geometry"可按需要在某个点的位置或某条线上生成节点时，指定该点或该线为硬几何；"Mesh Control"用控制曲面上单元尺寸的方法来控制网格的疏密。自动划分网格时，Patran会使两协调的几何在交界处的网格自动保持一致。两个几何体交界处的网格密度，优先次序为"Mesh Seed"优先，其次为与相邻网格划分，最后才是"Global Edge Length"划分。

3. 变换(Transform)网格划分

　　`Finite Elements` 界面中的"Transform"可以对节点和单元进行移动、旋转和镜像操作，从而生成新的节点和单元，如图1-39所示。"Transform/Node(或Element)/Translate"为指定节点(单元)沿给定的方向，移动给定的距离创建新的节点(单元)； "Transform/Node(Element)/Rotate"将指定的节点(单元)绕指定的坐标轴，旋转给定的角度创建新的节点(单元)； "Transform/Node(Element)/Mirror"将指定的节点(单元)以给定的平面为对称面，镜像生成新的节点(单元)。

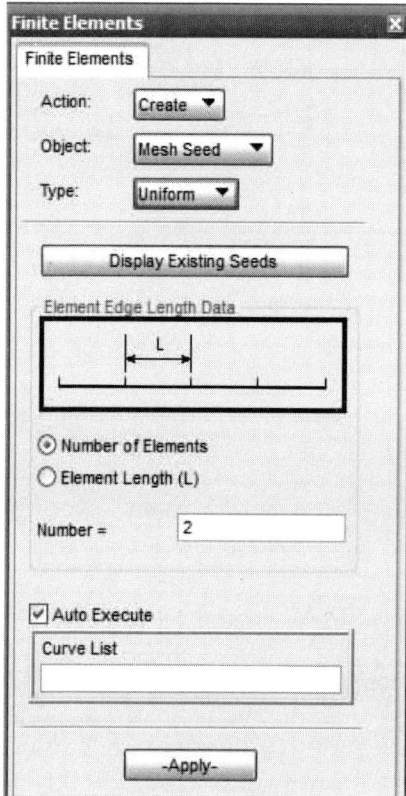

图 1-38 "Mesh Seed"界面   图 1-39 "Transform"界面

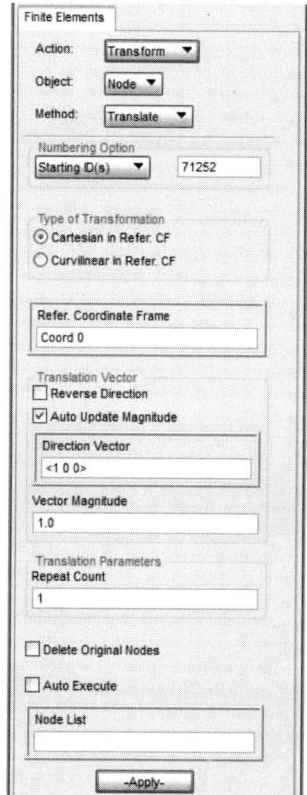

4. 扫掠(Sweep)网格划分

低阶网格可通过扫掠"Sweep"生成高阶网格，即二维网格Quad单元通过扫掠"Sweep"成Hex单元三维网格， "Sweep"的对象如图1-40所示， "Method"方法共有九种，如图1-41所示。 "Arc"为基本单元绕指定轴旋转一定角度创建高阶单元； "Extrude"为基本单元沿指定的矢量方向延伸给定距离创建高阶单元； "Glide"为基本单元沿指定的曲线路径滑动创建新单元； "Glide-Guide"为基本单元沿指定的路径滑动创建新的单元； "Loft"为把两组协调二维单元连接起来创建一组三维单元； "Normal"为基本单元沿法向滑动给定的距离创建新的单元；"Radial Cyl."为基本单元在柱坐标系中沿轴线的径向滑动创建新单元；"Radial Sph."为基本单元在球坐标系中以给定的距离沿径向滑动创建新单元；"Sph. Theta"为基本单元在定义的球坐标中以给定的角度沿经线方向旋转创建新单元；"Vector Field"为基本单元沿矢量的大小和方向拉伸或滑动创建新的单元。

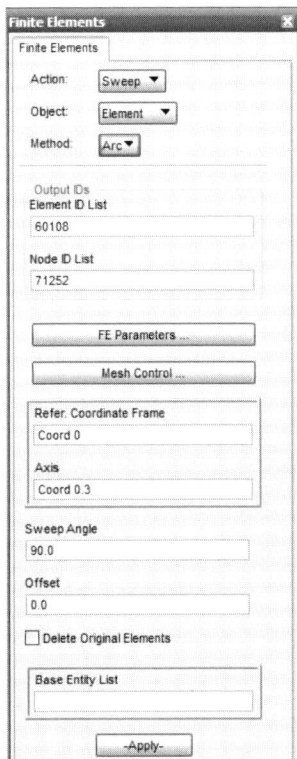

図 1-40 "Sweep"的对象

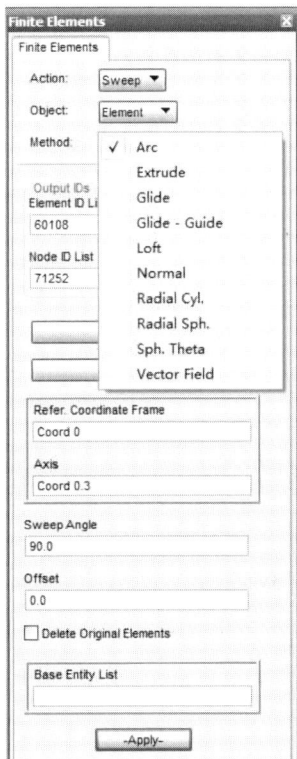

図 1-41 "Sweep"的方法

5. 重新标号(Renumber)

Patran自动选择和按顺序分配节点、单元的标号(ID)，也可人为改变标号，如为了便于识别，可将关注的对象标号规定在一定范围内。ID是正整数，同一类对象的ID不重复，重新标号的界面如图1-42所示。

6. 关联和解除关联(Associate，Disassociate)

关联"Associate"的作用是将节点或网格单元与对应的几何相关联，使载荷、边界条件可直接施加到几何上，界面如图 1-43 所示。解除关联"Disassociate"是关联"Associate"的相反操作，以解除节点和单元与几何的相关性，界面如图 1-44 所示。

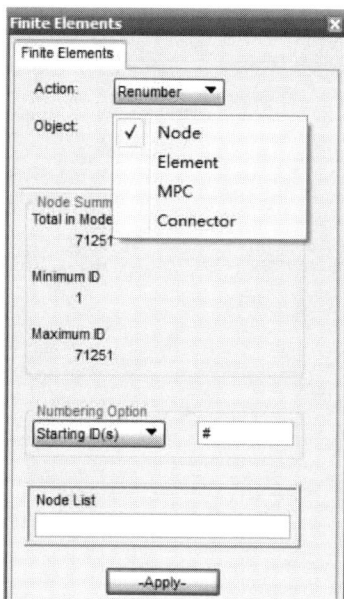

图 1-42　重新编号"Renumber"的界面

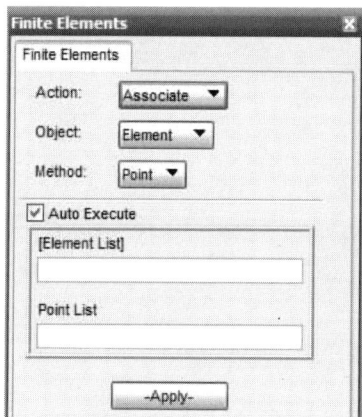

图 1-43　"Associate"界面

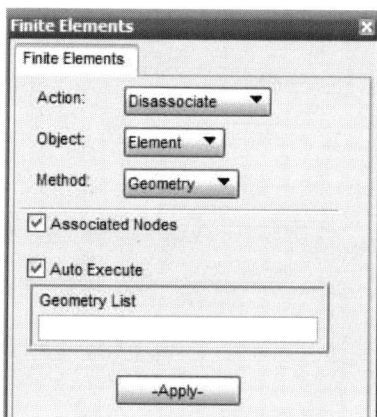

图 1-44　"Disassociate"界面

7. 等效消除重复节点(Equivalence)

有限元模型创建过程中，往往会产生很多重复节点，这样的节点，容易导致分析运算错误。对重复的节点需要采用"Equivalence"进行等效消除。"Equivalence"将空间位置重复节点进行等效消除时，只保留 ID 号小的节点，"Equivalence"对象有"All""Group"和"List"三个，如图 1-45 所示，采用的方法均为"Tolerance Cube"和"Tolerance Sphere"，如图 1-46 所示。等效消除重复节点后的位置，用粉红小圆圈标示。

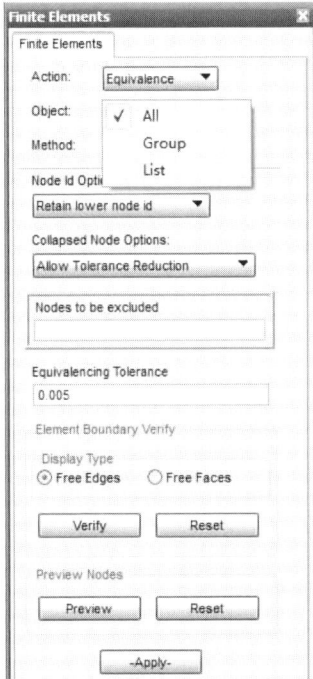

图 1-45　"Equivalence" 的对象

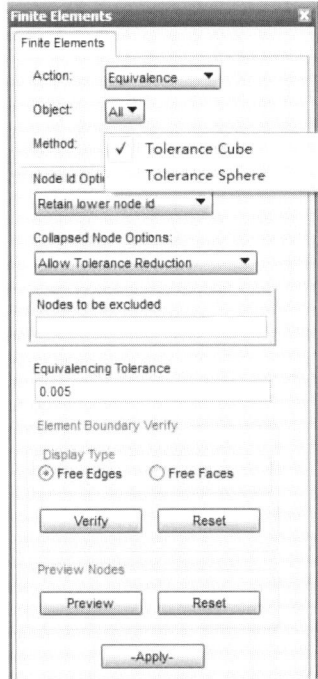

图 1-46　"Equivalence" 的方法

8．模型检查(Verify)

模型检查 "Verify" 可对单元扭曲度、重复性、边界、连接、ID 号等多种不同的特性进行检查，可检查的对象如图 1-47 所示，检查方法如图 1-48 所示。网格划分的质量对分析结果影响较大，建模过程中，可经常采用 "Verify" 对模型进行检查，"Verify" 与 "Equivalence" 配合使用，先检查是否有重复节点，再用 "Equivalence" 来消除。

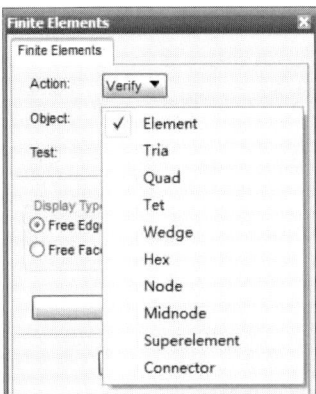

图 1-47　"Verify" 的对象

图 1-48　"Verify" 的项目

9. 显示(Show)信息

类似于 Geometry 中的"Show"，Element Properties 中的"Show"用来显示节点、单元和多点约束等对象的相关信息。"Show"的对象共有六个："Node""Element""Mesh Seed""Mesh Control""MPC"和"Connector"，如图1-49所示，显示节点的信息如图1-50所示，其余的对象各自的显示信息对应相应的界面。

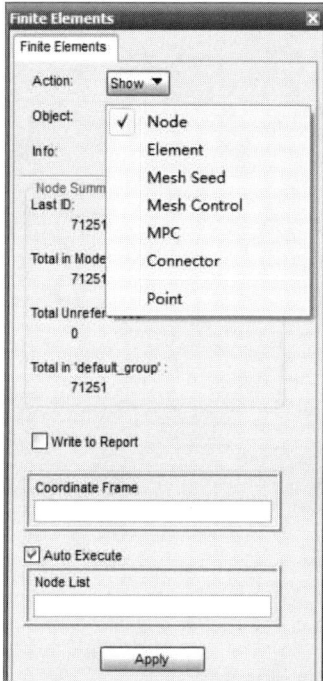

图1-49 "Show"的对象

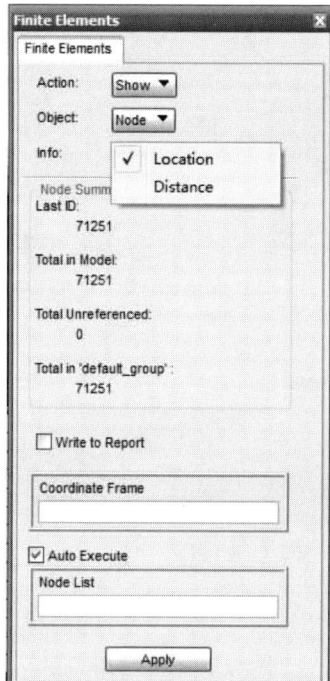

图1-50 "Show"节点的信息

10. 模型修改(Modify)

建模需要进一步"深"加工，"Modify"是对节点、网格或多点约束等有限元对象进行编辑修改，改变其形状或属性，"Modify"的对象如图1-51所示，"Modify/Mesh"的方法如图1-52所示。建模中常用"Pave"生成网格后，以"Modify/Mesh/Surface"进一步提高曲面上网格质量。

另外，"Modify/Element"可对单元标号、类型、相关性、正方向和再分割等进行编辑修改；"Modify/Quad"可将一个四边形单元分割成若干个四边形、三角形等六种方式，如图1-53所示。

11. 删除(Delete)操作

删除"Delete"操作经常使用，可删除在"Create"中所有有限元对象，有"Mesh Seed""Mesh Control""Mesh""Node""Element""MPC""Connector""DOF List"和"Superelement"，如图1-54所示。

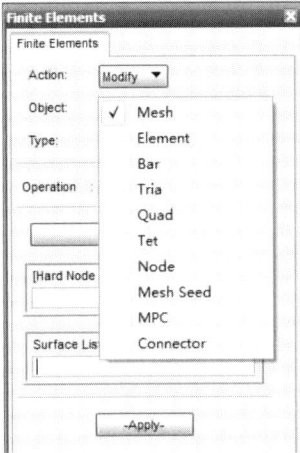

图 1-51　"Modify"的对象

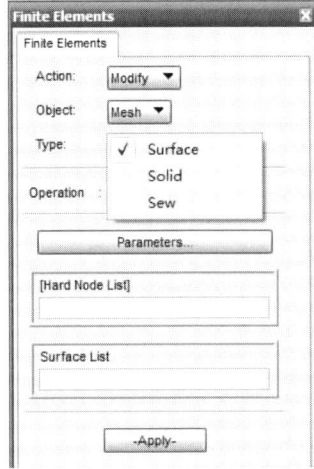

图 1-52　"Modify"的方法

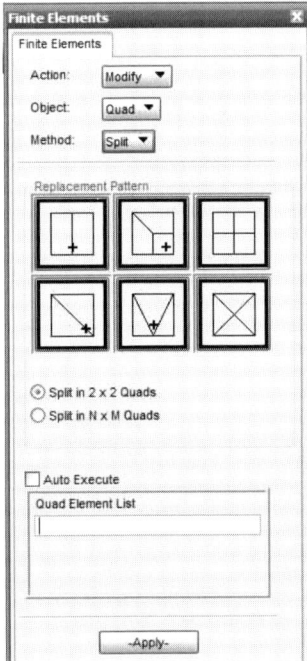

图 1-53　"Modify/Quad"分割四边形单元

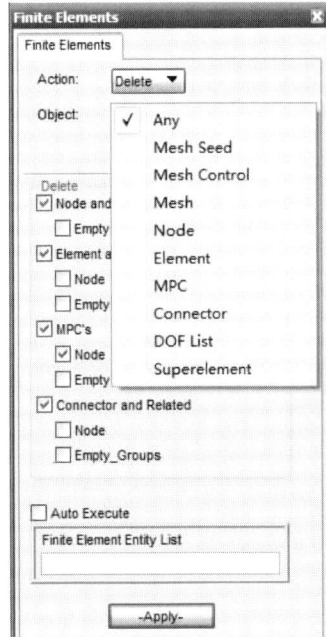

图 1-54　删除"Delete"的对象

1.3.2　载荷/边界条件(Loads/BCs)

在 MSC.Patran 2012 工具栏中单击 Loads/BCs ，右侧弹出 Load/Boundary Conditions 界面，用以定义有限元模型的载荷及边界条件，如图 1-55 所示，赋予载荷及边界条件的功能，如图 1-56 所示。

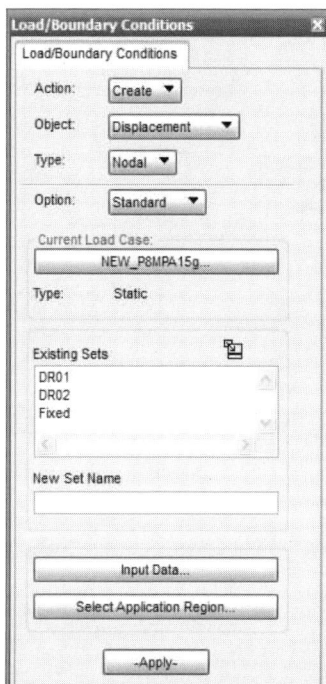

图 1-55　赋予载荷及边界条件界面　　　　图 1-56　赋予载荷及边界条件功能

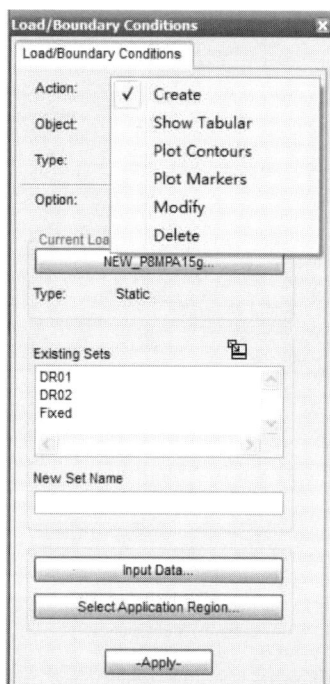

"载荷工况"是赋予有限元模型载荷/边界条件的集合,与实际结构的承载相对应,在 MSC.Patran 2012 中不同的载荷/边界条件用不同的图形和颜色标识。

1. 赋予(Create)边界条件

在 Nastran 结构分析中,MSC.Patran 2012 的载荷/边界条件共有 17 个,包括各种形式的载荷、各个约束、动力学中的速度和加速度、温度量等,如图 1-57 所示,如图 1-58 所示赋予位移边界条件的方式。"Displacement"定义固定的位移或给定一个刚性位移,"Type"选项有三个:"Nodal""Element Uniform"和"Element Variable","Nodal"为与选定的节点相关,"Element Uniform"为与选定的单元相关,"Element Variable"为与选定单元的节点相关;"Pressure"为给二维或三维单元施加垂直于作用面的面压力;"Temperature"为温度边界条件,若结构的力学特性与温度相关,可以用场"Field"来定义温度随时间、空间的变化;"Inertial Load"为通过指定参考坐标系、不依赖于任何单元赋值结构惯性载荷;"Contact"定义接触边界条件;"Initial Temperature"为初始温度值赋值,该选项用于温度随时间变化时,通过场"Field"赋予变化规律。

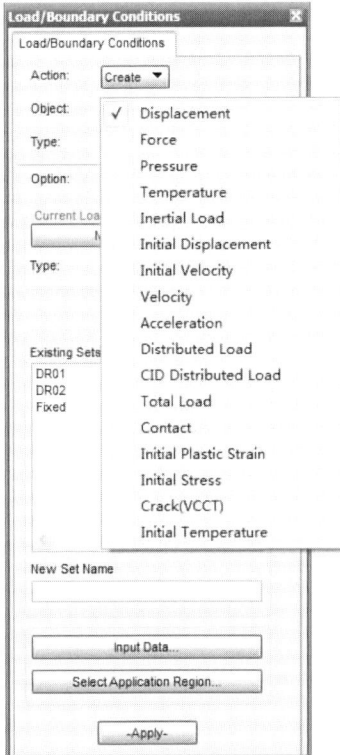

图 1-57　载荷/边界条件的种类　　　　图 1-58　赋予位移边界条件类型

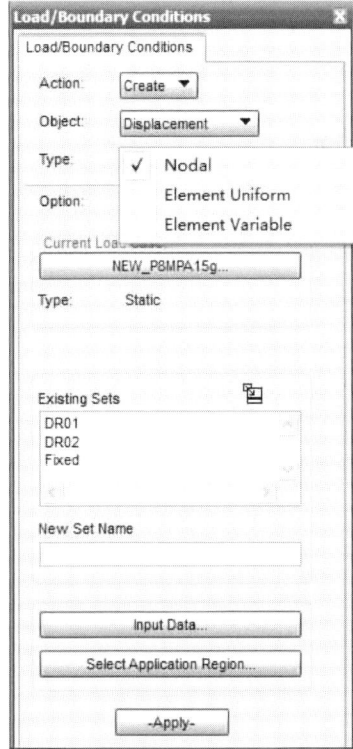

2．显示、检查边界条件(Show Tabular、Plot Contours、Plot Markers)

Patran 创建的多种载荷和边界条件可以以多种方式显示出来，"Show Tabular"是以表格方式显示，以检查边界条件各参数的正确性；"Plot Contours"是以云图方式显示标量的分布；"Plot Markers"以图形符号形式显示，以检查边界条件创建成功。

3．修改(Modify)边界条件

载荷/边界条件的名称、对象和数据等均可通过"Modify"修改，如图1-59所示。在对象"Object"中选择需要修改的载荷/边界条件类型，在"Select Set to Modify"中选择需要修改的载荷/边界条件。可在"Rename Set as"中改变载荷/边界条件的名称，在 Modify Data... 中修改载荷/边界条件的参数，在 Modify Application Region... 中修改载荷/边界条件的作用区域。

4．删除(Delete)边界条件

在"Create"中创建的载荷/边界条件，均可以使用删除选项"Delete"删去，其界面如图 1-60 所示。长按"Shift"键，可选中"Existing Sets"中的载荷/边界条件，置于"Sets to be Deleted"中进行批量删除。

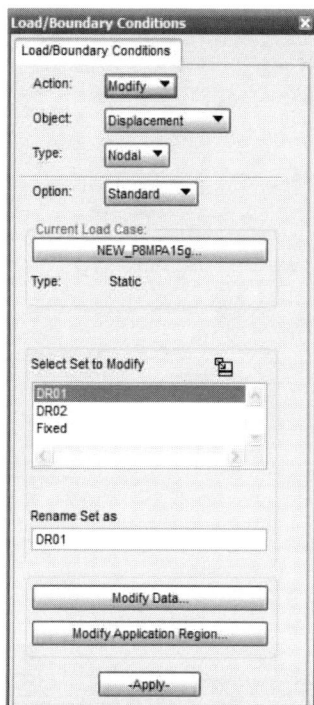

图 1-59 修改"Modify"载荷/边界条件界面 图 1-60 删除"Delete"载荷/边界条件界面

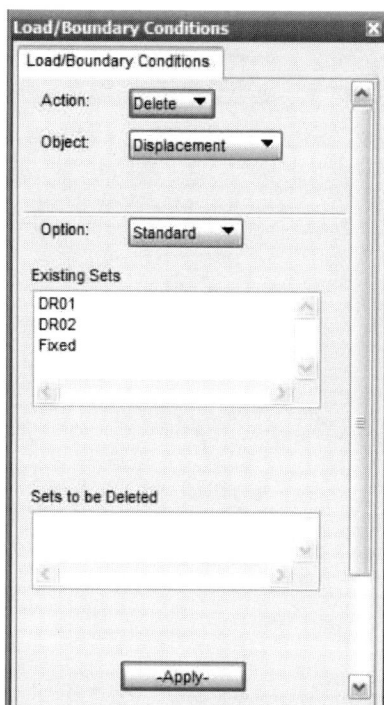

1.4 有限元模型属性

有限元模型构建完成后，需要根据结构的实际构成材料，赋予单元材料属性，通常分两步走，先建立材料模型，再给对应的单元赋予材料属性。MSC.Patran 2012 的工具条 Properties 下对应的应用菜单按钮，含有材料模型 Materials 、单元材料属性 Element Properties 和场 Fields 菜单，如图 1-61 所示。

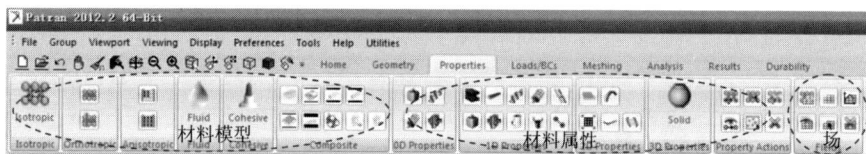

图 1-61 MSC.Patran 2012 中"Properties"界面

1.4.1 材料模型

MSC.Patran 2012 提供了描述线弹性、非线性、弹塑性、黏弹性和断裂等多种材料本构关系的模型，材料模型支持各向同性、各向异性、正交各向异性、流体、聚合和复合材料等材料类型。模型中可赋予材料的模量、泊松比、强度和本构关系等参数，若材料参数随时间、空间变化，可通过场 Fields 来定义。创建材料模型的界面如图 1-62 所示，通过"Action"完成对材料的定义、修改、显示和删除操作，通过"Object"选择材料类型，通过"Method"确定给材料模型的赋值方式、方法，如图 1-63 所示。

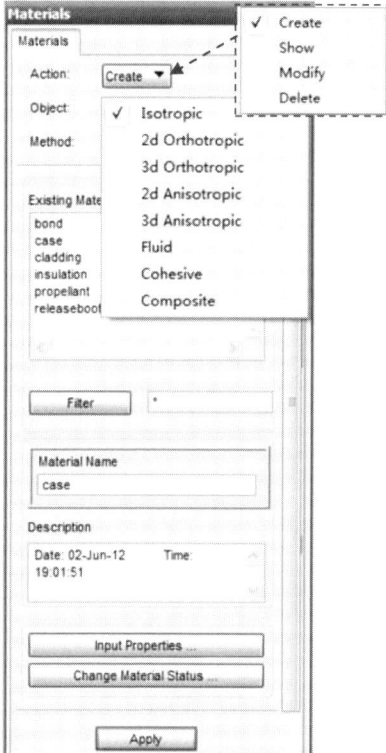

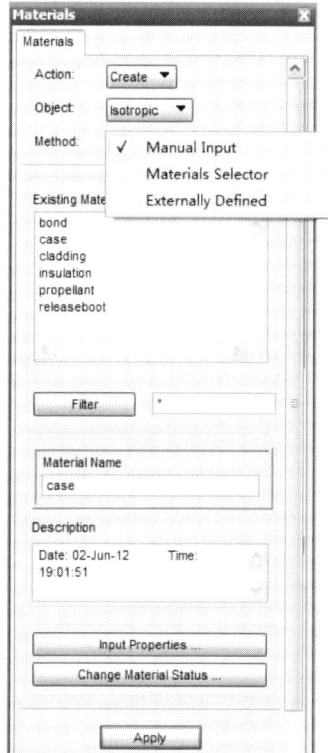

图 1-62　创建材料模型的操作及类型　　　　图 1-63　创建材料模型的方法

　　MSC.Patran 中定义材料与建立材料模型时所选择的求解器相关联，需要在定义材料之前，先选定求解器和分析类型。若先定义材料模型，再更改解算器，原材料模型会为适应新求解器而调整属性。

1. 创建(Create)材料模型

　　在 MSC.Patran 2012 中，通过"Object"项选择可以创建各向同性、2D 各向异性、3D 各向异性、2D 正交各向异性、3D 正交各向异性、流体、聚合和复合材料。如创建各向同性(Isotropic)材料，进行相应的"Action/Create""Object/Isotropic"操作后，对应的方法"Method"有 3 种：手工输入材料属性参数"Manual Input"、选择材料库中已定义材料参数"Materials Selector"和外部提供材料参数"External Defined"。在 Material Name 中取定材料的名称，建议以材料的属性或结构部件命名，便于记忆识别；在 Description 项中，可输入对材料的说明，默认为材料模型的创建时间；当采用手工输入方法"Manual Input"时，单击 Input Properties ...，打开 Input Options 界面，输入要定义的材料参数，对应线弹性本构材料的属性输入界面，本构模型"Constitutive Model"决定需要输入的参数，打开该对应选项，可以看到 10 项内容，如图 1-64 所示。材料本构模型不同，参数输入界面不同。

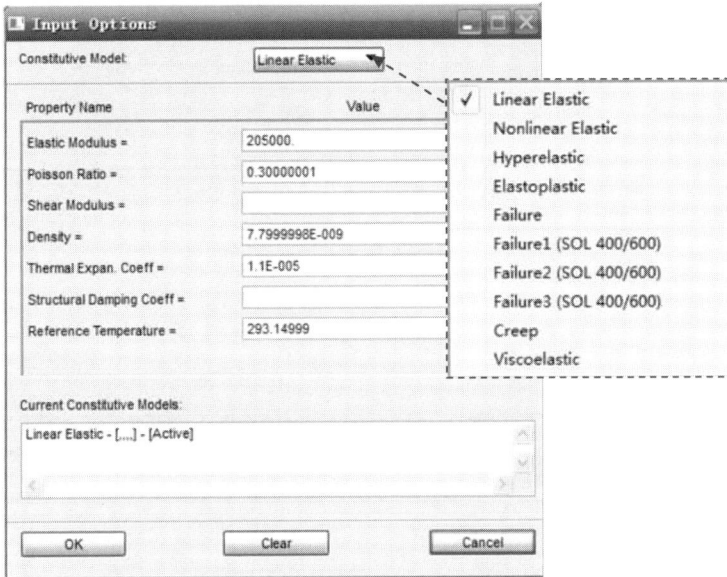

图 1-64　线弹性各向同性材料本构模型参数输入界面

线弹性各向同性材料本构模型参数项有：弹性模量"Elastic Modulus"、泊松比"Poisson Ratio"、剪切模量"Shear Modulus"、密度"Density"、热膨胀系数"Thermal Expan. Coeff"、结构阻尼系数"Structural Damping Coeff"和定义材料参数的温度"Reference Temperature"。

材料本构模型还有非线性弹性"Nonlinear Elastic"、超弹性"Huperelastic"、弹塑性"Elastoplastic"、蠕变"Creep"和黏弹性"Viscoelastic"本构，特别是在 MSC.Patran 2012 中，有 4 项定义失效材料的选项，对应不同的材料失效的判定又有多种理论方法，详情请参阅 Patran 2012 使用手册及相关专著。

2. 显示(Show)材料模型

在 Materials 界面中，进行"Action/Show"操作，在"Object"项中选择需要显示查看的材料属性，如图1-65所示。除了复合材料外，在"Object"项中对应的显示方法仅有"Tabular"，在"Existing Materials"中选择需要显示的材料模型名称，即自动弹出与材料定义的界面类似材料属性界面，以供查阅。对于复合材料模型的查阅，在"Method"项中选择对应的材料模型，如图1-66所示。另外，在"Action/Show"界面中操作，材料模型数据是不能修改的，修改参数需要通过"Action/Modify"操作完成。

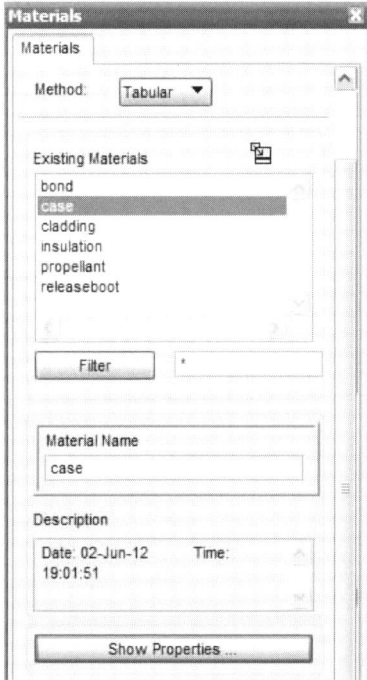

图 1-65　显示"Show"材料信息界面　　图 1-66　显示"Show"复合材料信息界面

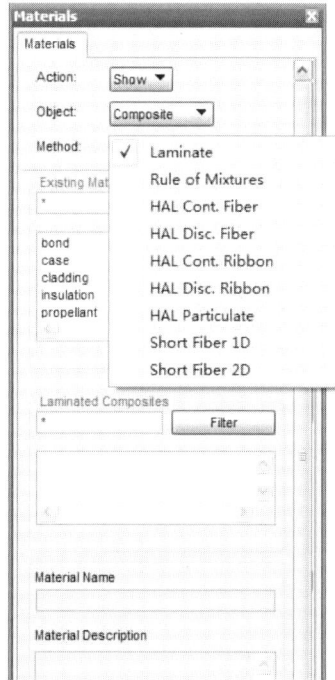

3．修改(Modify)材料模型

当需要对已经创建的材料模型进行修改时，在 Materials 界面中，进行"Action/Modify"操作，在"Object"项中选择需要修改的材料类型，如图 1-67 所示。可修改的内容涵盖创建材料模型的所有参数，其中包括材料模型的名称，由于复合材料的特殊性，复合材料的修改与创建时一样，与其他材料模型操作界面不同，如图 1-68 所示。

4．删除(Delete)材料模型

创建材料模型之后，若不需要此材料模型时，可在 Materials 界面中进行"Action/Delete"操作，在"Object"项中，选择要删除材料的类型，将其删除，如图 1-69 所示。用光标选中需要删除的材料类型，该材料模型将显示在"Existing Materials"栏中，若需删除多个材料模型，长按"Shift"键，选择多个材料模型于"Existing Materials"栏中，单击 Apply ，完成删除操作。

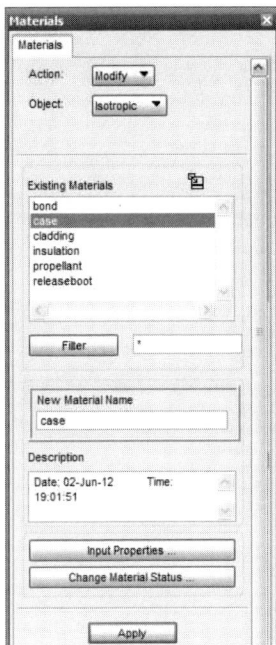

图 1-67　修改"Modify"各向
同性材料信息界面

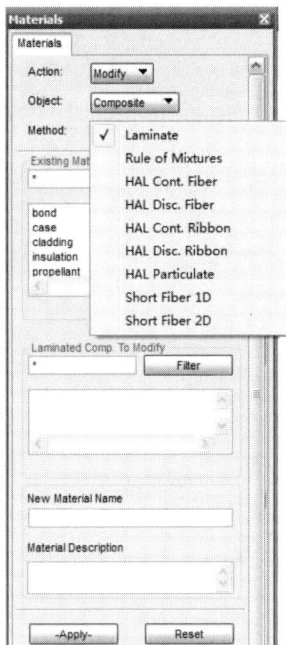

图 1-68　修改"Modify"复合
材料信息界面

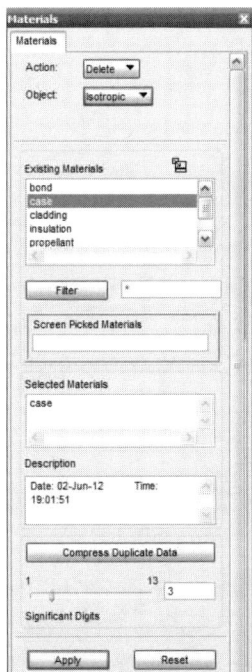

图 1-69　删除"Delete"材料模型界面

1.4.2　赋予单元材料属性(Properties)

创建好有限元模型和材料模型后，需要在 Patran 的工具栏中，通过"Properties"给有限元单元赋予实际结构中的材料属性。单击 Properties 按钮，右侧弹出 Element Properties 界面，赋予单元属性的操作如图 1-70 所示，赋予单元属性的对象如图 1-71 所示。类似于材料模型的创建，每创建一个"Property"，都要取一个唯一标识的"Property Set Name"名字，在"Properties"中，对单元材料属性可以进行创建、显示、修改和删除等操作。单元的材料特性与求解算器直接相关，不同求解器支持不同的单元类型和属性，其定义的方法和过程略有不同，图 1-71 所示是以求解器为 Nastran 的结构分析为例，在 Nastran 中支持 0D、1D、2D 和 3D 单元。对于由多种材料、多种单元类型构成的复杂结构，需要与 Group 下的功能配合使用，可轻松完成单元材料属性的定义，另外，赋予有限元模型的材料属性时，可直接赋予单元材料属性，也可以赋予与单元相关联的几何模型中。

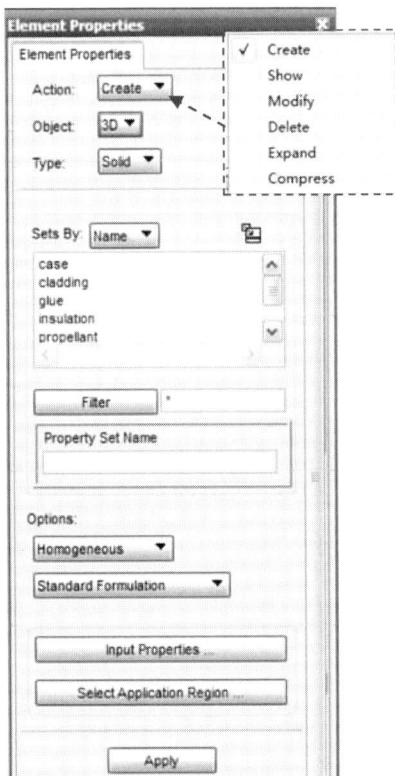

图 1-70　创建单元材料属性"Property"的操作　　图 1-71　创建单元材料模型的对象

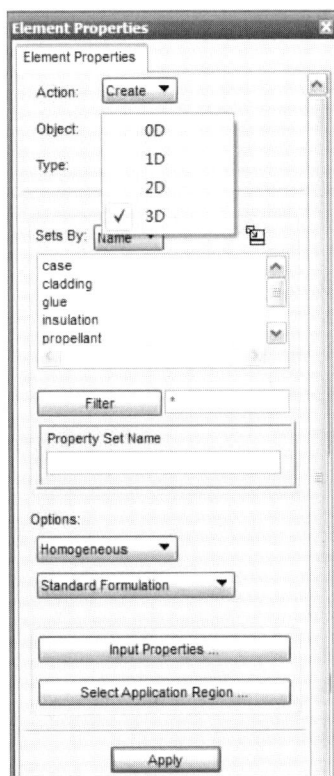

1. 创建(Create)单元材料属性

给有限元模型赋予材料属性时，需根据结构实际情况所建立的有限元模型和创建的材料模型，将选定的材料模型赋予对应的有限元单元即可。"Options"有 3 个对应不同网格划分的选项，其中"Standard Formulation"项对应网格划分为 Tet4、Tet10、Wedge6、Wedge15、Hex8 和 Hex20；"P-Formulation"项对应网格划分为 Tet4、Tet10、Tet16、Tet40、Wedge6、Wedge15、Wedge24、Wedge52、Hex8、Hex20、Hex32 和 Hex64；"Hyperelastic Formulation"项对应网格划分为 Tet 和 Hex。以"Standard Formulation"为例，简要说明单元材料属性的赋予方法，单击 Input Properties ... ，如图 1-72 所示。

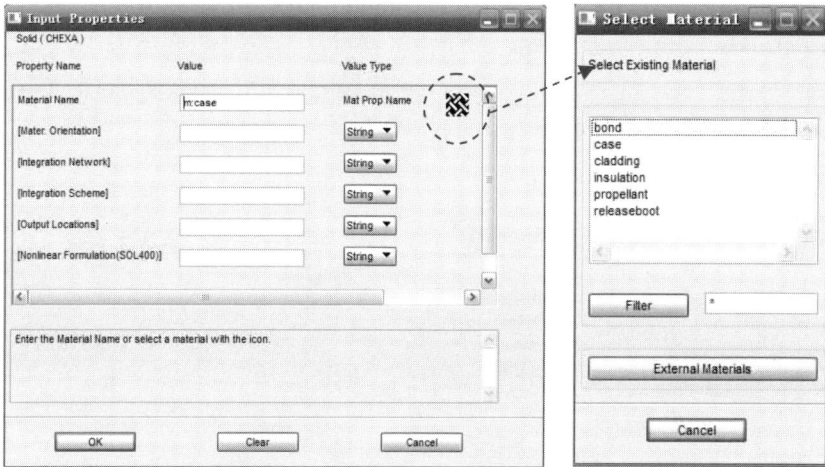

图 1-72　定义"Solid"单元材料属性中的"Select Material"界面

选择好对应的材料模型后，通过 Element Properties 界面中的 Select Application Region ... ，进行单元应用域定义，如图 1-73 所示。

2. 显示(Show)、修改(Modify)和删除(Delete)单元材料属性

在 Properties 下的单元材料属性 Element Properties 界面中，进行"Action/Show"操作，在"Existing Properties"中选择需要显示的材料属性名称，单击 Apply 即弹出材料属性界面，以供查阅。在"Action/Show"操作中，材料属性是不能修改的，修改参数需要通过"Action/Modify"来完成。

对已经创建的材料属性进行修改时，在 Element Properties 界面中，进行"Action/Modify"操作，在"Object"项中选择需要修改的材料属性类型，在 Sets By: Name 中选择修改材料属性的对象，由 Modify Properties ... 修改材料属性和 Select Application Region ... 修改单元区域，单击 Apply 完成修改操作。

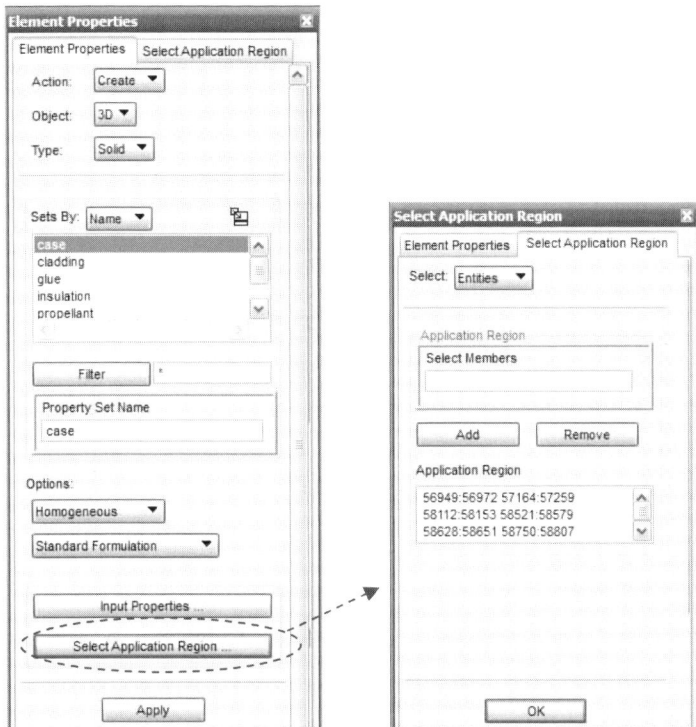

图 1-73　定义 "Solid" 单元材料属性中单元应用域定义界面

若不需其材料属性时，可在 Element Properties 界面中进行 "Action/Delete" 操作，在"Object"中，选择要删除材料属性类型，用光标在 Prop. Sets By Name ▼ 选中需要删除的材料属性，单击 Add 将该材料属性移至 Selected Property Sets 栏中，若需删除多个材料属性，重复以上操作即可，再单击 Apply ，完成删除操作。

1.5　运算分析及结果后处理

结构仿真分析的一般过程是：创建几何模型、划分有限元网格、施加载荷/边界条件、定义材料模型、赋予单元材料属性、提交运算分析和结果后处理。提交运算分析通过 Analysis 界面实现将创建的有限元模型，指定运算分析输入、控制、输出信息，提交求解器运算分析，生成分析结果文件，通过结果后处理 Results 界面将响应以云文图、曲线或表格等形式显示出来。

1.5.1　运算分析(Analysis)

在 MSC.Patran 2012 界面上的工具栏区，单击 Analysis 按钮，即可打开

Analysis 界面，可完成工作"Action"有"Analyze""Optimize""Toptomize"
"Acess Results""Read Input File""Delete""Monitor"和"Run Demo"，分别
用于进行分析、优化、拓扑优化、读入分析结果、读入分析模型文件、删除、
监控和运行演示等，如图 1-74 所示。

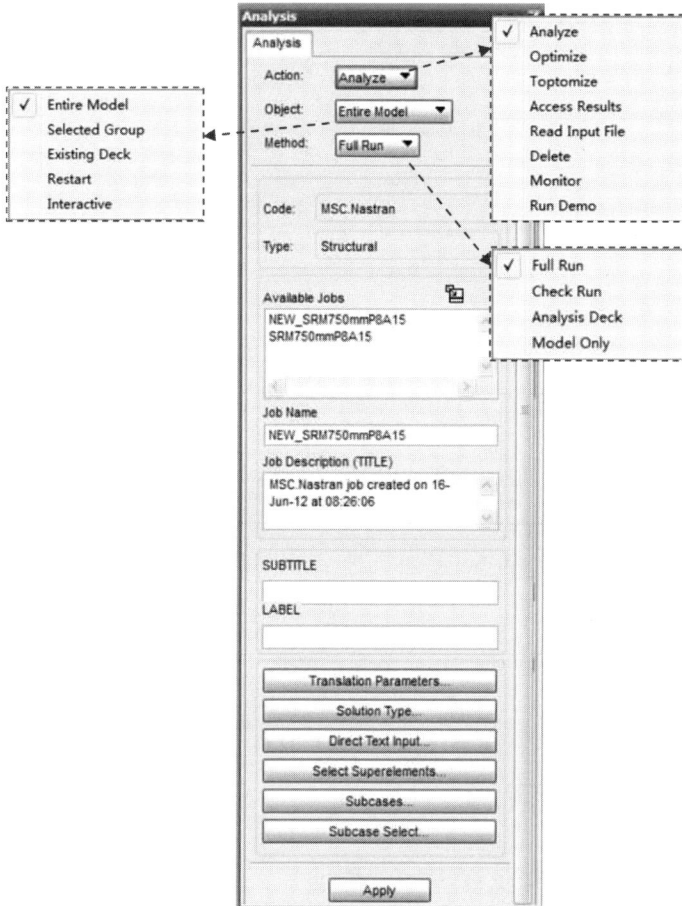

图 1-74 MSC.Patran 2012 运算分析"Analysis"界面

MSC.Patran 2012 在 Analysis 界面的分析对象"Object"中有 5 项，可进行
整个模型"Entire Model"、选定组"Select Group"、设定项"Existing Deck"、
重启"Restart"和交互"Interactive"分析。分析方法"Method"中有 4 个选项，
有完整分析"Full Run"、检验分析"Check Run"、分析转换生成"Analysis Deck"
和指定模型分析"Model Only"。运算分析的步骤基本上可按 Analysis 界面排列
次序进行操作，在确定分析对象"Object"和分析方法"Method"后，再进行分
析类型、工况选择和结果文件类型等分析参数设置，方能提交运算分析。

1. 设置参数及提交运算(Analyze)

大多数的运算分析参数设置流程如下：| Analysis | → Action: / | Analyze ▼ | → Object: | Entire Model ▼ | → Method: / | Full Run ▼ | → Job Name → | Translation Parameters... | → | Solution Type... | → | Subcases... | → | Subcase Select... | → | Apply |。参数设置默认为线性静态结构分析，直接单击 | Apply | 后系统将自动开始运算分析工作，运算分析工作结束后，Nastran 会输出*.op2 或*.XDB 文件作为 Patran 后处理的输入。每个分析工作需要有一个名称"Job Name"标识，根据载荷/边界工况的不同，一个模型可以进行多个不同的分析。

1) 设置转换参数(Translation Parameters)

在MSC.Patran 2012运算分析"Analysis"界面上(图1-74)，单击 | Translation Parameters... | 按钮，打开如图 1-75 所示的 | ▣ Translation Parameters | 界面，即可进行转换参数设置，包括 MSC.Nastran 2012 输出控制、计算公差、数据格式、分析坐标系和求解 Nastran 版本设置等，没有特殊要求时，可采用默认值。

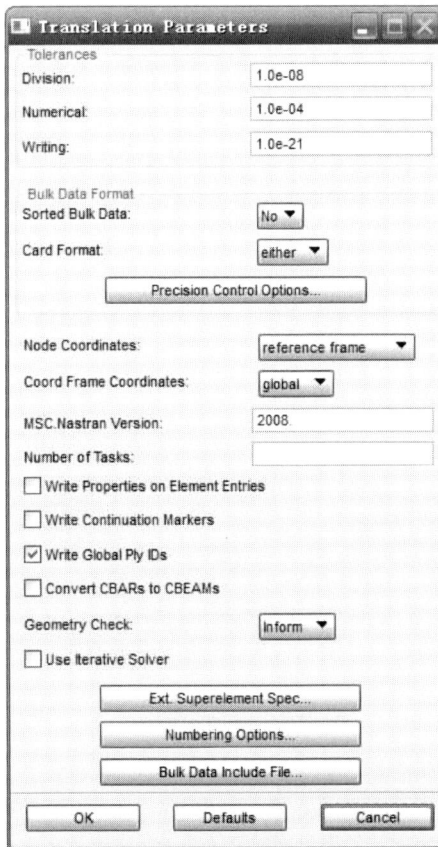

图 1-75   设置转换参数"Translation Parameters"界面

2) 设置分析类型(Solution Type)

在 MSC.Patran 2012 运算分析"Analysis"界面上(图 1-74)，单击 Solution Type... 按钮，打开如图 1-76 所示的 Solution Type 界面，即可进行分析类型设置。界面包含 MSC.Nastran 2012 支持的所有结构分析类型，有线性静态(LINEAR STATIC)、非线性静态(NONLINEAR STATIC)、正则模态(NORMAL MODES)、屈曲(BUCKING)、复特征值(COMPLEX EIGENVALUE)、频率响应(FREQUENCY RESPONSE)、瞬态响应(TRANSIENT RESPONSE)、非线性瞬态响应(NONLINEAR TRANSIENT)、隐式非线性(IMPLICIT NONLINEAR)和动态设计分析(DDAM Solution)等。对每种分析类型，均可用 Solution Parameters... 打开 Solution Parameters 界面设置相应参数。再通过打开 Results Output Format... 界面，设置 Nastran 输出数据的格式，界面中显示有 6 个选项，其中"OP2"指将运算结果数据写入 Nastran 输出文件*.op2 中；"XDB"指将运算结果数据输出到*.xdb 中；"Print"指将运算结果数据写入 Nastran 输出文件*.f06 中。

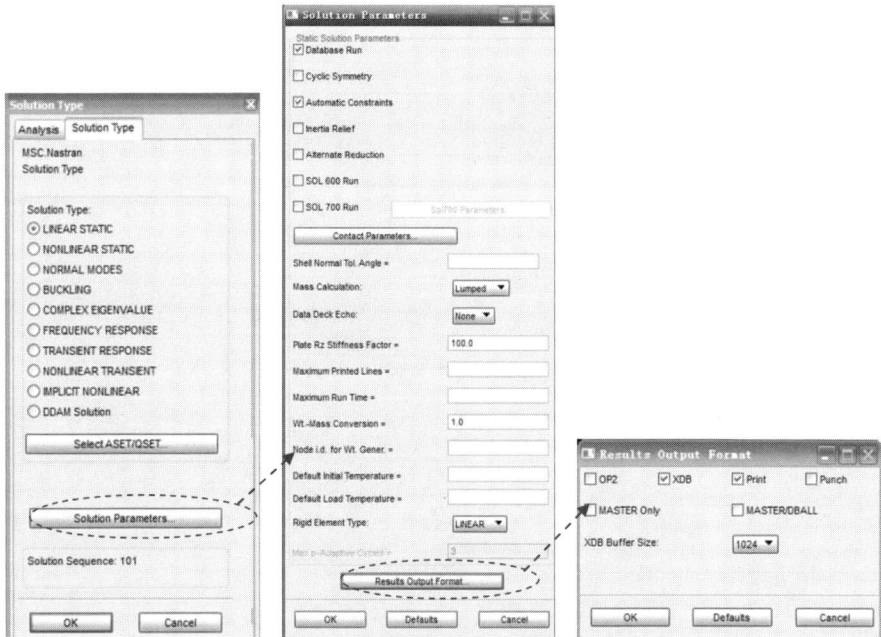

图 1-76 MSC.Patran 2012 运算分析输出结果文件类型确定流程

每种分析类型"Solution Type"都对应若干个分析序列号，如线性静态分析为 101、114、147，非线性分析有 106、400、600 和 700 等。分析序列号与 Solution Parameters 中的参数设置和 Nastran 的版本有关。

3) 设置分析工况(Subcase)

在MSC.Patran 2012运算分析"Analysis"界面上(图1-74)，单击 Subcases... 按钮，打开如图1-77所示的 Subcases 界面，即可进行分析工况"Subcase"设置。分析工况"Subcase"是一组由载荷、边界条件、输入输出要求等参数组成的集合，可以完成一次完整分析过程的分析工况。若有需要，分析中可以调用超级单元，也可以在超级单元上进行特定的操作。

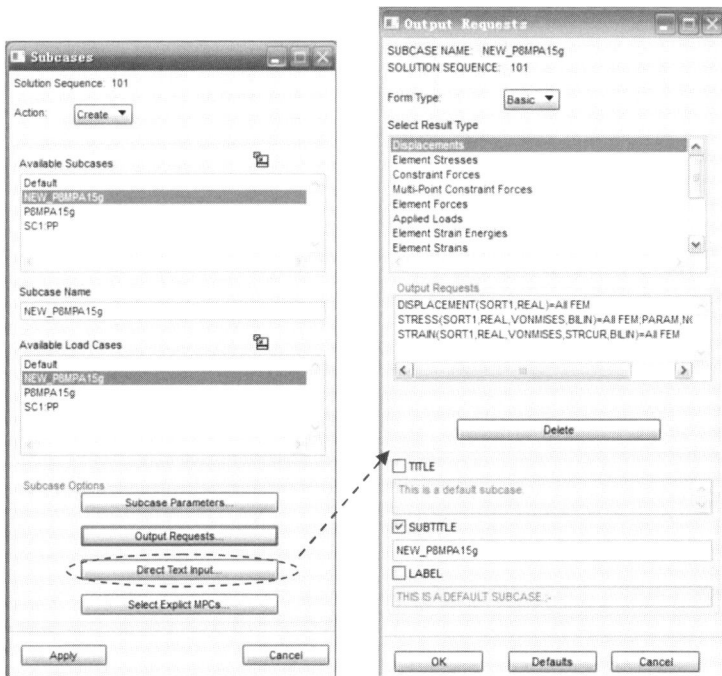

图 1-77　设置分析工况"Subcase"和输出参数

MSC.Patran 2012默认以工况为名称生成分析工况"Subcase"，"Subcase/Action"项对应创建"Create"、删除"Delete"和完整数据查阅"Global Data"，当需要创建新的分析工况"Subcase"时，选择"Action/Create"，已有的分析工况"Subcase"全部列于"Available Subcases"文本框内，若需重新命名，在"Subcase Name"中输入新名称，否则可直接于"Available Subcases"文本框内选中；"Available Load Cases"文本框内所列为当前可用分析工况，创建分析工况"Subcase"时，以其为载荷/边界条件。单击 Output Requests... 按钮，进入 Output Requests 界面，可设置分析程序中将输出哪些结果参数。其中的"Select Result Type"文本框中显示了当前分析程序所能够输出的计算结果，有位移、应力、约束力、多点约束力、单元力和应变等。用光标选择需要输出的项，该项即进入"Output

Requests"文本框中，在计算结果中将输出该选项。用 | Delete | 按钮可删除选项。当分析工况中的各个参数都正确设置后，单击 | OK |、| Apply |，即可完成新分析工况"Subcase"的创建。

　　4）选择分析工况(Subcase Select)

　　在 MSC.Patran 2012 运算分析"Analysis"界面上(图 1-74)，单击 | Subcase Select... | 按钮，打开如图 1-78 所示的 | Subcase Select | 界面，即可进行分析工况选择。

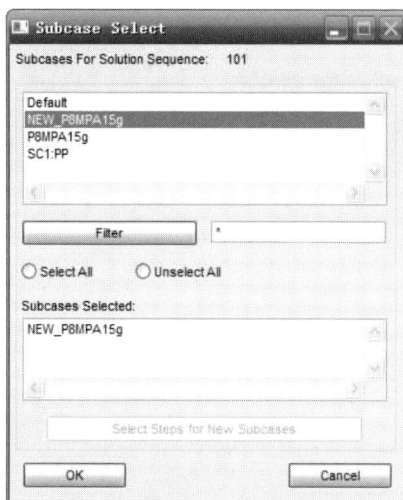

图 1-78　选择分析工况"Subcase Select"界面

　　"Subcases For Solution Sequence：*"文本框中显示为已定义的所有分析工况"Subcase"，在其中选中分析工况将显示于"Subcases Selected"文本框中，以供运算分析。为方便批操作，可用"Select All"或"Unselect All"选定或不选定所有分析工况"Subcase"进行操作。可根据实际结构载荷/边界工况等条件的不同，一个分析模型可定义多个分析工况"Subcase"。当各种分析参数、工况设定好后，可单击 | Apply | 提交分析运算，此时，在 Patran 信息显示区显示当前分析进行信息。

　　2．读取分析结果(Access Results)

　　运算分析工作结束后，Nastran 会根据设置参数输出*.op2 或*.XDB 文件作为 Patran 后处理的输入，在 MSC.Patran 2012 运算分析 | Analysis | 界面的"Action/ Access Results"上，通过"Object/ Attach XDB"或"Object/Read Output2"，将 Nastran 的输出文件与 MSC.Access 数据库建立联系或读入到 Patran 的数据库中来，以进一步分析处理。如图 1-79 所示，为"Object/ Attach XDB"时，单击 | Select Results File... |，即可在对应目录下找到、选中*.XDB 文件，单击 | OK |、| Apply |，完成分析结果读取。"Object/Read Output2"亦类似操作。

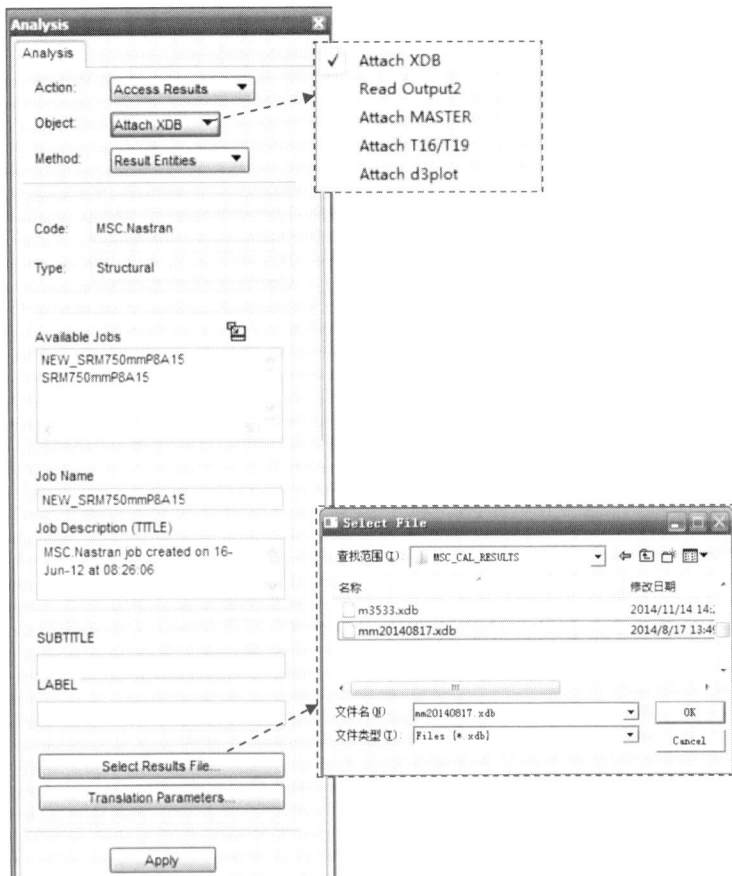

图 1-79　读取分析计算结果 "Access Results" 界面

　　"Attach XDB" 是 Patran 访问分析结果数据 MSC.Access 数据库时，结果数据并没有直接读入到 Patran 数据文件中，还保留在*.xdb 文件中，仅关联到 Patran 的数据库中。而 "Read Output2" 是将 Nastran 输出数据结果文件*.op2 读入到 Patran 的数据库中来，并转换成 Patran 可以表达的格式，因此，值得注意的是关联*.xdb，对*.db 文件的大小几乎没有影响，而读入*.op2 会导致*.db 文件增加很快。

1.5.2　结果后处理(Results)

　　MSC.Patran 2012 的 "Results" 是一个强大、便捷、多方式显示运算结果的后处理工具，可以结构变形图、云图、图符、自由体、平面曲线以及文本输和图形动画等多种方式处理有限元分析结果。在 MSC.Patran 2012 界面上的工具栏区，单击 Results 按钮，即可打开 Results 界面，可完成工作 "Action" 有 "Create" "Use Templates" "Modify" "Post" 和 "Delete"，分别用于进行结果创建、模板使用、修改、显示已有图形和删除等操作；对应于最常用的"Action/Create"，显示结果类型有"Quick Plot""Deformation""Fringe""Marker""Cursor""Contour""Isosurface""Graph""Animation""Report""Results"和"Freebody"共12种，用于完成快速显示、变形图、云图、图形符号、指针、等值线、等值面、曲线、动画、生成报告、生成结果和自由体显示结果，如图1-80所示。

图1-80　MSC.Patran 2012运算分析"Results"界面

在 MSC.Patran 2012 中读入运算结果即产生了一个结果工况 Result Case，这时，可以用快速方法创建位移、应力的云图和变形图。在图1-81中的"Select Result Cases"中，显示了当前已有的结果工况 Result Case，在"Select Fringe Result"列表栏中，选中要创建云图的量，如应变"Strain Tensor"；在"Quantity"中，选中"von Mises"，即按照 Mises 量显示应变，此时，单击 Apply ，显示当前模型的 Mises 应变分布云图；若同时选中"Select Deformation Result"中选项，如位移"Displacement，Translational"，单击 Apply ，则会同时在模型中显示应变云图和结构变形图。

1. 快速显示(Quick Plot)

MSC.Patran 2012 `Results` 界面中，作业"Action/Create"下"Object"默认为快速显示"Quick Plot"，可以满足大多数的后处理需求，如图 1-80 所示。快速显示可完成显示变形图、标量云图，或者是模态、动画等。在图 1-80 的上部有四个图标，当光标停留在图形区域的时间超过 1 秒时，![图标]光标下方显示"Select Results"用于选择 Result Case，![图标]光标下方显示"Fringe Attributes"用于云图显示设置，![图标]光标下方显示"Deform Attrabutes"用于变形图的设置，![图标]光标下方显示"Animation Options"用于动画选项设置。快速显示界面默认为![图标]"Select Results"界面，单击对应的图标，显示对应的界面。

单击![图标]"Fringe Attributes"按钮，打开云图显示设置界面，可以设置云图显示的参数，如用 `Spectrum...` 设置云图色谱，用 `Range...` 设置色谱显示范围，以及显示曲线形式、粗细，各种量值标签显示参数设置等，如图 1-81 所示。

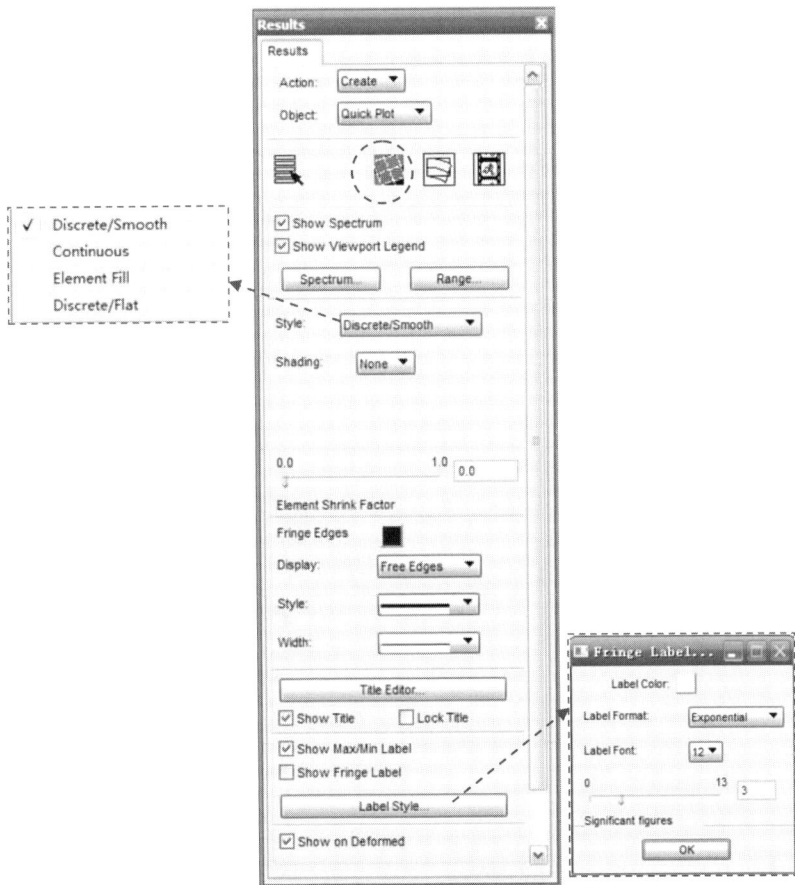

图 1-81　云图显示"Fringe Attributes"设置界面

单击 "Deform Attributes" 按钮，打开变形图设置界面，可以设置变形图的显示方式，如线框渲染模式、线型和宽度，以及显示比例因子和未变形模型显示设置等。此外，还可以用 Label Style... 设置标签的颜色、精度、表达方式等，如图 1-82 所示。

单击 "Animation Options" 按钮，打开动画选项设置界面，可以对动画显示选项进行设置，"Animate Fringe" 为云图以动画形式显示，"Animate Deformation" 为变形过程以动画形式显示，选中 "Animate" 后，单击 Apply 播放动画，并出现动画控制界面可对动画播放速度、频度等参数进行控制，如图 1-83 所示。

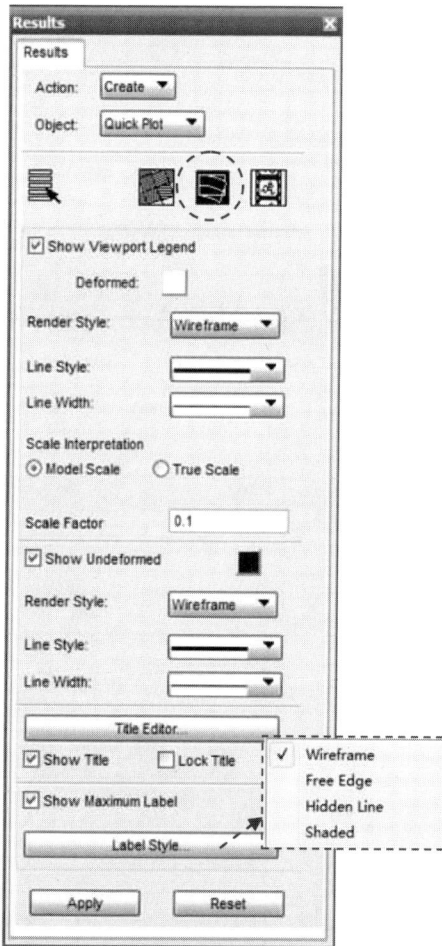

图 1-82　变形图 "Deform Attrabutes" 设置界面

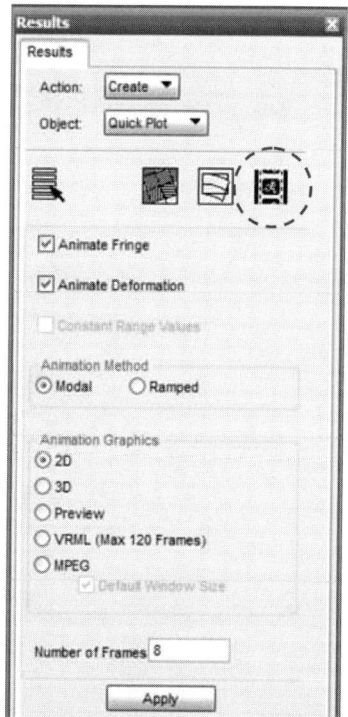

图 1-83　动画选项 "Animation Options" 设置界面

2. 结构变形图(Deformation)

MSC.Patran 2012 Results 界面中，作业"Action/Create"下"Object"/"Deformation"项，为变形结果显示处理界面，界面上部有 5 个按钮，如图 1-84 所示，分别为：▤"Select Results"用于选择结果工况"Result Case"，▨"Target Entities"用于选择显示目标实体设置，▨"Display Attributes"用于选择显示属性设置，▨"Plot Options"用于选择图形选项和▨"Animation Options"用于选择动画选项设置。变形结果显示处理界面默认为▤"Select Results"界面，单击相应的图标，即显示对应的界面。

显示变形图的一般步骤如下：在"Select Result Cases"栏中选择某"Result Case"，在"Select Deformation Result"中选定需要显示变形的结果，如果所选结果与层相关，则用按钮 Position...((NON-LAYERED)) 选择不同的层，在"Show As"中选择结果的显示方式，即显示合成量还是分量，用界面上部的▨、▨、▨、▨按钮完成设置，如果要用动画显示结果，选中"Animate"项，单击 Apply 显示图形。

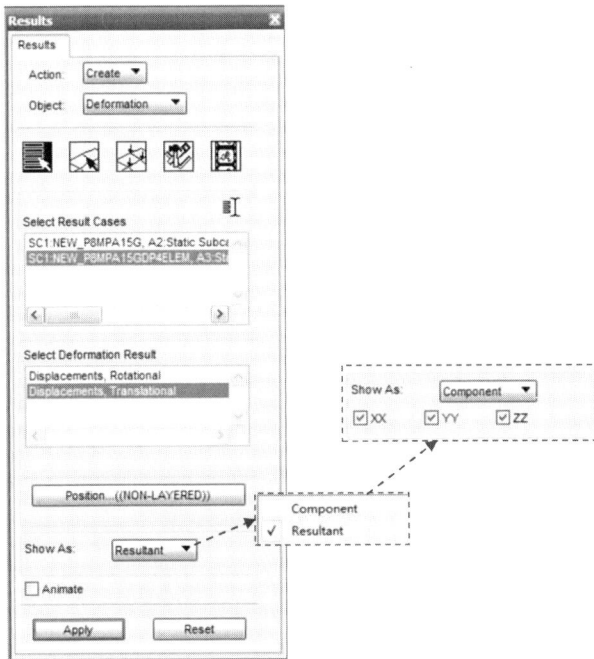

图 1-84 变形结果显示"Deformation"设置界面

若要对显示参数进行设置或修改，则可选择图 1-84 中不同的按钮项，进行设置。

单击▨"Target Entities"按钮，打开选择显示目标实体设置界面，可设置变形图以模型的不同实体进行显示，在"Target Entity"中对应选项有 7 个，默认为整个模型，如图 1-85 所示。

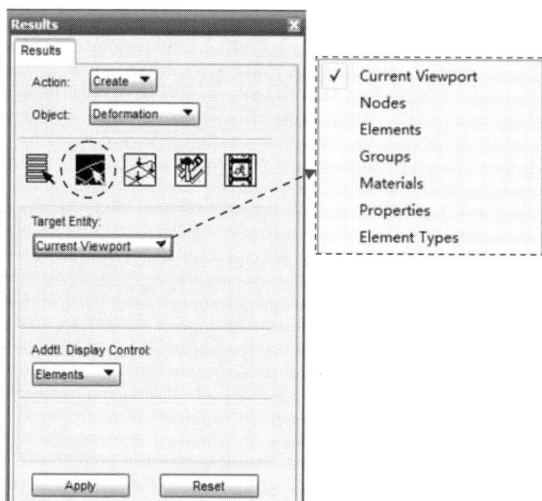

图 1-85　选择目标实体"Target Entities"设置界面

单击 "Display Attributes"按钮，打开属性设置界面，可进行显示属性设置，可以设置16种不同的颜色将变形与未变形区分开来，如图1-86所示。显示属性一经设置，将会一直作用到下一次重新设置为止。

单击 "Plot Options"按钮，打开变形图图形选项设置界面，可对图形进行坐标变换、定义PCL函数、存储当前变形图、选择已有的变形图等多种选项设置，如图1-87所示。

在图 1-87 中，"Coordinate Transformation"项用来设置将矢量通过坐标变换变换到其它坐标系下显示，共有 6 个选项：不进行坐标变换"None"、图形向该坐标系变换"CID"、变形图向选定坐标系坐标轴投影"Projected CID"、全局坐标系"Global"、默认坐标系"Default"和分析坐标系"Nodal"坐标变换，只是在不同的坐标系下显示，结果不会有本质的改变。

3.云图显示(Fringe)

MSC.Patran 2012 Results 界面中，作业"Action/Create"下"Object/Finge"项为以云图方式显示应力、应变、约束力等分析结果的设置界面，界面上部有5 个按钮，分别为： "Select Results"用于选择结果工况"Result Case"， "Target Entities"用于选择显示目标实体设置， "Display Attributes"用于选择显示属性设置，"Plot Options"用于选择图形选项和"Animation Options"用于选择动画选项设置。变形结果显示处理界面默认为 "Select Results"界面，单击相应的图标，即显示对应的界面，如图 1-88 所示。

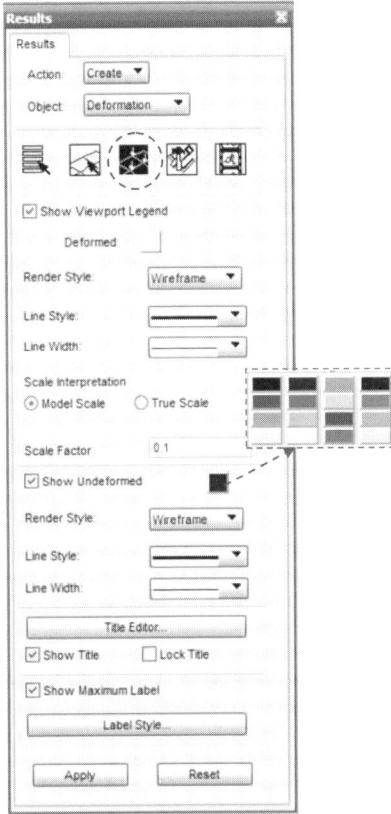

图 1-86 显示属性"Display Attributes"
设置界面

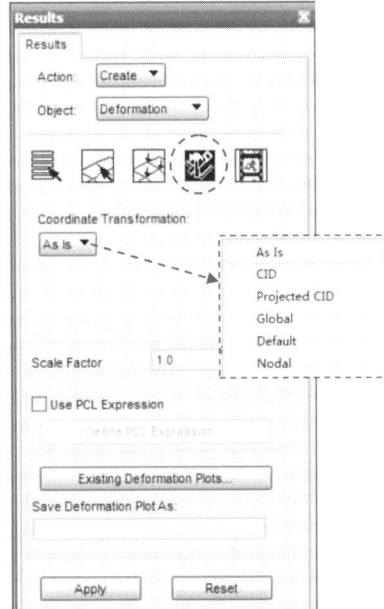

图 1-87 图形选项"Plot Options"
设置界面

通常显示云图步骤为：在"Select Result Cases"中选择某"Result Case"，在"Select Fringe Result"中选中需显示的结果，若所选结果与层相关，则用按钮 [Position...((NON-LAYERED))] 选择不同的层，在"Quantity"中选择结果的显示方式，对矢量和张量，确定显示合成量还是分量，若选择显示分量，确定选择显示某一分量，用界面上部的 [图]、[图]、[图]、[图] 按钮进行相关选项、参数设置；若需动画显示结果选中"Animate"项，单击 [Apply] 显示图形云图。

4．等值线(Contour)

MSC.Patran 2012 [Results] 界面中，作业"Action/Create"下"Object/Contour"项为以等值线方式描述位移、应力、应变等分析结果的设置界面，界面上部同样有 5 个按钮，分别为：[图] "Select Results"用于选择结果工况"Result Case"，[图] "Target Entities"用于选择显示目标实体设置，[图] "Display Attributes"用于选择显示属性设置，[图] "Plot Options"用于选择图形选项和[图] "Animation

Options"用于选择动画选项设置。等值线显示处理界面默认为 📘 "Select Results"界面，单击相应的图标，即显示对应的界面，如图 1-89 所示。

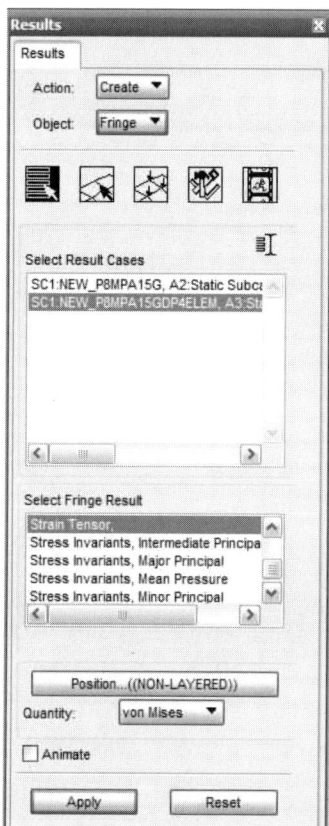

图 1-88　创建云图"Fringe"设置界面　　图 1-89　创建等值线"Contour"设置界面

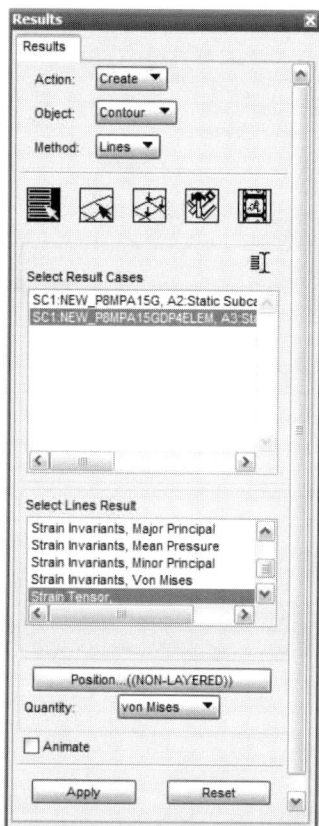

通常显示等值线步骤如下：在"Select Result Cases"中选择某"Result Case"，在"Select Fringe Result"中选中需显示的结果，若所选结果与层相关，则用按钮 [Position...((NON-LAYERED))] 选择不同的层，在"Quantity"中选择结果的显示方式，对矢量和张量，确定显示合成量还是分量，若选择显示分量，确定选择显示某一分量，用界面上部的 📘、📘、📘、📘 按钮进行相关选项、参数设置；若需动画显示结果选中"Animate"项，单击 [Apply] 显示等值线。

5. 曲线图(Graph)

MSC.Patran 2012 [Results] 界面中，作业"Action/Create"下"Object/Graph"项为以 XY 坐标曲线图方式显示应力、应变、约束力等结果(通常设置为 Y)，沿坐标系的轴线、结构边线和轴线等方向(通常设置为 X)变化的设置界面，界面上部有 4 个按钮，分别为：▨ "Select Results"用于选择结果工况 "Result Case"，▨ "Target Entities"用于选择显示目标实体设置，▨ "Display Attributes" 用于选择显示属性设置和 ▨ "Plot Options"用于选择图形选项，曲线图没有动画显示方式，如图 1-90 所示。

创建 XY 曲线图步骤通常为："Method"中仅为"Y vs X"方式，在"Select Result Cases"中选择需要作业的 "Result Case"，先在 "Select Y Result"中选定所需结果设置为 Y 轴变量，将其赋予变量 Y，若所选结果与层有关，单击 Position...((NON-LAYERED)) 选择不同的层，在 "Quantity"中选择结果显示方式，即显示合成量还是分量，若需要显示分量，选择单独显示某一分量。设置"X"轴变量，X 轴变量可为分析结果、全局变量、坐标轴、路径长度(点、曲线、单元的边)或者梁等。路径长度和梁作为目标实体时，在 ▨ "Target Entities"中选择，然后用界面上部的 ▨、▨ 按钮进行相关设置，单击 Apply 显示 XY 曲线图。

6．动画(Animation)

MSC.Patran 2012 Results 界面中,作业"Action/Create"下"Object/Animation"项，可完成动画显示计算结果，对于探讨结构的行为，特别是结构在动力作用下的行为尤其有效。创建动画的方法有多种，且大多数的图形显示也可以做成动画，或者是在特定的时间可以动画形式显示。在前面各种图形处理方式中，多次提到可以动画形式显示结果，其

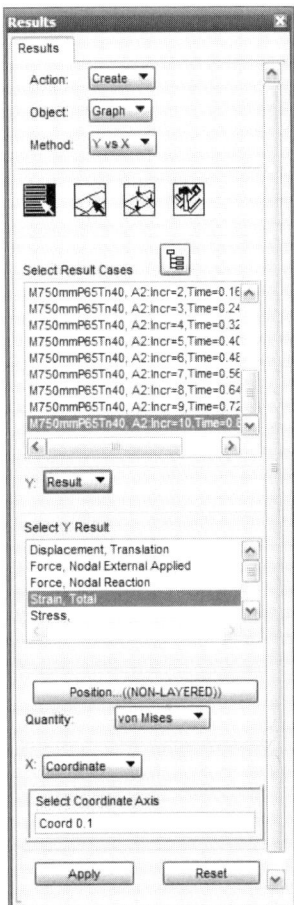

图 1-90　创建 XY 曲线图 "Graph"设置界面

实，已经创建的、存储在数据库中的图形中，就包含了动画的信息，根据这些图，即可创建相应的动画，已经创建的、可以根据其创建动画的图都显示在"Plots to Animate"中，如图 1-91所示。

在"Method"中，可以选择创建动画的不同方式，创建 2D 动画"2D Graphics"，创建 3D 动画 "3D Graphics"，在播放的过程中，可以用光标拖动画面，从不同角度观看，预览要创建的动画 "Preview"，后两个用于设置播放格式。

在"Plots to Animate"中，选择某个图，会出现"Animation Method"项，其有 3 个选项："Modal""Ramp"和"None"。"Modal"表示要创建一个模型样式的动画，其将在最大值与最小值之间振荡，就像正弦函数一样；"Ramp"

则只显示零与最大值之间的动画;"None"项表示该图形在创建时不包含动画信息,不能创建动画,或者是不希望创建哪个图的动画。

在"Number of Frames"项中,设定动画的帧数。"Interpolation"项用于确定在关键帧之间插入帧的方法,可以线性插入(Linear),也可以不插入(Closest Value)而直接使用分析结果值。

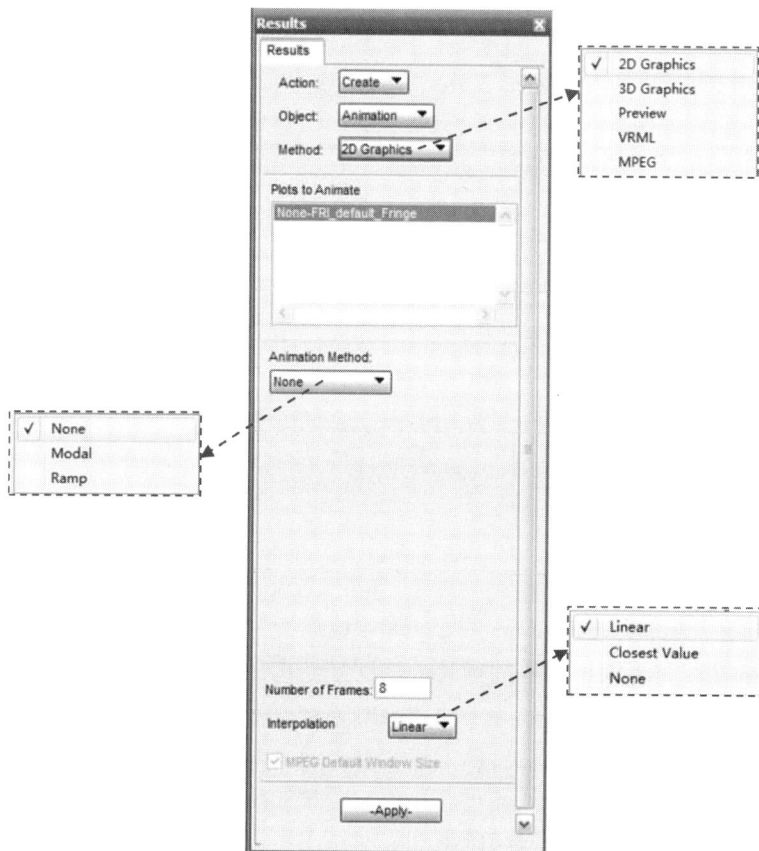

图 1-91　创建动画"Animation"设置界面

1.6　小结

本章简要介绍了MSC.Patran和MSC.Nastran有限元分析和计算机仿真应用软件产生的历史以及功能、用途等,可对软件全貌有大概的了解。围绕Patran的几何建模功能,介绍了Patran界面各部分的功能及使用特点,各种几何元素,如点、线、面、实体、平面、矢量、坐标系等的创建和编辑。

重点叙述了MSC.Patran 2012中有限元网格的划分和载荷/边界条件的定义

方法，Patran中网格划分和单元属性是相互分离的，而且有限元建模能力强，划分手段丰富、直观，赋予了Patran解决复杂工程问题的能力。Patran具有丰富的载荷/边界条件赋值方式、方法，能够很好地仿真模拟实际结构受力和边界约束情况，确保分析结果的正确性。

较为详细地叙述了Patran中赋予单元特性的主要功能，重点介绍了材料模型和单元材料属性的定义及作业方法。MSC.Patran 2012中主要支持线弹性、非线性、弹塑性、失效、蠕变和黏弹性等多种材料本构关系，支持各向同性、正交各向异性、各向异性、流体、聚合和复合材料等材料类型，由此构成的MSC.Patran 2012材料模型非常丰富，可以很好地满足工程应用需要。同时，还简要描述了赋予有限元单元材料属性的创建、查阅、修改和删除方法。

详述了采用MSC.Nastran求解器进行结构分析运算时分析参数的设定过程和方法，以及计算完成之后生成的结果文件回读到MSC.Patran 2012进行处理的方法，即结果后处理设置及展示形式，包括云图、图形符号图、动画图形、平面曲线图等。

第2章
MSC.Marc数值仿真软件

2.1 MSC.Marc 介绍

2.1.1 MSC.Marc 功能简介

Marc Analysis Research Corporation 始创于 1967 年，总部设在美国加州的 Palo Alto，是全球第一家非线性有限元软件公司，创始人是美国布朗大学应用力学系教授 Pedro Marcel。该公司致力于非线性有限元技术的研究、非线性有限元软件的开发、销售和售后服务，Marc 有灵活的二次开发环境，广泛支持大学和研究机构完成前沿课题研究，在工业、军工领域，Marc 软件提供先进的虚拟产品加工过程和运行过程的仿真功能，帮助市场决策者和工程设计人员进行产品优化和设计，解决从简单到复杂的工程应用问题，Marc 软件得到学术界和工业界的大力推崇和广泛应用，建立了它在全球非线性有限元软件行业的领先地位。

自 1971 年推出第一个版本以来，通过不断吸收非线性有限元技术发展和工程经验，Marc 历经了几十次升级，成为了各行各业首选高级非线性有限元软件之一。1998 年，Marc 通过了 ISO9001 质量认证，1999 年，Marc 被 MSC.Software 公司收购，MSC.Marc 成为 MSC 公司主要软件成员。在我国，MSC.Marc 已经通过了全国压力容器标准化技术委员会的严格考核和认证，成为按压力容器分析设计标准的有限元分析软件。

MSC.Marc 是功能齐全的高级非线性有限元软件的求解器，含前后处理 MSC.Mentat 和求解器 MSC.Marc，统称 MSC.Marc。MSC.Marc 具有极强的结构分析能力，可以处理各种线性和非线性结构分析，包括：线性/非线性静力分析、模态分析、简谐响应分析、频谱分析、随机振动分析、动力响应分析、自动的静/动力接触、屈曲/失稳、失效和破坏分析等。MSC.Marc 提供了丰富的结构单元、连续单元和特殊单元的单元库，几乎每种单元都具有处理大变形几何非线性、材料非线性和包括接触在内的边界条件非线性以及组合的高度非线性的超强能力。MSC.Marc 的结构分析材料库提供了模拟金属、非金属、聚合物、岩土、复合材料等多种线性和非线性复杂材料行为的材料模型。分析采用具有高数值稳定性、高精度和快速收敛的高度非线性问题求解技术。为了进一步提高计算精度和分析效率，软件提供了多种功能强大的加载步长自适应控制技术，自动确定分析曲屈、蠕变、热弹塑性和动力响应的加载步长。MSC.Marc 卓越的网格自适应技术，以多种误差准则自动调节网格疏密，不仅可提高大型线性结构分析精度，而且能对局部非线性应变集中、移动边界或接触分析提供优化的网格密度，既保证计算精度，同时也使非线性分析的计算效率大大提高。此外，MSC.Marc 支持全自动二维网格和三维网格重划，用以纠正过渡变形后产生的网格畸变，确保大变形分析的继续进行。

对非结构场问题如包含对流、辐射、相变潜热等复杂边界条件的非线性传热问题的温度场，以及流场、电场、磁场，也提供了相应的分析求解能力；并具有模拟流-热-固、土壤渗流、声-结构、耦合电-磁、电-热、电-热-结构以及热-结构等多种耦合场的分析能力。

MSC.Marc 基本结构分析功能有结构的线性静力分析和非线性静力分析，是进行其它专有功能计算的基础支撑。MSC.Marc 主要功能有：

(1) 非线性分析：MSC.Marc非线性模块中含有描述非线性结构分析、几何非线性、边界条件非线性和材料非线性等模块。其中最主要的是材料非线性模块，具有两种不同的非弹性应力－应变描述。一是针对柯西应力的焦曼率表示的亚弹性材料描述；二是基于应变能的克西科夫应力或柯西应力度量的超弹性材料描述。对变形的精确处理保证了材料模型对材料特性的真实客观性有正确的描述。可对刚度矩阵的精确推导求解，获取具有平方收敛的牛顿-拉夫森迭代所需的精确切线刚度矩阵，大大加快了迭代求解的收敛速度。这一模块除了处理塑性外，特别适用于处理材料像蠕变、黏塑性、黏弹性等时间相关的材料特性，这是描述高分子材料的固体推进剂材料必须用到的模块，如丁羟推进剂等。在模拟这些依赖于时间的材料特性时，MSC.Marc非线性模块提供了稳定、高效和精确的本构方程的时间积分方案和自动选择合理的时间步长的自适应时间步长控制。

(2) 动力分析：MSC.Marc 所含的动力模块包括模态分析、瞬态响应分析、简谐响应分析、频谱响应分析。其长处主要表现在其动力分析支持包含黏性阻尼、模态阻尼、瑞利阻尼、结构阻尼和数值阻尼等多种阻尼模型。模态阻尼定义了每阶特征频率的振型所对应的振动阻尼系数，通常用于模态叠加法求解线性系统动力响应的阻尼描述。MSC.Marc 的模态分析可以考虑材料非线性、初应力、几何非线性和接触等因素的影响。

(3) 结构对称性分析：含有结构对称性和周期性及先轴对称后三维分析功能。对于像固体火箭发动机装药这样的循环对称结构只需要分析其中一个子结构即可得到整个结构的响应；对于轴对称结构，MSC.Marc 具有从轴对称分析到完全三维分析的数据转化功能。

(4) 自动接触分析：MSC.Marc 在同类软件中独树一帜的是其最为先进的接触分析功能。一是 MSC.Marc 保留了传统的间隙摩擦单元来模拟结构两点之间的接触，其接触约束是通过拉氏乘子或罚函数方法施加的；也可用非线性弹簧单元来模拟非线性支撑边界，通过罚函数方法施加这种接触约束。二是对于最一般的接触分析，MSC.Marc 提供了基于直接约束的接触迭代算法，可自动分析变形体之间、变形体与刚体以及变形体自身的接触。MSC.Marc 支持低阶和高阶单元的接触分析。

(5) 刚塑性流动分析：MSC.Marc 采用欧拉参考系描述稳态刚塑性流动；采用更新拉格朗日参考系描述瞬态刚塑性流动，在每个增量步结束时程序自动更新网格和坐标点。MSC.Marc 的刚塑性分析可与温度场的求解相互耦合，完成耦合热-刚塑性分析。如在研究压力加工(如发动机金属壳体的生产)过程中摩擦产生的热量和塑性功转化成的热量对成形的影响。

(6) 失效和断裂分析：MSC.Marc 断裂力学分析支持线弹性或脆性材料断裂强度的应力强度因子和 J 积分评定，非线性材料的 J 积分评定，以及包含惯性、热载、有限非弹性应变影响的广义 J 积分计算。将断裂参数的评定结合裂尖松弛技术和网格重划技术，可分析裂纹的扩展。MSC.Marc 具有两种微材料模型预测裂纹萌生和扩展：第一种分析模型针对混凝土、陶瓷类脆性材料，开裂主要由主应力控制，裂纹取向由主应力方向确定；第二种开裂模型是预测复合材料开裂，由多种复合材料强度准则判定。MSC.Marc 还能够模拟韧性金属的损伤，采用描述孔隙密度的 GURSON 模型，运用连续损伤力学方法预测韧性金属材料的失效。MSC.Marc 还提供了描述充碳橡胶的MULLINS 效应和 MIEHE 效应，模拟这类橡胶在循环加载下应力软化和累积损伤的失效模型。

(7) 耦合场分析：MSC.Marc 支持多种耦合场分析，包括流-热-固耦合、热-电耦合(焦耳热生成)、热-电-固耦合、热-机耦合、扩散-应力耦合、流体-土壤耦合(土壤渗流)相互作用以及电磁场耦合。

MSC.Marc 2012 与以前的版本相比，在前处理 Mentat 和求解器 Marc 的布局上进行了重大改进，改成了 Windows 形式，与 MSC.Patran 2012 类似，掌握 MSC.Patran 2012 后，再学习 MSC.Marc 2012 相对简单。但由于 MSC.Marc 处理非线性的复杂性，其菜单和工具栏的位置及显示形式与以前版本相比变化很大，较 MSC.Patran 2012 复杂很多，本篇主要按照 MSC.Marc 2012 使用流程将所用菜单和工具详细展示，便于快速掌握新版 MSC.Marc 2012 的使用。如图 2-1 所示，在用命令"Mentat"启动 Mentat 后，就进入了 MSC.Marc 2012 的用户界面功能分区，其界面共划分为四个区域：菜单和工具栏区，动态菜单区，图形编辑区，信息显示和命令行输入区。

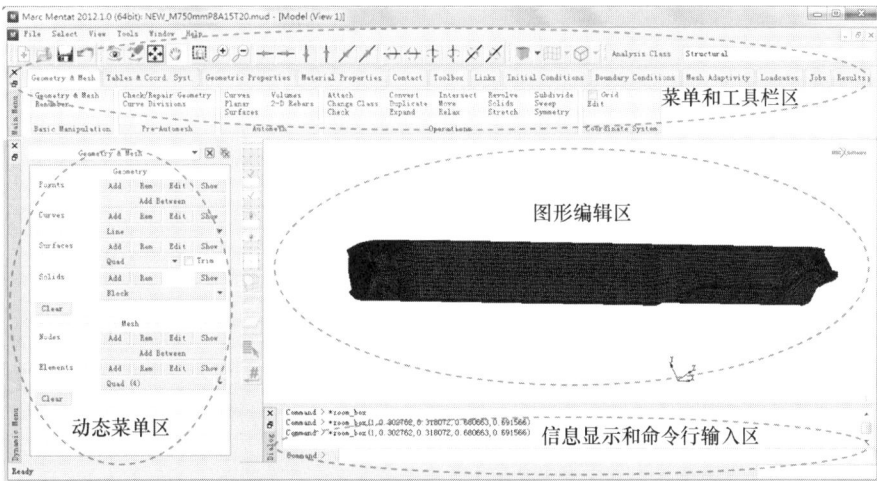

图 2-1　MSC.Marc 2012 界面功能分区

　　Mentat 可以自动生成 Marc 分析计算所需的模型数据文件*.dat，经 Marc 求解器运算后所生成的结果文件即后处理文件*.t19 或*.t16，由 Mentat 读入后进行数据结果的图形显示。

2.1.2　由 Mentat 创建模型

　　在用命令"Mentat"启动 Mentat 后，就进入了 Marc Mentat 的用户界面，选择"File"，模型"Model"处理和结果"Results"显示功能位于该下拉菜单中，创建新模型文件时选择"New"，给模型文件赋予名称，建议模型文件取名时尽量详实，便于今后调阅、编辑，如图 2-2 所示。通过 Mentat 界面可完成从创建几何模型→划分有限元分析模型→载荷/边界条件→单元物理特性→提交运算→结果后处理等完整分析过程，对于掌握 MSC.Patran 的学习者，往往通过 MSC.Patran 生成*.out 文件，由"File/Import"导入 MENTAT 生成模型更为常用、便捷，如图 2-3 所示。

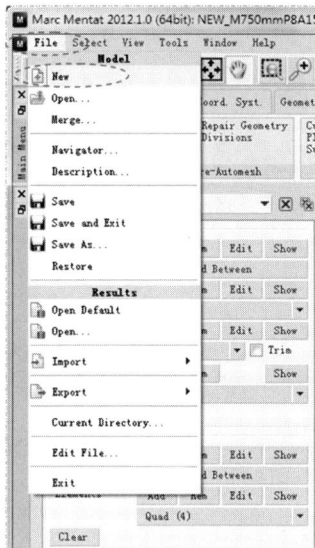
图2-2　MSC.Marc 2012 创建新模型文件

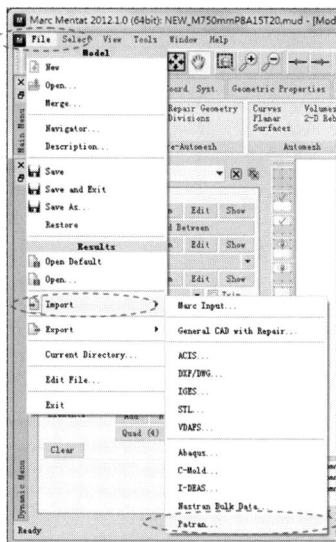
图2-3　MSC.Marc 2012 导入新模型文件

从 MSC.Patran 输出*.out 文件，再经 MENTAT 生成模型后，需消除重复元素。单击"几何与划分" Geometry & Mesh 按钮，在"作业" Operations 框中选中 Sweep ，如图 2-4 所示。

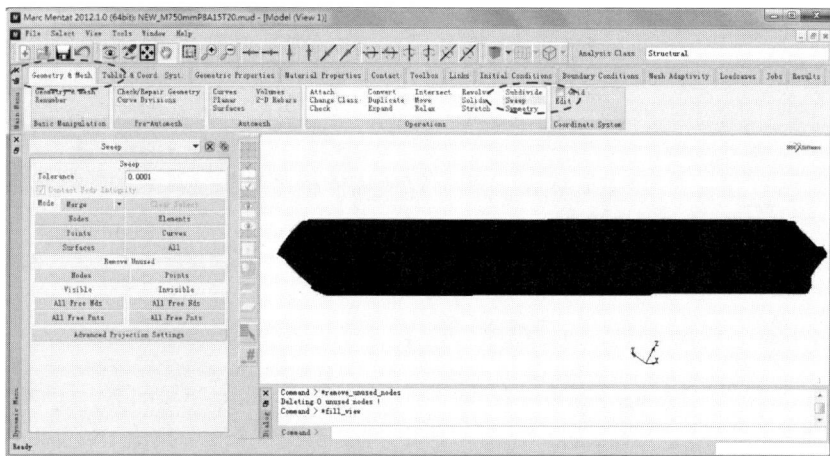
图 2-4　消除重复元素"Sweep"设置界面

单击 Sweep 按钮，打开 Sweep 界面后，单击 Nodes 按钮，若所有可视节点均选中，再单击 "All Visible"，即可完成消除可视所有重复节点操作，也可通过单击 All 按钮，将重复的节点、单元、点、曲线和面等消除，以确保有限元划分和运算的正确性，如图 2-5 所示。

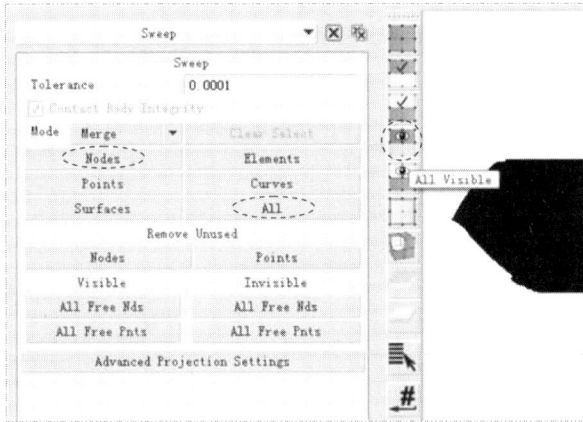

图 2-5　消除所有可视"All Visible"重复元素操作界面

采用 Mentat 创建模型可参阅书后所列 Marc 相关著作，本篇主要介绍通过 MSC.Patran 建立有限元模型，由 MSC.Patran 形成 Mentat 读入模型文件，再利用 Mentat 形成载荷/边界条件→单元物理特性→提交运算的主要流程介绍，由 Marc 获取的运算结果，则由 MSC.Patran 进行后处理。

2.2　定义材料特性

在 MSC.Marc 2012 菜单中，可通过材料特性 Material Properties 来定义，材料特性定义包括输入材料特性的内容和施加于对应的单元上两部分功能，如图 2-6 所示，以某型野战火箭发动机的材料特性说明使用流程和方法。

2.2.1　弹塑性材料参数的赋值及赋予单元材料特性

Material Properties 界面上常用按钮有：New 定义新的材料特性，Name 更改材料特性名，Edit 选取一个材料特性名并进行编辑，使之成为当前材料特性显示出来，Copy 复制当前材料特性，Prev 显示前一个材料特性，Next 显示下一个材料特性，Rem 删除当前材料特性，如图 2-7 所示。Mentat 定义材料特性是根据登录的材料特性名进行管理的。

利用 Mentat 中的 Material Properties 给发动机各构成材料命名、赋值和赋予单元特性。单击 New 定义发动机壳体材料特性名 Name 为"case"，选择材料类型 Type 为"standard"，在动态菜单中单击 General ，输入壳体的密度，单击 Structural ，定义材料的类型和参数等。发动机壳体材料为弹塑性材料，弹性模量 206GPa，泊松比 0.3，密度 $7.9t/m^3$，热膨胀系数为 $1.2 \times 10^{-5}/℃$，如图 2-7 所示。

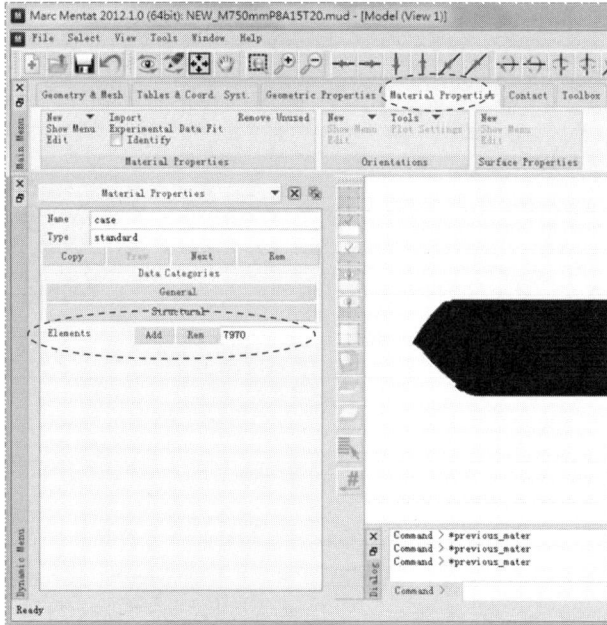

图 2-6　定义材料特性"Material Properties"界面

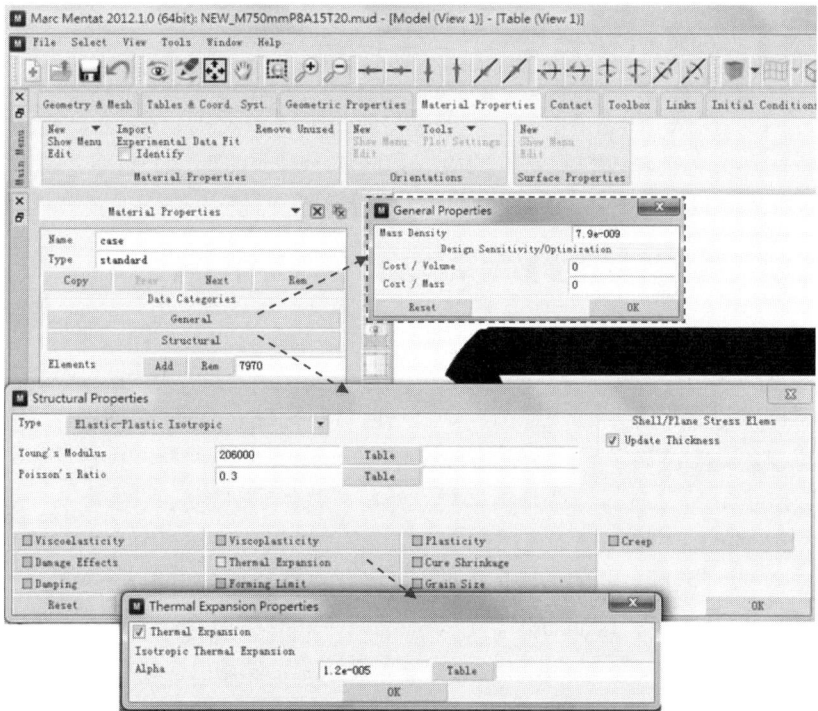

图 2-7　定义发动机壳体材料特性"Material Properties"输入方式

将壳体材料特性输入后，通过单击菜单与工具栏中的 `Select` 按钮，弹出下拉菜单，再选择菜单中的 `Selection Control...` 项，弹出 Ⓜ Selection Control 下一级菜单，选中 `Elements` 项，单击 `By` 按钮，菜单如图2-8所示。

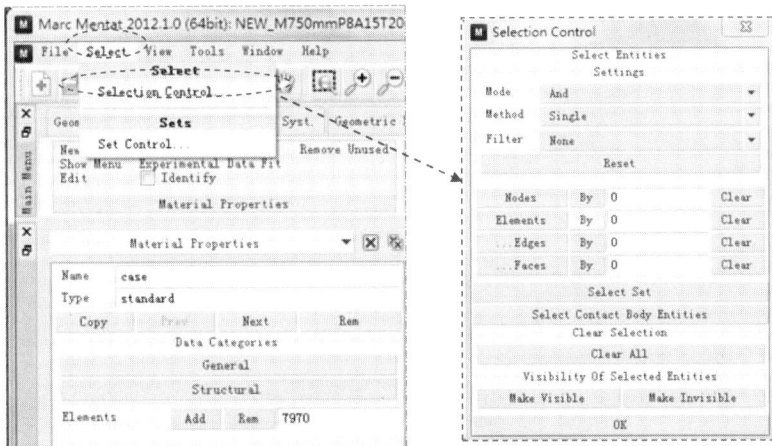

图2-8 发动机壳体单元显示方式选择"Select"

在单元选择方式 Ⓜ Select Elements By 中，单击"以材料确定单元" `Material` 按钮，弹出"由材料选择单元" Ⓜ Select Elements By Material 菜单，单击"壳体" `case` 按钮，如图2-9所示。

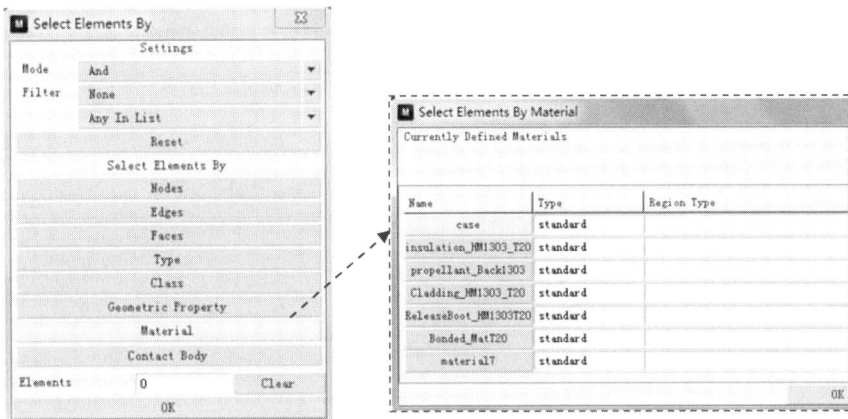

图2-9 以构成材料选择壳体单元"Select Elements By Material"

单击"壳体" `case` 按钮后，在 Ⓜ Selection Control 界面下的 `Elements` 栏中，单元数量由"0"变成选中材料的单元数量"7970"，单击"使选中单元显示" `Make Visible` 按钮，即可显示出壳体单元，通过 `Material Properties` 界面上的材料单元"Elements"添加"Add"，去除"Rem"选项 `Elements    Add    Rem    7970`
栏，完成该材料特性的赋予，如图 2-10 所示。

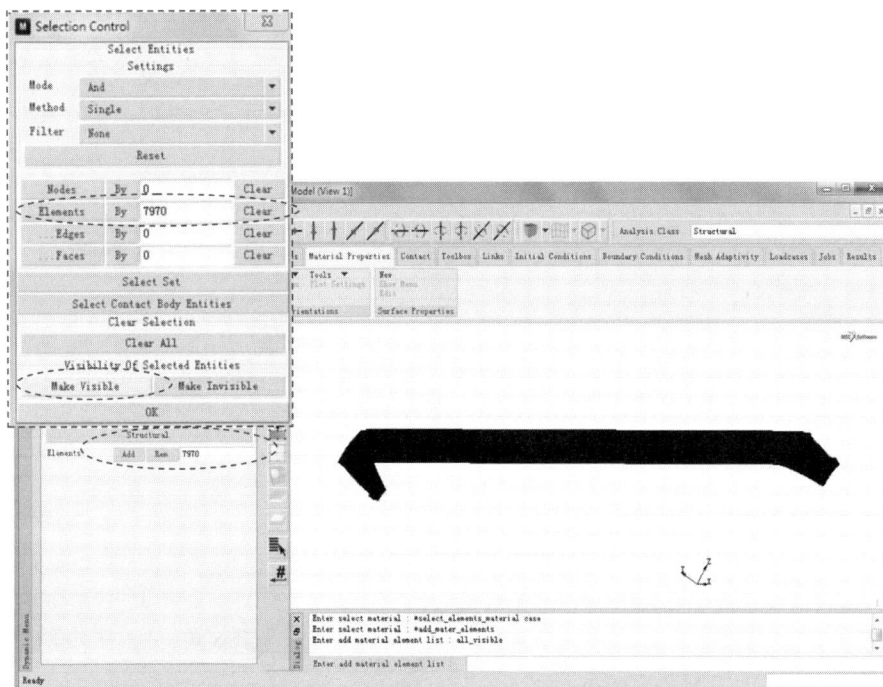

图 2-10　壳体单元显示及赋予材料特性

2.2.2　黏弹性材料参数的赋值及赋予单元材料特性

单击 `New    ▼` 定义发动机推进剂材料特性名 `Name` 为 "propellant"，选择
材料类型 `Type` 为 "standard" 在动态菜单中单击 `General` 按钮，输入推进剂的
密度，单击 `Structural` 按钮，由 Ⓜ `Structural Properties` 定义材料的类型和参数等。
发动机推进剂材料为黏弹性材料，密度 $1.78 t/m^3$，初始弹性模量 $12.4735 MPa$，
泊松比 0.497，输入方式如图 2-11 所示。

再由 Ⓜ `Structural Properties` 菜单中的 □ `Thermal Expansion` 按钮，赋值热膨
胀系数 $8.8 \times 10^{-5}/{}^\circ C$，发动机推进剂材料为黏弹性材料，松弛模量为 Prony 级数
形式，将 Prony 级数转换成以剪切模量、体积模量与松弛时间的关系，松弛模
量 $E(t)$ 写成 Prony 级数形式为

$$E(t) = E_\infty + \sum_{i=1}^{n} E_i \mathrm{e}^{-\frac{t}{\tau_i}} \tag{2-1}$$

式中：E_∞ 为持久模量；τ_i 为松弛时间；n 为广义 Maxwell 模型的阶数。

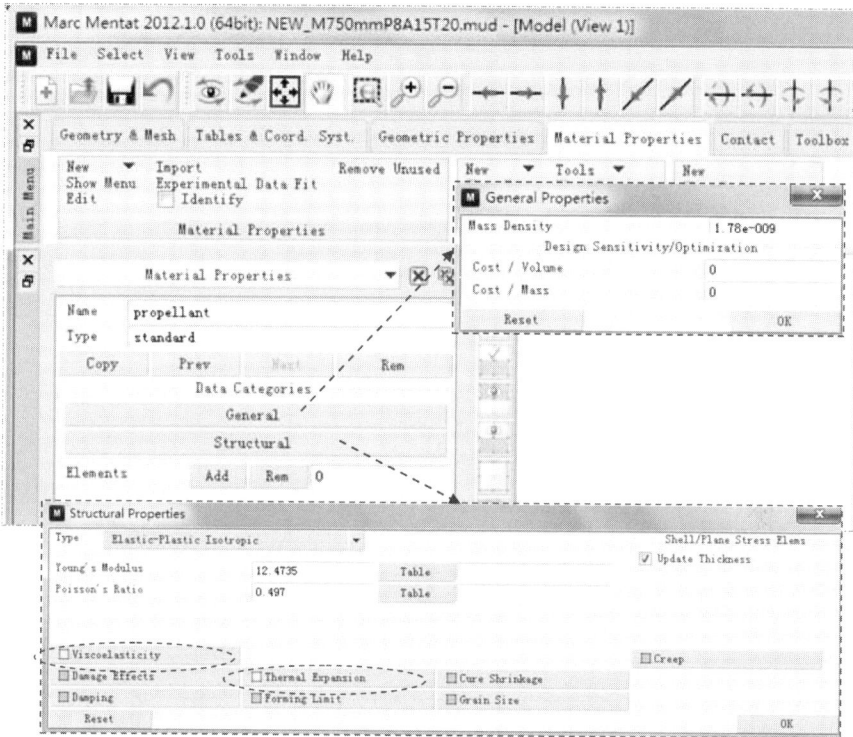

图 2-11　定义发动机推进剂材料特性"Material Properties"输入方式

剪切松弛模量 $G(t)$ 与松弛模量 $E(t)$ 的关系为

$$E(t) = 2G(t)(1+\nu) \tag{2-2}$$

体积模量 $K(t)$ 与松弛模量 $E(t)$ 的关系为

$$E(t) = 3K(t)(1-2\nu) \tag{2-3}$$

发动机推进剂常温松弛模量如表 2-1 所示。

表 2-1　发动机推进剂常温松弛模量

松弛时间/s	剪切模量/MPa	体积模量/MPa
9.60125×10^3	0.07990	13.29
1.37161×10^3	0.31395	52.2204
1.95944×10^2	0.42389	70.5076
2.7992×10^1	0.37380	62.1751
3.99886	2.72634	453.481

表 2-1 中的参数输入方法为直接单击 □Viscoelasticity 按钮，弹出对应的黏弹性参数输入菜单 M Viscoelastic Properties ，将参数逐步输入对应栏中，如图 2-12 所示。

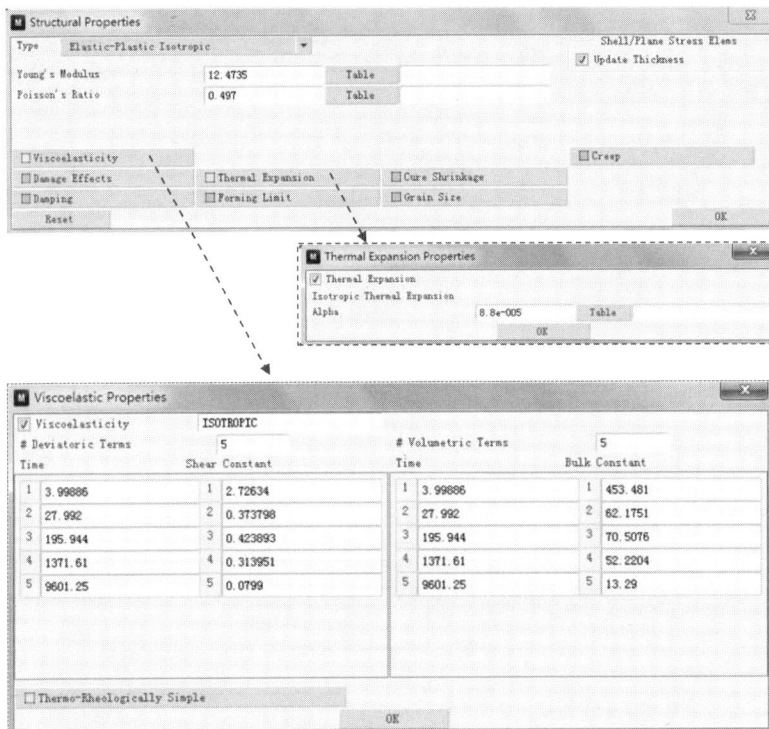

图 2-12 定义发动机推进剂材料特性"Material Properties"输入方式

设置完成后，逐一单击 OK ，返回到 Material Properties 界面上，单击菜单与工具栏中的 Select 按钮，弹出 Selection Control... 项，弹出选择控制 M Selection Control 菜单，选中 Elements 项，单击 By 按钮，弹出 M Select Elements By 菜单，如图 2-13 所示。

在 M Select Elements By 界面上单击 Material 按钮，弹出根据材料选择单元 M Select Elements By Material 界面，选中推进剂材料，如图 2-14 所示。

单击推进剂材料对应按钮后，在 M Selection Control 界面下的 Elements 栏中，单元数量由"0"变成选中推进剂材料的单元数量"38257"，单击"使选中单元显示" Make Visible 按钮，即可显示出推进剂材料构成的单元，通过 Material Properties 界面上的材料单元"Elements"添加"Add"、去除"Rem"选项 Elements Add Rem 7970 栏，单击"添加" Add ，单击"显示可见" "All Visible"，完成推进剂材料特性的赋予，如图 2-15 所示。

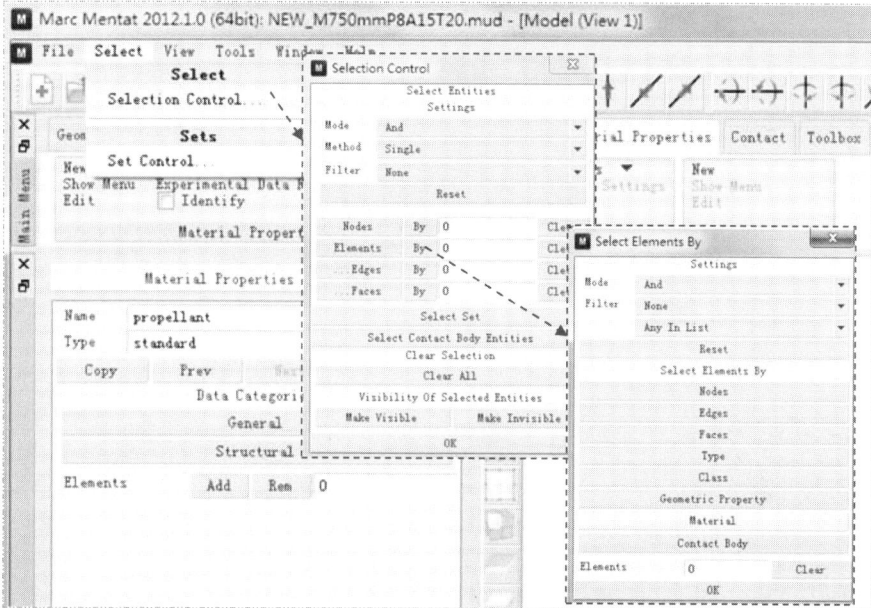

图 2-13　发动机推进剂单元显示方式选择"Select"

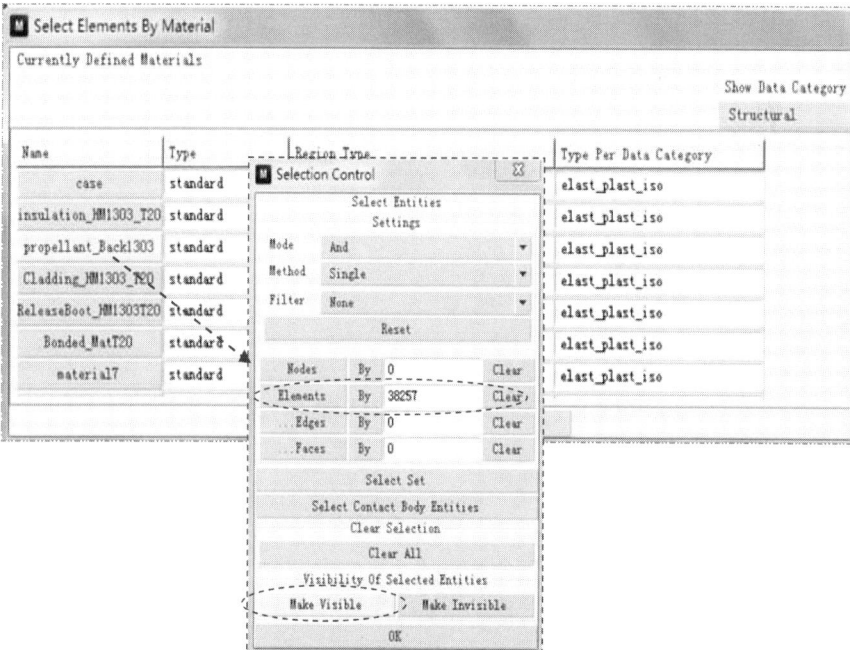

图 2-14　以构成材料选择推进剂单元"Select Elements By Material"

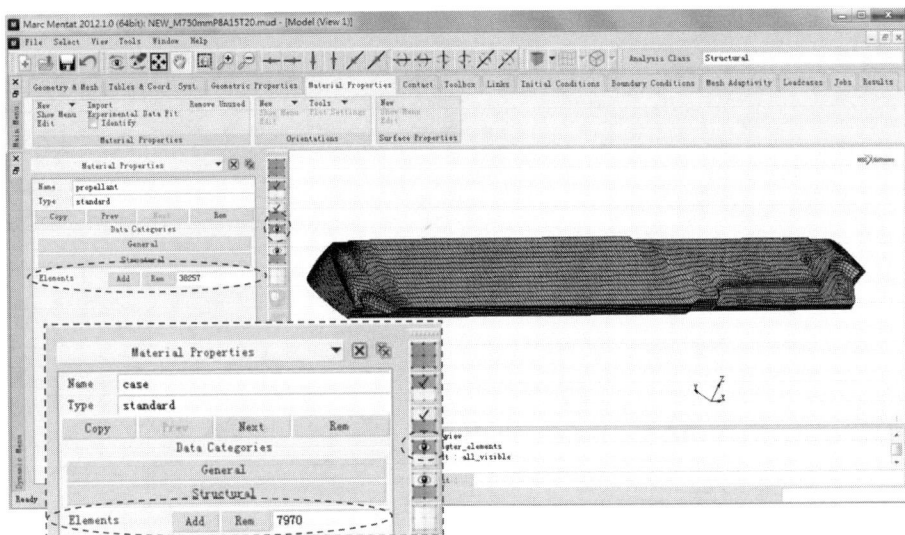

图 2-15　发动机推进剂单元显示及赋予材料特性

MSC.Marc 2012 材料模型如图 2-16 所示，有弹塑性各向同性材料 "Elastic-Plastic Isotropic"、弹塑性正交各向异性材料 "Elastic-Plastic Orthotropic"、弹塑性各向异性材料 "Elastic-Plastic Anisotropic"、刚塑性材料 "Rigid-Plastic"、亚弹性材料 "Hypoelastic"、Mooney 材料、Ogden 模型材料和 Foam 模型材料的定义，以及形状记忆材料等的定义。还可以通过用户子程序自定义材料模型。

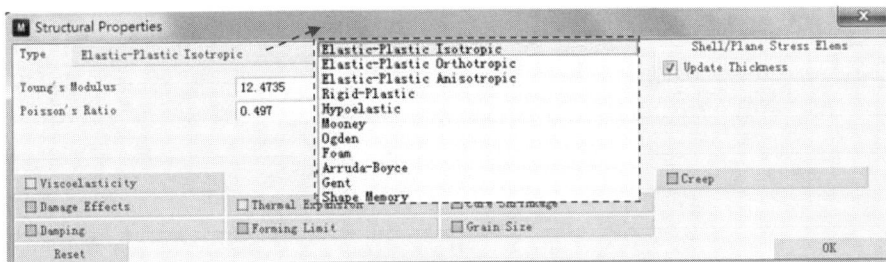

图 2-16　MSC.Marc 2012 材料模型种类

2.3 定义初始条件

　　一个分析问题往往需要定义多个初始条件，Mentat 按照输入的顺序进行排列，Mentat 定义的初始条件以其初始条件名来管理，一个初始条件名对应一种初始条件，不允许重名，在 Loadcases 中或在 Jobs 中根据初始条件名来选择分析时真正采用的初始条件。

2.3.1 定义初始条件方法

在 MSC.Marc 2012 菜单中，由 `Initial Conditions` 来定义初始条件，初始条件的定义包括初始条件的内容参数和初始条件的赋予对象两部分，也就是施加什么样的初始条件和施加在何处两部分。一般情况下，初始位移和初始速度赋予节点，初始温度和初始状态变量赋予单元，赋予结构单击 `New (Structural)▼` 按钮，弹出如图 2-17 所示的量，有动力分析时初始位移"Displacement"、动力分析时初始速度"Velcity"、应力"Stress"和塑性应变"Plastic Strain"等。赋予状态变量通过 `New (State Variable)▼` 按钮下的菜单赋值，可对通用"General"、结构"Structural"、热传导"Thermal"、扩散"Diffusion"和化学"Chemical"状态赋值。

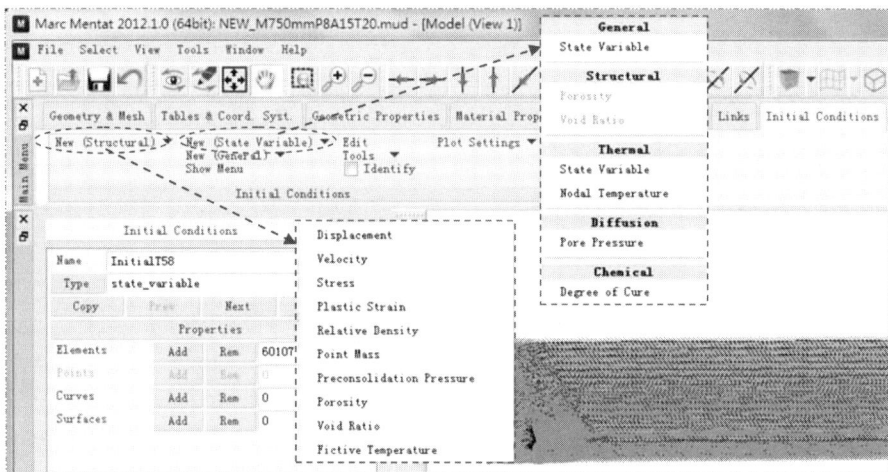

图 2-17 MSC.Marc 2012 定义初始状态"Initial Conditions"设置界面

在野战火箭发动机结构完整性评估中，最常见的是在各种环境温度下点火发射时的结构完整性评估，环境温度的变化将导致发动机产生热应力，热应力的计算需要确定发动机温度的初始状态。在发动机的热应力计算中，常用到发动机的零应力温度为其热应力计算的初始状态，对于丁羟推进剂零应力温度取固化温度高8℃的温度值，而双基推进剂零应力温度一般较固化温度高15℃。

2.3.2 定义温度初始条件

以某野战火箭发动机零应力温度输入为例，说明初始状态"Initial Conditions"设置方法，零应力温度为58℃(发动机固化温度为50℃)，取名"InitialT58"，单击 `New (State Variable)▼` 按钮，在热传导"Thermal"中选中 `State Variable`，确定其初始变量类型，如图 2-18 所示。

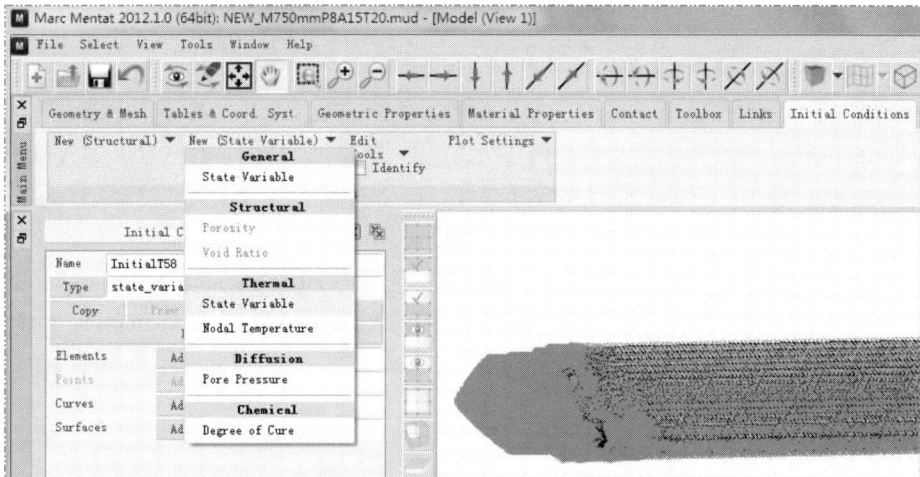

图 2-18 MSC.Marc 2012 定义初始状态 "Initial Conditions" 设置界面

在温度初始状态 "Initial Conditions" 参数设置界面中，单击 `Properties` 按钮，弹出 State Variable 界面，将零应力温度为 58℃以开氏温度形式输入，即为 331.15K。单击 `OK`，如图 2-19 所示。

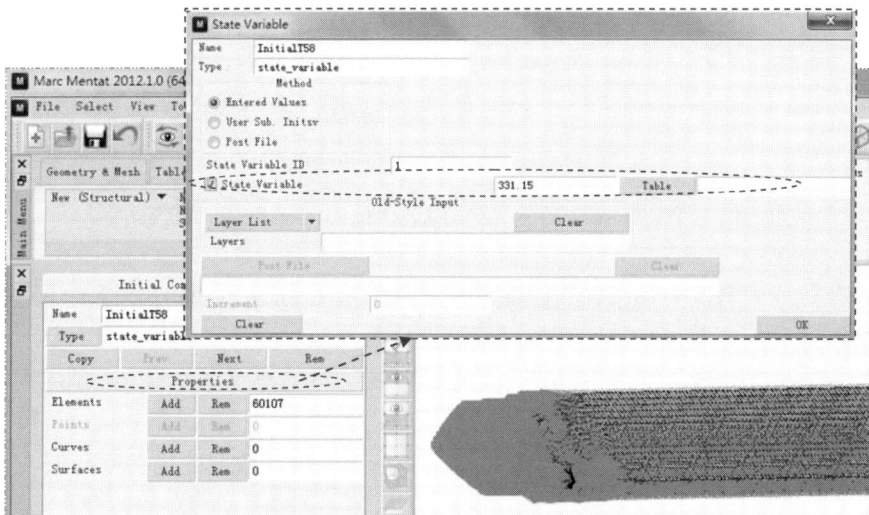

图 2-19 发动机初始温度值的设置界面

通过 `Initial Conditions` 界面上的 `Elements` `Add` `Rem` `60107` 栏，单击"添加" `Add`，单击"显示可见" "All Visible"，完成发动机初始温度值的赋予，如图 2-20 所示。

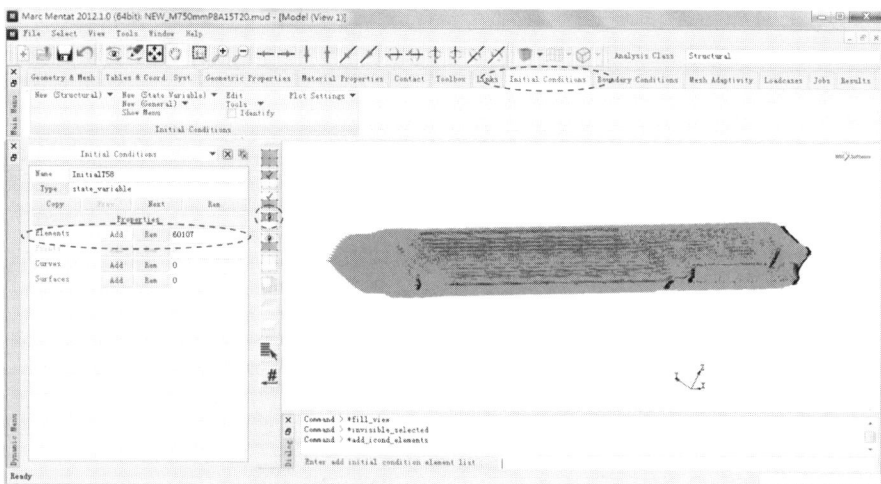

图 2-20　发动机初始温度赋予发动机单元设置界面

2.4　定义边界条件

2.4.1　定义边界条件方法

在 MSC.Marc 2012 菜单中，由 `Boundary Conditions` 来定义边界条件，边界条件的定义包括边界条件内容参数和边界条件的赋予对象两部分，也就是施加什么样的边界条件和施加在何处两部分。在 `Boundary Conditions` 界面可以见到由各种不同分析名组成的子菜单，用户可根据实际分析类型选择定义边界条件，不同类型的分析所需的边界条件不同，一个分析问题往往需要定义多个边界条件，Mentat 按照输入的顺序进行排列，Mentat 定义的边界条件以其边界条件名来管理，一个边界条件名对应一种边界条件，不允许重名，在 Loadcases 中或在 Jobs 中根据边界条件名来选择分析时真正采用的边界条件。如图 2-21 所示为 `Boundary Conditions` 界面中可赋予边界条件的类型，有定义"结构" `New (Structural)` ▼ 边界条件、"状态变量" `New (State Variable)` ▼ 边界条件和"总体" `New (General)` ▼ 边界条件。

定义"结构" `New (Structural)` ▼ 边界条件，有位移边界条件"Fixed Displacement"(施加在节点上)、动力分析时加速度边界条件"Fixed Acceleration"(施加在节点上)、点载荷边界条件"Point Load"(施加在节点上)、壳单元和三维实体单元面力边界条件"Face Load"(施加在单元面上)，以及单元在整体坐标系 X、Y、Z 方向上单位体积力边界条件"Global Load"等，如图 2-22 所示。

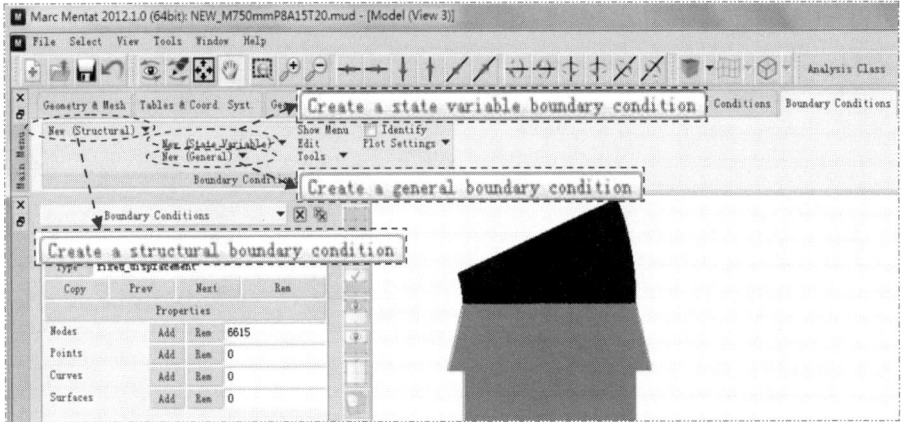

图 2-21　MSC.Marc 2012 定义边界条件"Boundray Conditions"设置界面

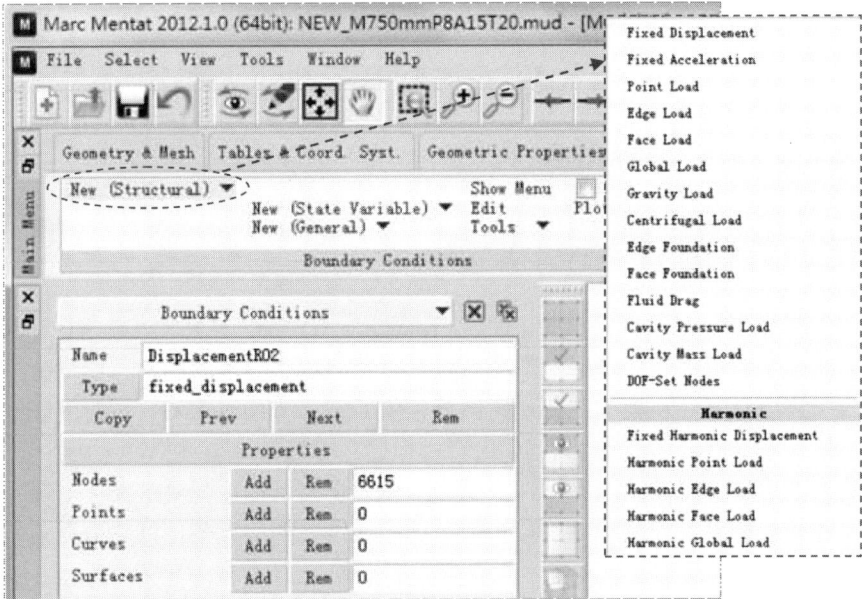

图 2-22　MSC.Marc 2012 结构边界条件"Boundray Conditions"选项界面

　　定义"状态变量" New (State Variable) ▼ 边界条件,可对通用"General"、结构"Structural"、热传导"Thermal"、扩散"Diffusion"和流场"Fluid"状态赋予边界条件。其中,热传导分析"Thermal"的温度边界条件有节点温度边界条件"Nodal Temperture"(施加在节点上)和分布温度边界条件"Map Temperture",如图 2-23 所示。

　　定义"总体" New (General) ▼ 边界条件,可定义全局-局部边界条件"Global-Local",如图 2-24 所示。

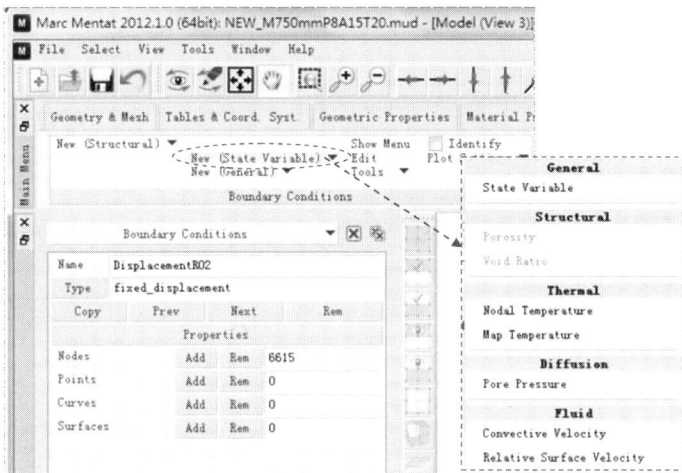

图 2-23　MSC.Marc 2012 状态变量边界条件"Boundray Conditions"选项界面

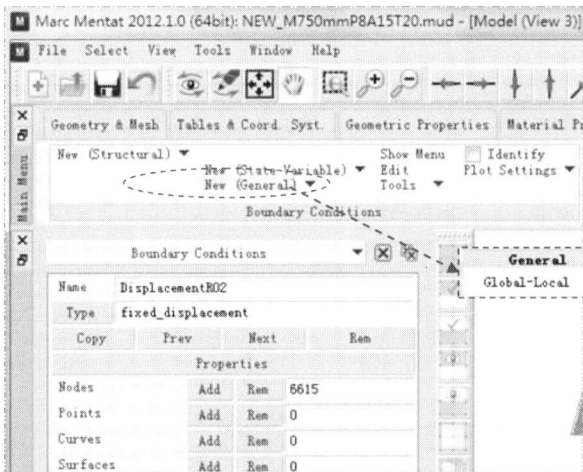

图 2-24　MSC.Marc 2012 总体边界条件"Boundray Conditions"选项界面

2.4.2　定义位移边界条件

有限元分析中最常用的边界条件为位移边界条件，以发动机结构完整性评估为例，为给具有循环对称的野战火箭发动机赋予位移边界条件，需要在图形编辑区中调整有限元模型显示角度，以利于整体或尽量多地捡取需要施加位移边界条件的节点，调整图形编辑区中有限元模型视角通过 MSC.Marc 2012 界面工具条中的 Window 实现，单击 Window 按钮将弹出下拉菜单，选中并单击 Window Control... 项，弹出 M Graphics Window Control 菜单，可根据菜单中的视角"View 1""View 2""View 3"和"View 4"改变，选中需要的视角，可选择以正常视窗 `Normal` 显示、最大视窗 `Maximized` 显示，并且激活 ☑ `Active`，单击 `OK`，即完成模型视角调整，如图 2-25 所示，为"View 3"视窗、最大窗口显示状态。

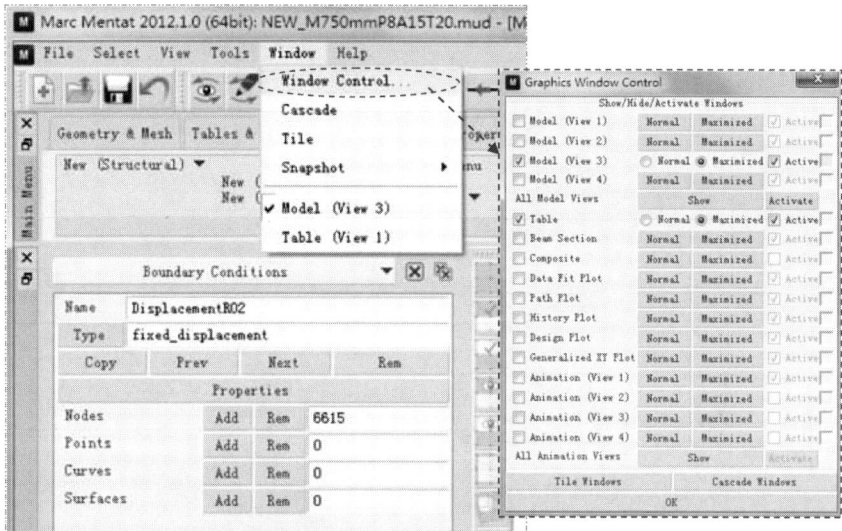

图 2-25　模型视角调整"Windows Control"控制界面

施加位移边界条件于节点之上，需要将节点显示于视窗中，在 MSC.Marc 2012 界面单击视图 `View`，弹出控制框，选中 `Plot Control...`，进入"图形控制" Ⓜ️ `Plot Control` 界面，选取 ☐ `Nodes`，成为 ☑ `Nodes`，如图 2-26 所示。

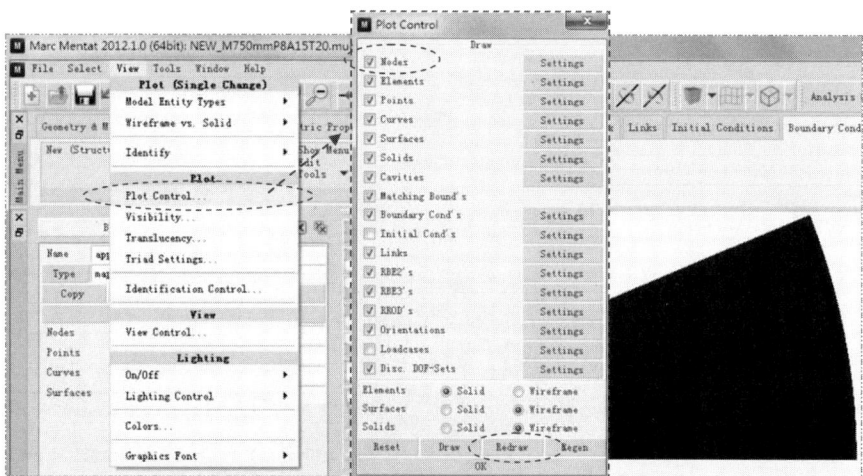

图 2-26　模型节点显示"Plot Control"控制界面

在图 2-26 中，单击 Redraw 、 OK 按钮，即可将所有单元节点显示于当前视窗中，可设置位移边界条件名为"displacement_R01"，约束 Z 方向，单击 Properties ，弹出 Apply Properties 应用菜单，在菜单中选中 Z 方向位移 ☑ Displacement Z 。图中视角便于捡取节点，先单击 Nodes Add Rem 0 中的 Add 再通过左键捡取节点，如图 2-27 所示。

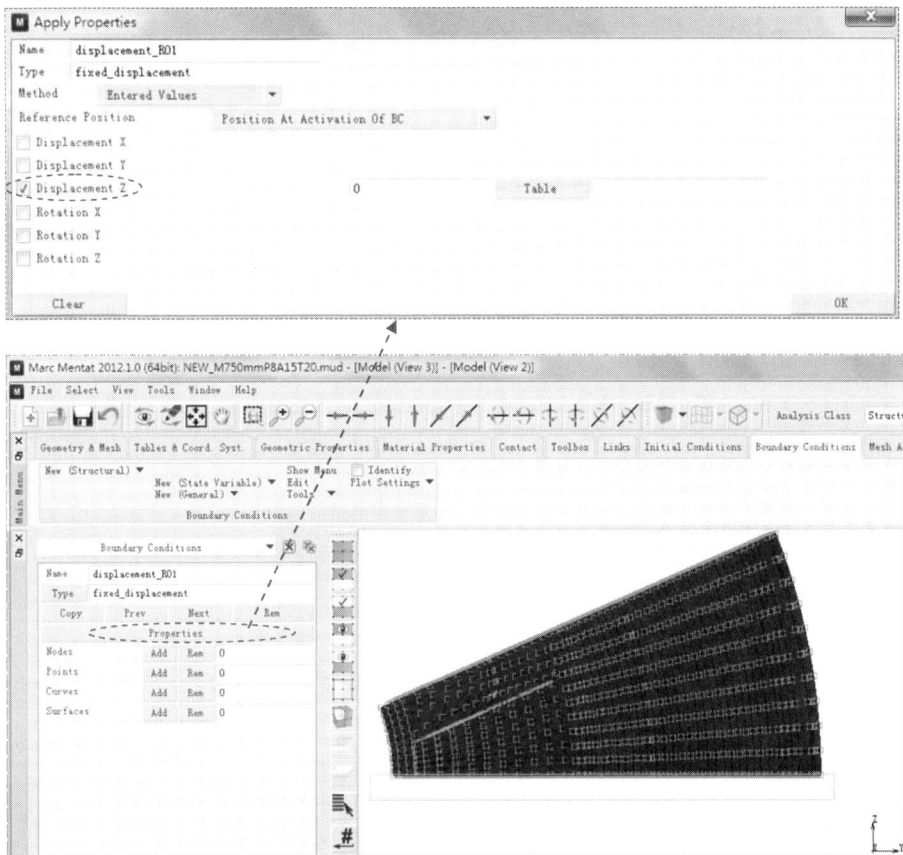

图 2-27 Z 方向位移边界条件设置及节点捡取界面

左键捡取节点后，所选中节点将改变显示颜色，表示捡取选中节点，同时在视窗下方的对话框中显示所选中的节点号，如图 2-28 所示。

单击鼠标右键确认所选中节点，节点即被 Z 方向约束，显示为粉红色的箭头，箭头前端指向节点。同时，节点栏 Nodes Add Rem 0 中节点的数量由"0"变为 Nodes Add Rem 6615 ，如图 2-29 所示。

至此，约束 Z 方向的位移边界条件"displacement_R01"完成施加。

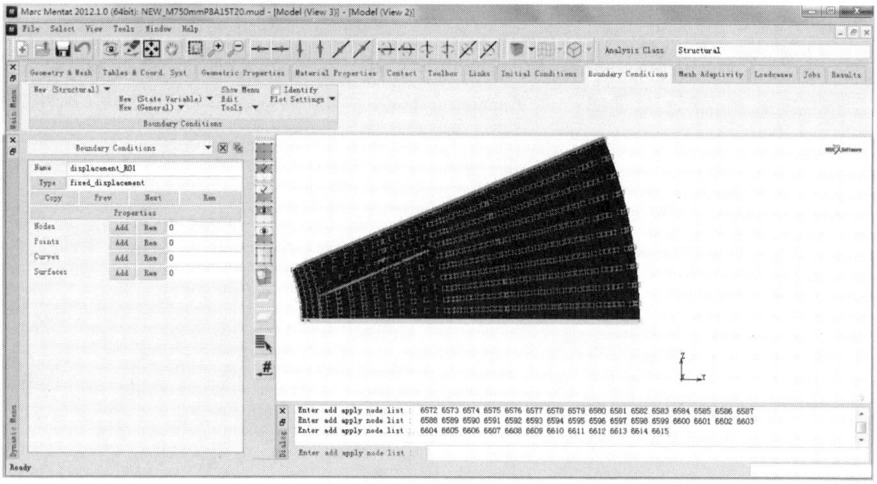

图 2-28 Z 方向位移边界条件施加节点捡取选中界面

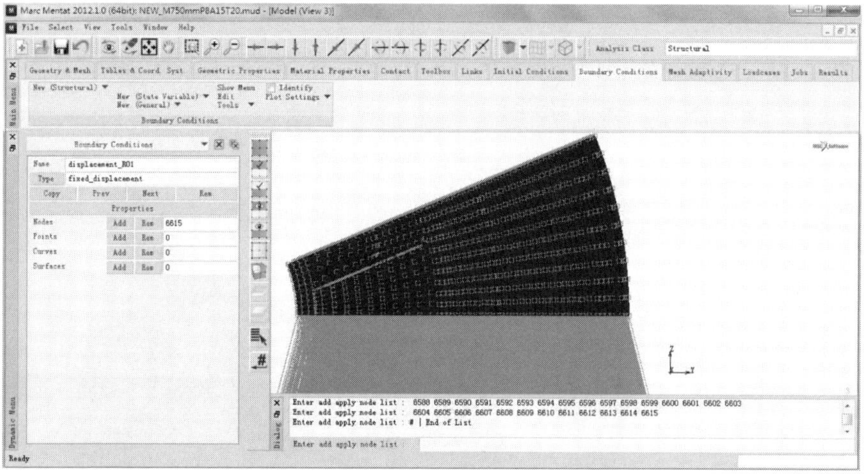

图 2-29 Z 方向位移边界条件施加完成界面

为确保工作不因误操作或其它原因导致文件丢失，间隔一定的时间后，单击 MSC.Marc 2012 界面上的🖫，将当前文件存盘。也可通过单击 M File，由下拉菜单的🖫 Save 、🖫 Save and Exit 和🖫 Save As... 完成所需存盘模式。

循环对称施加边界条件时，常常需要用到局部坐标系，在局部坐标系中选中与施加约束的线、面垂直的坐标轴赋予位移值。构建新的局部坐标系时，在 MSC.Marc 2012 界面上单击"表格与坐标系" Tables & Coord. Syst. 按钮，打开 Coordinate Systems 界面，单击 New ▼ ，选择新建坐标系的类型，有直角坐标系"Rectangular"、柱坐标系"Cylindrical"和球坐标系"Spherical"。选择创建的局部坐标系为直角坐标系，取名"crdsyst_R02"，将模型通过选中, 调整模型视图表面节点处于便于捡取的位置。选择以三节点 Nodes 方式创建局部坐标系, 其中, 由 Positions 栏确定 A 点代表原点 A Origin ,
B 点代表 Z 轴上的点 B X=0, Y=0, Z>0 , C 点代表 Y 平面上的点
C X>0, Y=0 。先单击 A 按钮, 再捡取相应节点, 确认操作为节点号显示
在框中 A 65513 , 其余 B 点和 C 点进行相似的操作, 即完成局部直角坐标
系的创建, 如图 2-30 所示。

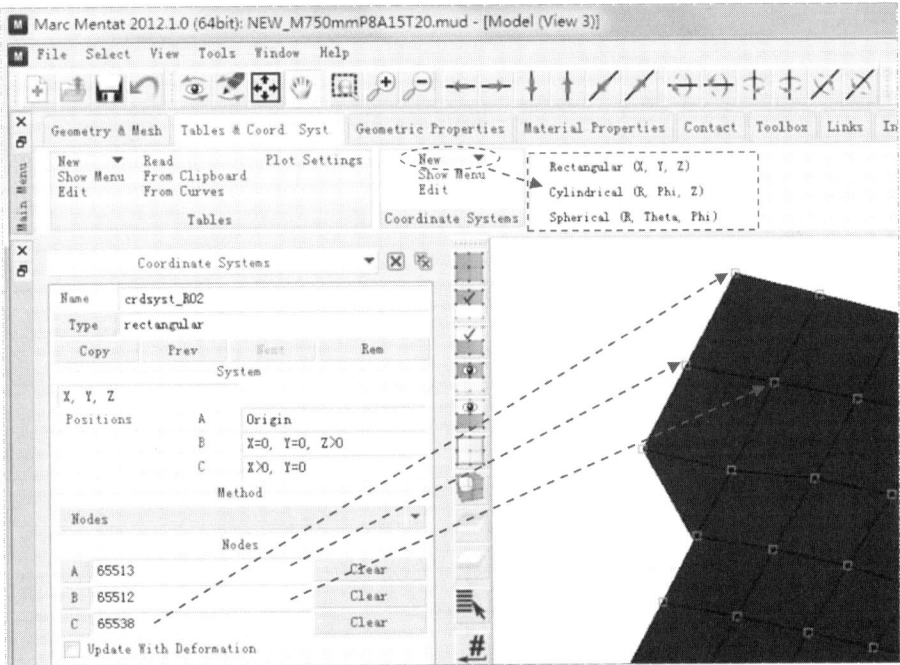

图 2-30　设置与模型面垂直的轴与模型面垂直的局部直角坐标系

保持局部坐标系"crdsyst_R02"下, 由 Boundary Conditions 界面设置位移
边界条件"displacement_R02", 约束局部坐标系"crdsyst_R02"的 Y 方向, 单
击 Properties , 弹出 M Apply Properties 应用菜单, 在菜单中选中 Y
方向位移 ☑ Displacement Y , 如图 2-31 所示。

图中视角便于捡取节点, 先单击 Nodes Add Rem 0 中的
Add , 再通过"Ctrl+左键"以任意折线框捡取节点, 如图 2-32 所示。

单击鼠标右键确认折线框捡取的节点, 节点即被约束局部坐标系
"crdsyst_R02"Y 方向约束, 显示为粉红色的箭头, 箭头前端指向节点。同时,
节点栏 Nodes Add Rem 0 中节点的数量由"0"变为
Nodes Add Rem 6248 , 如图 2-33 所示。

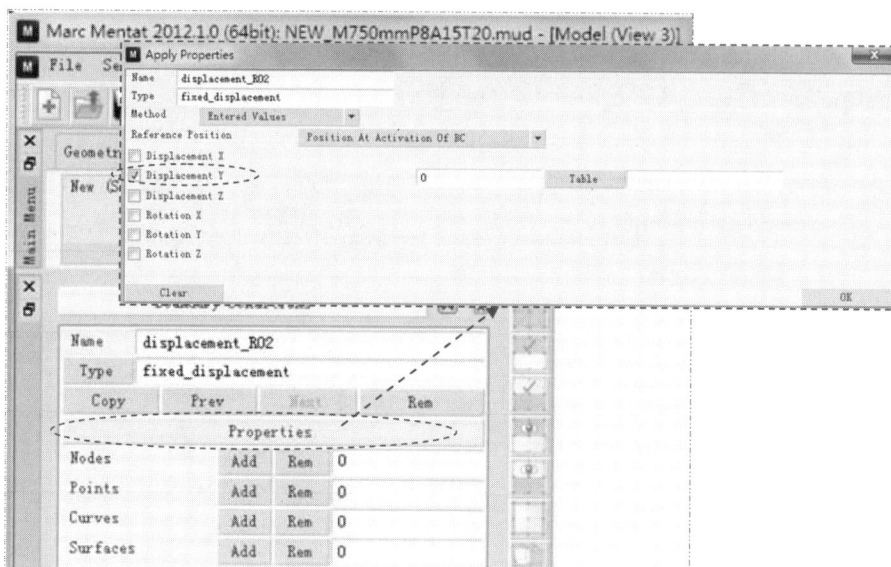

图 2-31 局部坐标系 Y 方向位移约束边界条件设置界面

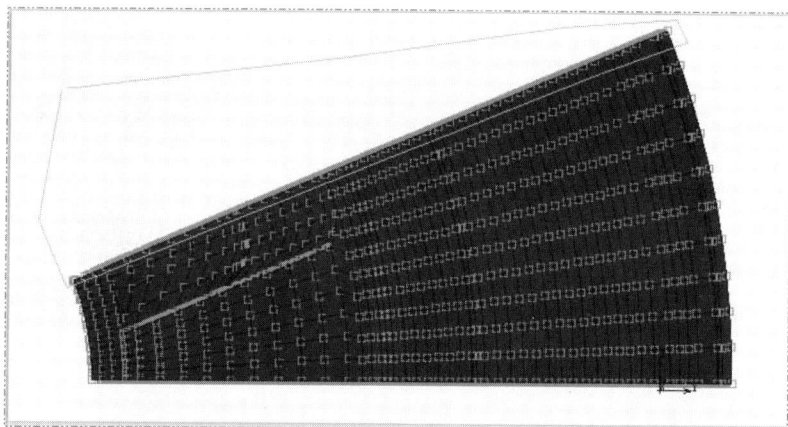

图 2-32 "Ctrl+左键"以任意折线框捡取节点界面

2.4.3 定义内压载荷条件

野战火箭发动机工作时主要承受的载荷是点火燃气内压的作用，赋予发动机燃烧室内燃面内压载荷条件是进行发动机结构完整性评估的重要一环，由于发动机内形面较为复杂，在施加压力载荷时需要仔细捡取压力作用面。内压载荷的施加方法为：在 MSC.Marc 2012 菜单中，在 Boundary Conditions 界面上，单击 New (Structural) ▼ 按钮，在下拉菜单中选择载荷类型为面载荷 Face Load 来定义内压载荷条件，如图 2-34 所示。

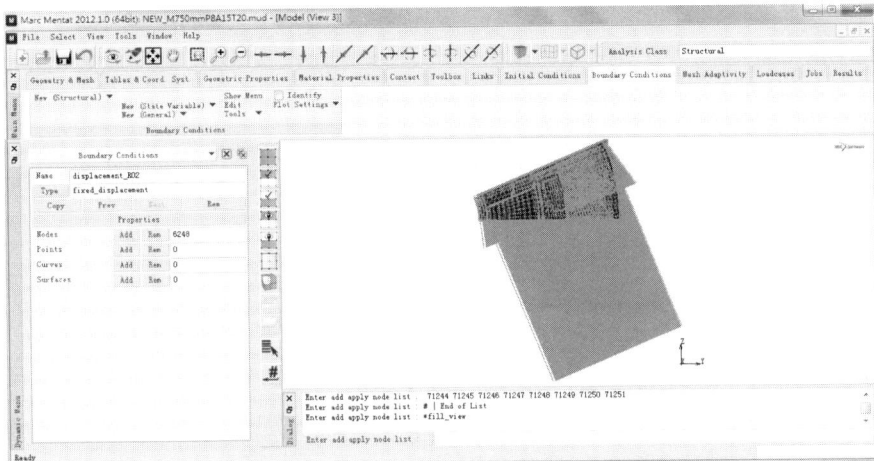

图 2-33　局部坐标系 Y 方向位移约束边界条件施加完成

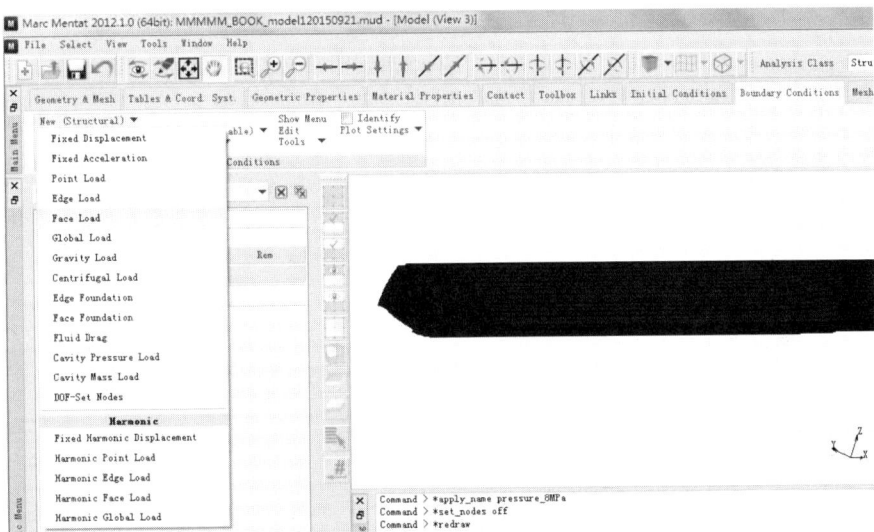

图 2-34　压力载荷条件设置界面

　　野战火箭发动机点火增压的峰值为 8MPa，取发动机内压载荷条件名 "pressure_8MPa"，单击 Properties 按钮，弹出 Ⓜ Apply Properties 应用界面，选中压力 ☑ Pressure ，对应文本框中输入内压峰值 8MPa，单击 OK ，完成内压载荷特性设置，如图 2-35 所示。

　　在 Faces Add Rem 0 中，单击 Add 按钮，用鼠标左键捡取内压作用面，单击鼠标右键确认捡取完成，当所有内压作用面均捡取后，界面上内压作用面数量由 "0" Faces Add Rem 0 变化成 Faces Add Rem 5694 ，如图 2-36 所示。

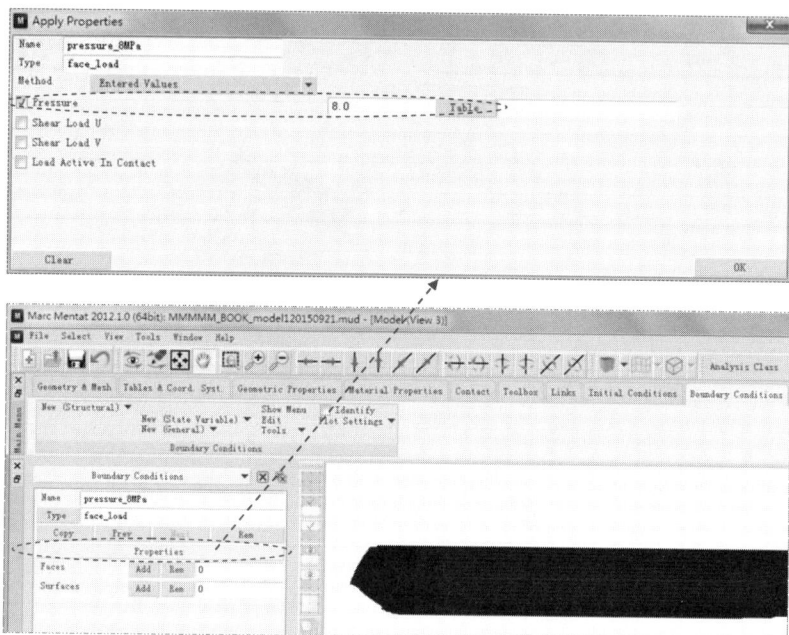

图 2-35 压力载荷条件赋值界面

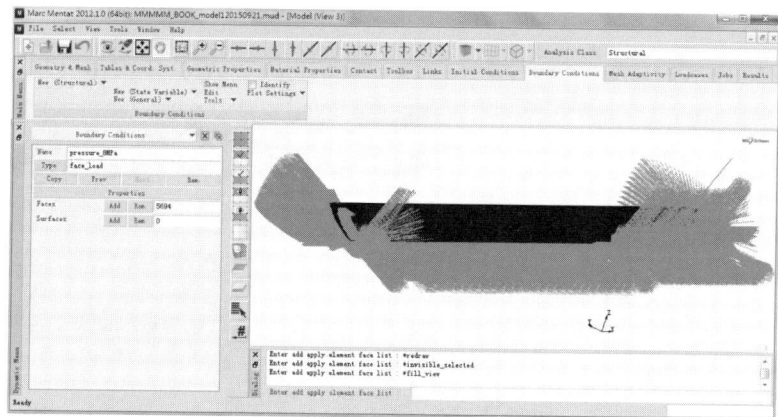

图 2-36 压力载荷条件赋值完成

2.4.4 定义温度载荷条件

野战火箭发动机为宽温作用的发动机，其工作温度为-40℃～50℃，温度载荷是发动机承受的又一关键载荷。温度载荷条件的赋予通过 MSC.Marc 2012 菜单中 Boundary Conditions 界面，单击 New (State Variable) ▼ 按钮，在弹出菜单中选择载荷类型为通用 General 状态变量 State Variable 来定义温度载荷条件，如图 2-37 所示。

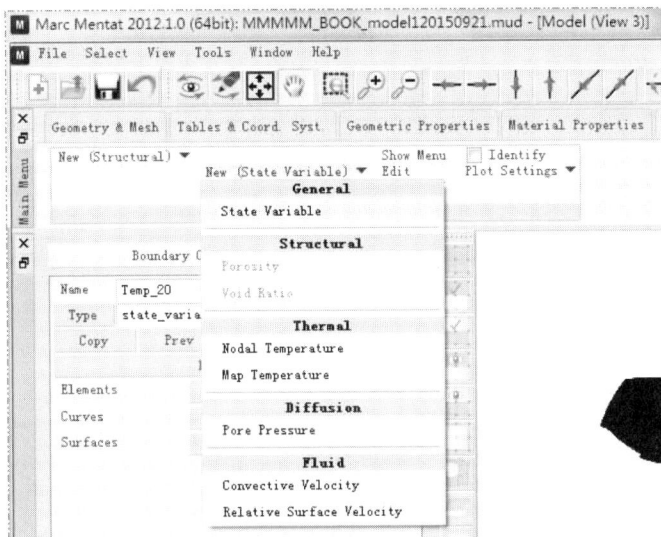

图 2-37　温度载荷条件类型选择界面

以野战火箭发动机常温点火发射为例，取温度载荷条件名"Temp_20"，单击 Properties 按钮，弹出 ⓜ Apply Properties 应用界面，选中状态变量 ✓ State Variable ，对应文本框中输入温度20℃(293.15K)，单击 OK ，完成温度载荷特性设置，如图 2-38 所示。

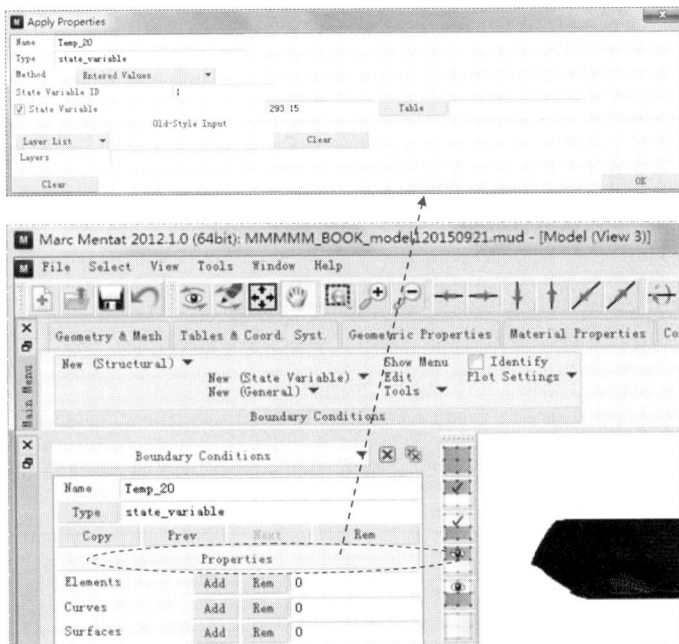

图 2-38　温度载荷赋值界面

温度载荷为全局载荷，在 Elements ⎡Add⎤⎡Rem⎤⎡0⎤ 中，单击 ⎡Add⎤ 按钮，单击所有元素"All Existing" ▦，即确认捡取全部单元完成，界面上单元数量由"0" Elements ⎡Add⎤⎡Rem⎤⎡0⎤ 变化成 Elements ⎡Add⎤⎡Rem⎤⎡60107⎤，如图 2-39 所示。

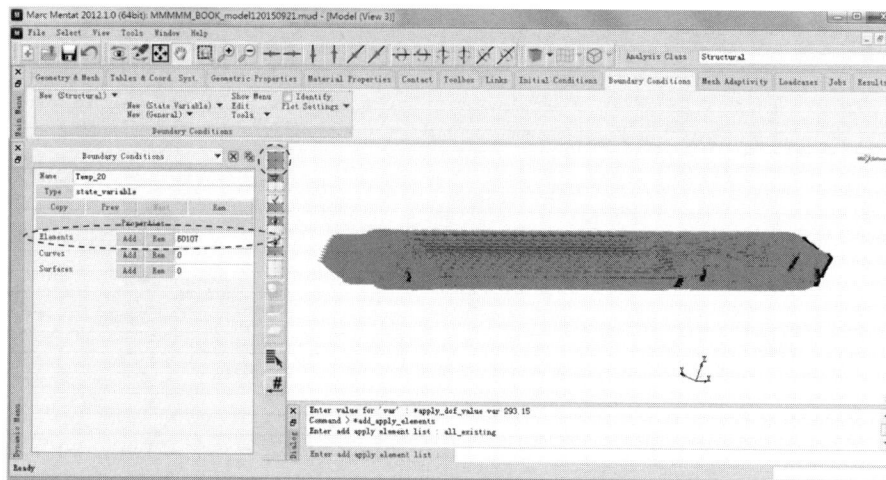

图 2-39 温度载荷赋值完成

2.4.5 定义加速度载荷条件

野战火箭发动机点火发射时均承受重力加速度、横向过载和轴向过载三个方向的加速度载荷作用，由于重力加速度和横向过载值在火箭发动机主动段仅为轴向过载的十几至几十分之一，故往往忽略其影响，加速度载荷多为轴向过载。加速度载荷条件的赋予通过 MSC.Marc 2012 菜单中 ⎡Boundary Conditions⎤ 界面，单击 ⎡New (Structural)⎤ ▼ 按钮，在弹出菜单中选择载荷类型为重力载荷 ⎡Gravity Load⎤，如图 2-40 所示。

单击 ⎡Gravity Load⎤ 按钮，进入施加加速度载荷条件的界面，加速度载荷为轴向过载 $15g$，轴向过载载荷条件命名为"GravityLoading_15g"，单击"特性输入" ⎡Properties⎤ 按钮，弹出 ⎡M Apply Properties⎤ 界面，根据模型建立时的轴向选择轴向过载的方向，该型野战火箭发动机的有限元模型轴向为 X 方向，故选中 ☑ ⎡Acceleration X⎤，于对应的文本框中输入轴向过载值 147000mm/s²($15g$，计算选用计量单位为 N-mm-s 制)，如图 2-41 所示。

加速度载荷为全局性载荷，故在 Elements ⎡Add⎤⎡Rem⎤⎡0⎤ 中，单击 ⎡Add⎤ 按钮，单击所有元素选项"All Existing" ▦按钮，即确认捡取全部单元完成，界面上单元数量由"0" Elements ⎡Add⎤⎡Rem⎤⎡0⎤ 变化成 Elements ⎡Add⎤⎡Rem⎤⎡60107⎤，如图 2-42 所示。

第2章

MSC.Marc数值仿真软件

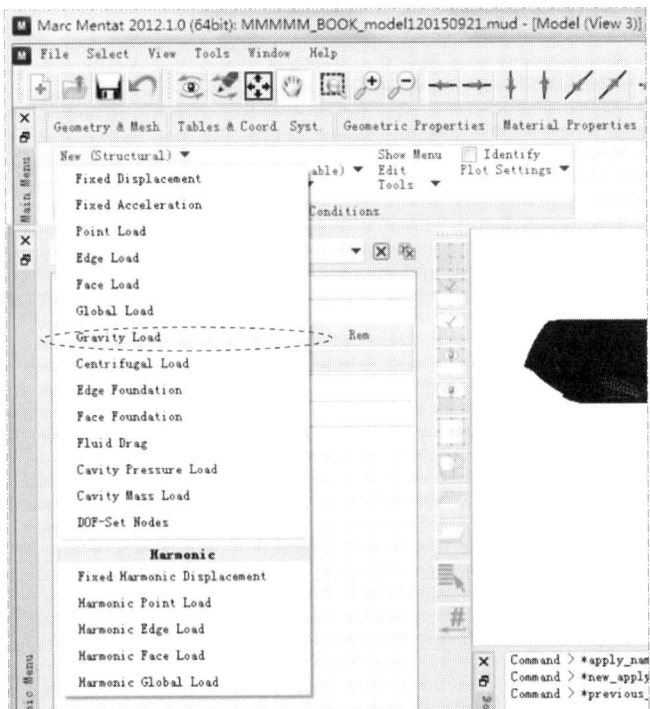

图 2-40　加速度载荷条件类型选择界面

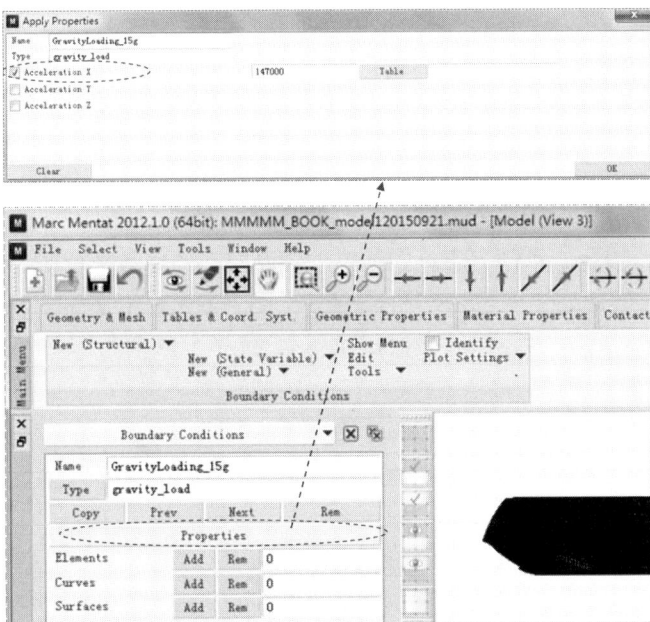

图 2-41　加速度载荷条件赋值界面

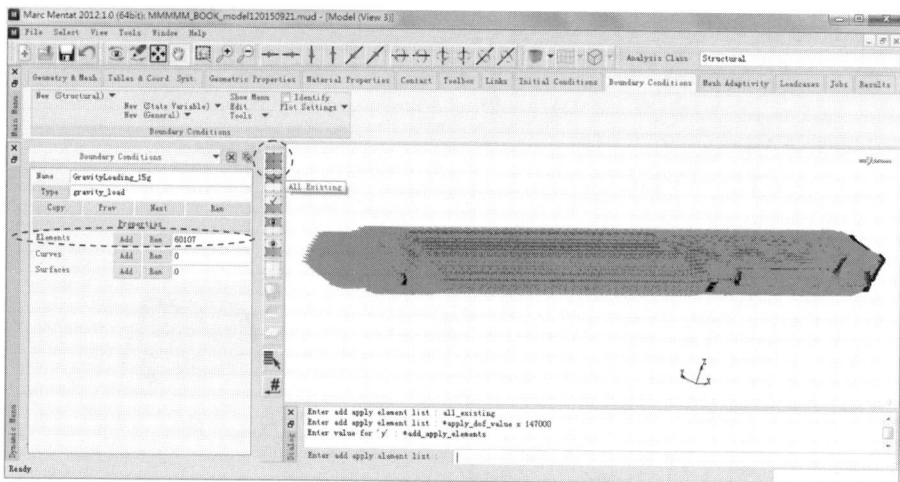

图 2-42　加速度载荷条件赋值完成

2.5　定义表格

在 Mentat 中，表格"Table"功能类似于 MSC.Patran 中的"Field"功能，常用于定义一些变量随其它参量如时间、增量、温度、密度、塑性应变等函数的变化，是 Marc 中最常用的功能之一，常常在定义材料特性、定义边界条件等过程要用到表格功能。一般表格的横轴定义函数的自变量，纵轴定义函数值，例如温度随时间的变化、弹性模量随温度的变化等，可用表格方便地描述。

创建表格可通过 MSC.Marc 2012 菜单中 `Tables & Coord. Syst.` 界面完成 `New` ▼ 按钮，在弹出菜单中选择 1～4 个独立变量创建表格的方式，以及试验测试数据的拟合。以创立表格描述温度随时间的变化为例说明表格功能的使用，温度随时间的变化如表 2-2 所示。首先，选择 `1 Independent Variable`，命名为"T-t"，单击 `Type`，选择 `time`，如图 2-43 所示。

表 2-2　温度随时间的变化

时间/s	温度/℃	时间/s	温度/℃
0	0	40	360
10	120	60	420
20	240	80	480
30	300	100	540

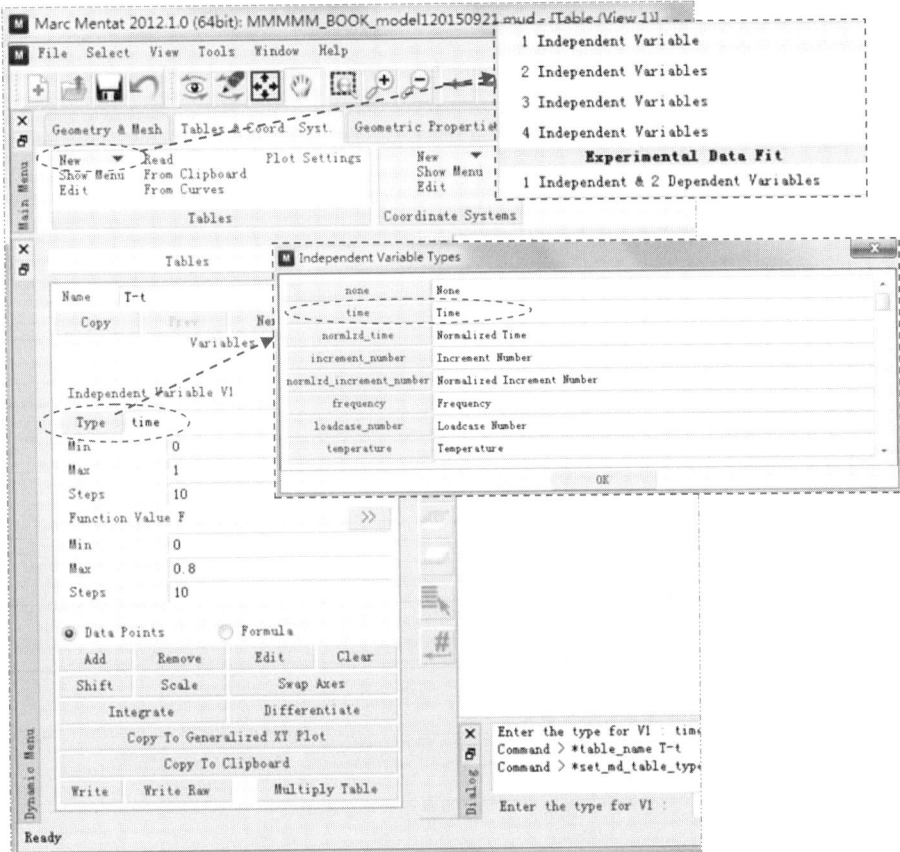

图 2-43 MSC.Marc 2012 创建温度随时间变化表格的界面

根据表 2-2 所列参数，在 `Tables & Coord. Syst.` 界面中的 `Independent Variable V1`
栏中，"Max"取值 100s，网格划分步长"Steps"10 份；在 `Function Value F`
栏中，"Max"取值 600℃，网格划分步长亦为"Steps"10 份。参数输入有三种
方式，一是捡取数值点 ⊙ `Data Points` (网格交点)，二是表达式 ○ `Formula`，
三是对话框中直接输入数值 `Enter the type for V1 :` 。直接捡取网格点
的方式输入表格 2-2 的参数，得到温度随时间"T-t"的变化曲线，如图 2-44
所示。

将温度随时间"T-t"的变化规律赋予"T-t"边界条件，创建方法、步骤如
图 2-45 所示。

MSC.Marc 2012 赋予了表格强大的功能，可以描述各种随时间、空间变化
的参量，给高级分析带来很大的便利，读者可参考书后所列参考文献，进一步
练习掌握表格创建技巧。

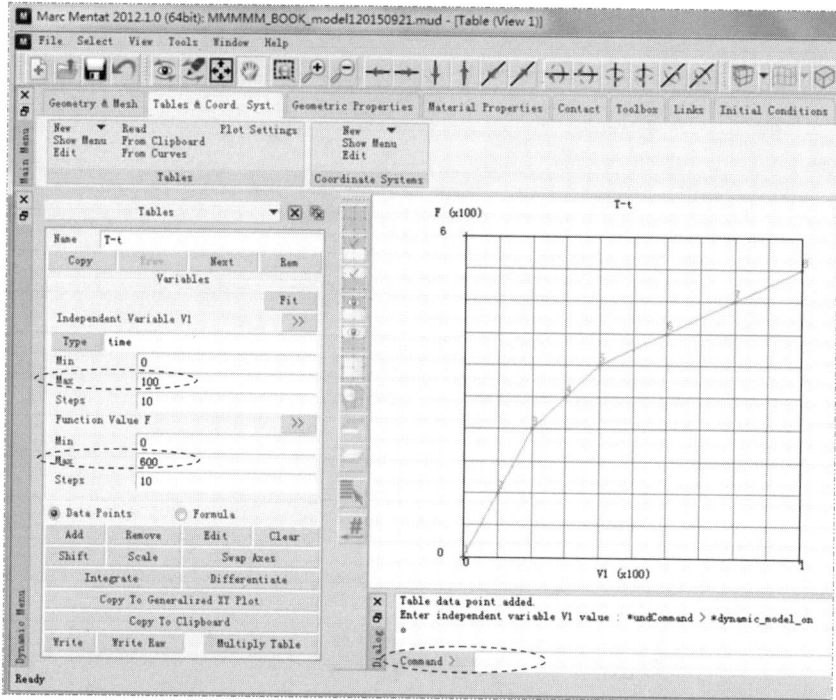

图 2-44　MSC.Marc 2012 创建温度随时间变化曲线

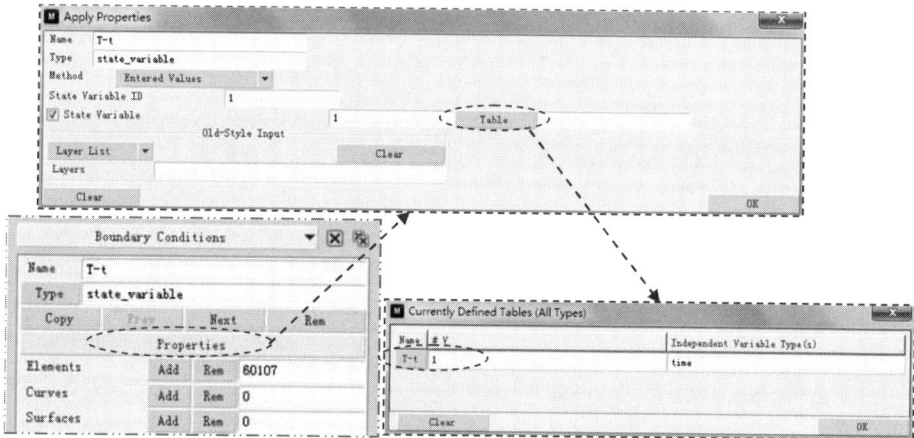

图 2-45　创建温度随时间变化的边界条件

2.6　定义几何特性

在 MSC.Marc 2012 菜单工具栏中选择 Geometric Properties 定义几何特性，与材料特性定义一样，几何特性也包括几何特性内容和施加在哪些单元上两部分。通常先在 Mentat 中定义几何特性，然后赋予对应单元上。几何特性名的定义、修改、管理与边界条件名、材料特性名类似。

Geometric Properties 菜单 New (Structural) ▼中可定义三维单元(3-D)几何特性(图 2-46(a))、定义轴对称单元(Axisymmetric)几何特性(图 2-46(b))、定义平面单元(Planar)几何特性(图 2-46(c))和定义间隙/摩擦单元(Gap/Friction)几何特性(图 2-46(d))。

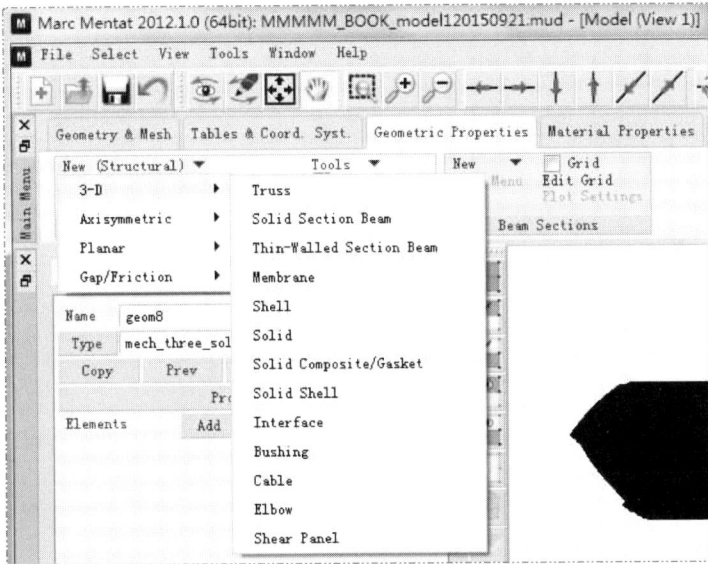

(a)

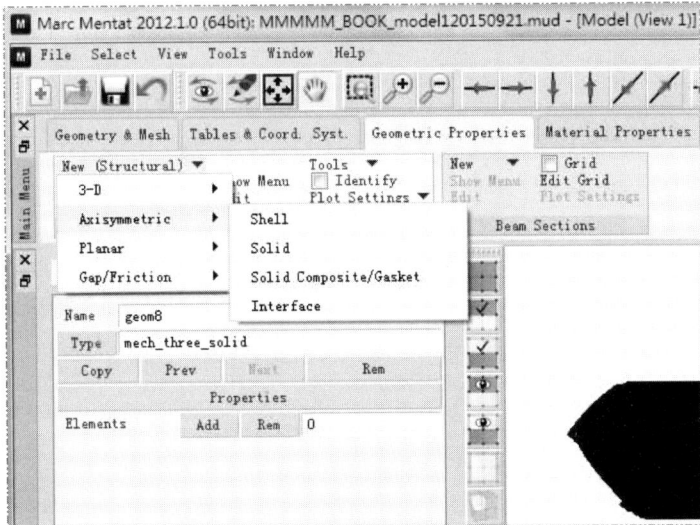

(b)

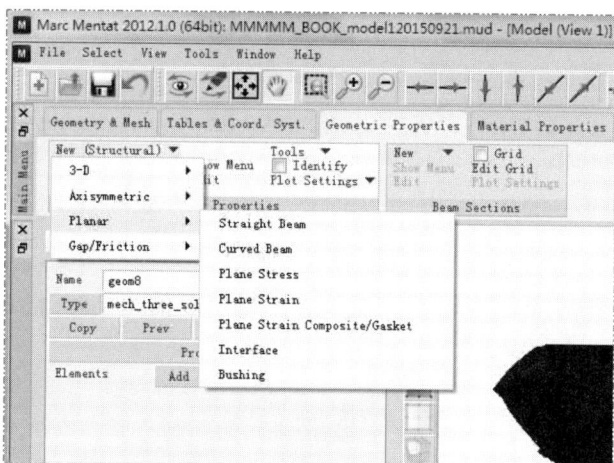

(c)

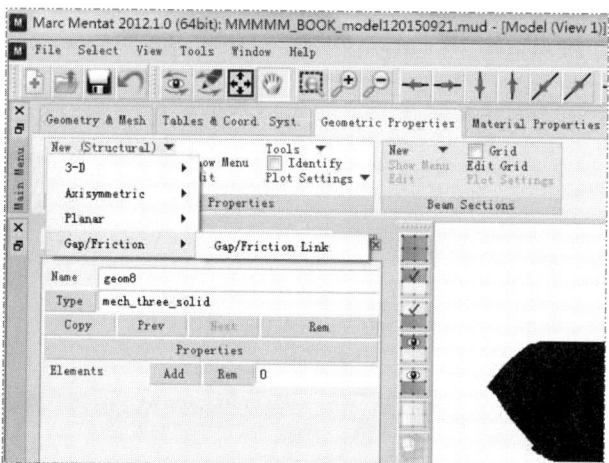

(d)

图 2-46 MSC.Marc 2012 定义几何特性"Geometric Properties"界面

(a) 定义三维单元(3-D)几何特性界面；(b) 定义轴对称单元(Axisymmetric)几何特性界面；

(c) 定义平面单元(Planar)几何特性界面；(d) 定义间隙/摩擦单元(Gap/Friction)几何特性界面。

其中，定义三维单元几何特性的子菜单中可定义杆单元(Truss)的截面积，定义实体截面梁单元(Solid Section Beam)的形状、直径等几何特性，定义薄壁截面梁单元(Thin-Walled Section Beam)的形状、内外径等几何特性，定义膜单元(Membrane)的厚度，以及定义缆索单元(Cable)截面积、初始长度及初始应力等。轴对称单元几何特性子菜单可定义轴对称壳单元(Shell)的厚度，轴对称实体单元(Solid)常体积应变选项的选取，轴对称实体复合/垫圈单元(Solid Composite/Gasket)常体积应变选项的选取等。平面单元几何特性子菜单可定义直梁(Straight Beam)的高度和截面积,定义直梁(Curved Beam)的厚度和宽度,定义平面应力单元(Plane Stress)的厚度及常体积应变选项的选取,定义平面应变单元(Plane Strain)的厚度及常体积应变、假定应变选项的选取。

2.7 定义接触条件

接触现象在实际工程中大量出现,如碰撞、零部件装配、密封、压力加工成形等。对于野战火箭发动机涉及接触的问题也不少,主要在发动机前后人工脱粘层、喷管以及装配密封等需要考虑接触问题。特别是野战火箭发动机适应环境温度范围宽,其前后人工脱粘层往往保持脱离状态,在点火发射、弹射等过程中,后人工脱粘层可能发生接触。喷管由多种材料组合,各种材料之间均存在间隙,工作时均发生接触。因此,在野战火箭发动机结构完整性评估中接触的计算必不可少。

在 MSC.Marc 2012 菜单工具栏中选择 Contact ,弹出定义接触条件定义的子菜单,可先定义变形体和刚体及它们之间的相互作用关系,变形体可以根据需要选择部分或全部有限元网格组成,刚体表面可用多种不同的方法进行描述。Contact 界面包含定义接触体(Contact Bodies)、定义接触表(Contact Table)、定义接触面(Contact Areas)和定义非接触部分(Exclude Segments),如图 2-47 所示。所有要进行接触分析的物体必须在 Contact Bodies 中定义,Contact Table 与 Contact Areas 可根据情况决定是否有必要定义。

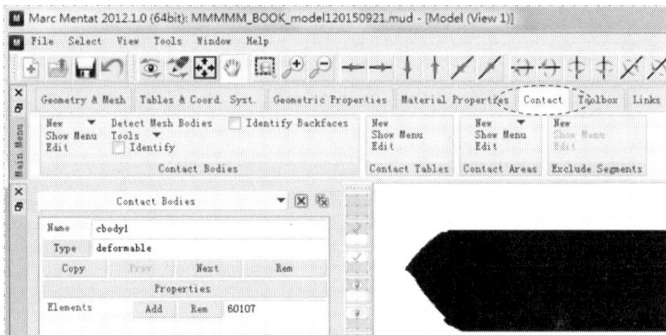

图 2-47　MSC.Marc 2012 定义接触条件"Contact"设置界面

定义接触体(Contact Bodies)可定义刚体和变形体,与 Marc 输入文件中的 Contact 选项相对应;定义接触表(Contact Table)定义物体间的相互关系,如果本选项不被采用,分析程序将认为任何物体均可能与其它物体相接触(包括本身),与 Marc 输入文件中的 Contact Table 选项相对应;定义接触面(Contact Areas)定义变形体上可能发生接触的节点,如果本选项不被采用,分析程序将认为一个物体外表面上所有节点都可能与其它物体发生接触，与 Marc 输入文件中的 Contact Node 选项相对应。

2.7.1 定义接触体(Contact Bodies)

在MSC.Marc 2012菜单工具栏中选择 Contact 界面，单击 Contact Bodies 栏中的 New ▼ 按钮，选中 Rigid 定义接触体为刚体、Deformable 定义接触体为变形体和 Symmetry 定义接触体为对称体。刚体、对称体可由几何线、面进行描述，变形体由单元进行描述，如图 2-48 所示。

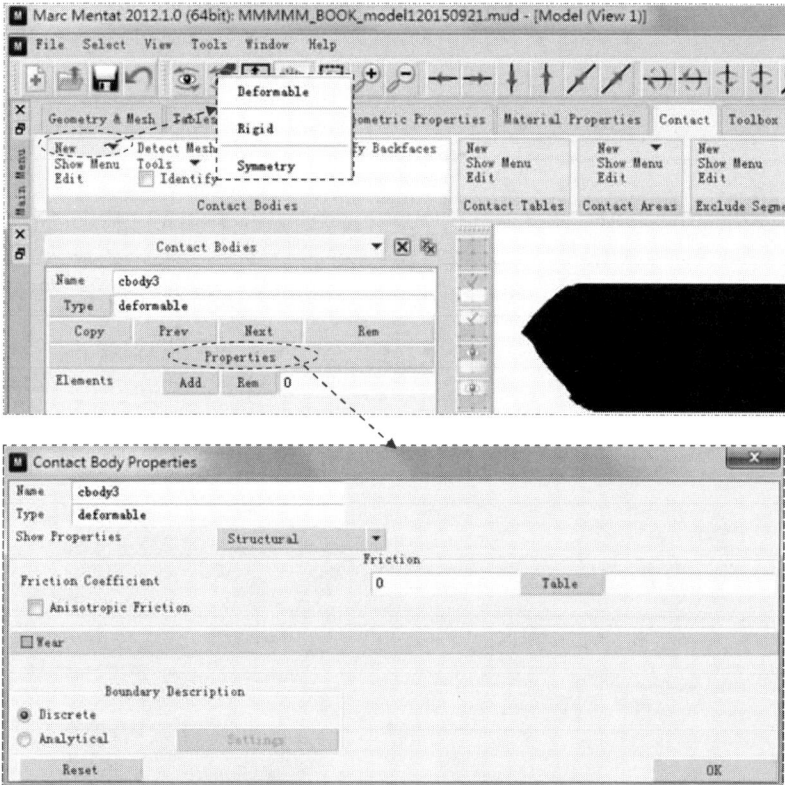

图 2-48　定义接触体(Contact Bodies)设置界面

定义接触体需遵循的五项基本原则是：一是先定义变形体，后定义刚体；二是在可变形接触中，先定义软材料，后定义硬材料；三是两个网格划分疏密程度不同的变形接触体，先定义密的，后定义疏的；四是先定义几何形状凸的接触体，后定义几何形状凹的接触体；五是先定义体积较小的接触体，后定义体积较大的接触体。这五条原则也不是绝对的，实际应用中往往难以同时满足，但其重要程度按排序确定，排名靠前的优先满足。

2.7.2 定义接触表(Contact Tables)

在 MSC.Marc 2012 菜单工具栏中选择 Contact 界面，单击 Contact Tables 栏中的 New 按钮，可创建接触表格(Contact Table)定义接触体之间的相互关系，具体的关系有三种：Touching、Glue、No Contact，各物体间的 Separation Force、Friction Coefficients 等可以分别定义，如图 2-49 所示。一个作业工况可以定义多个接触表，接触表在 Loadcase 中被激活才在分析中起作用。

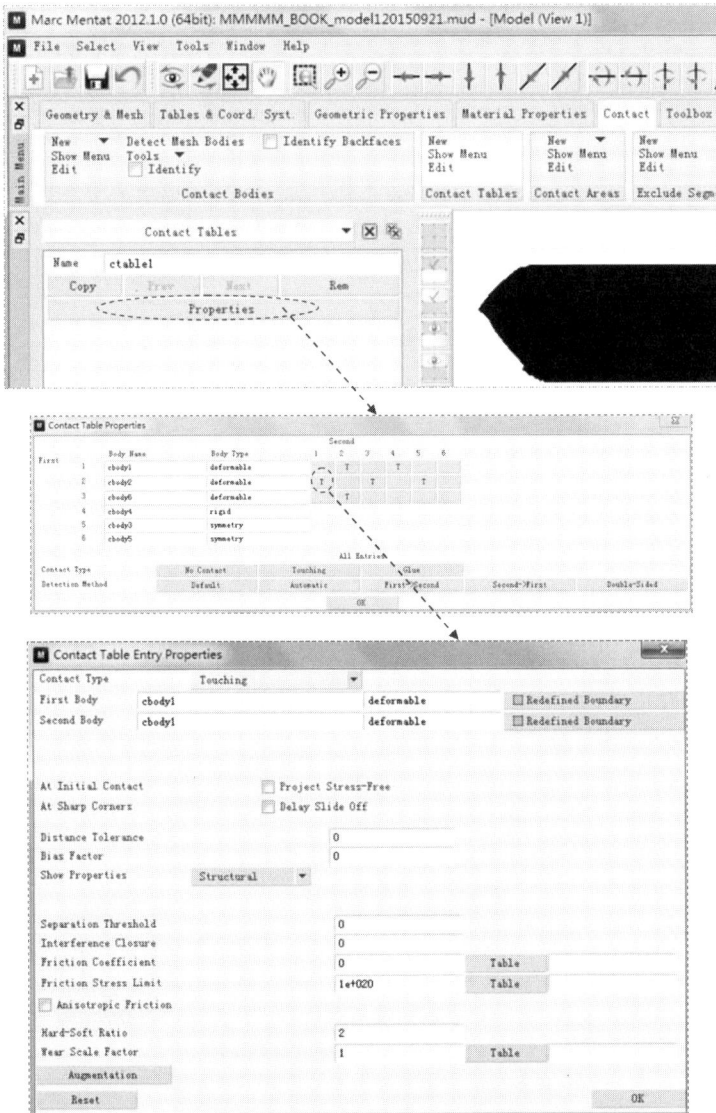

图 2-49　定义接触表(Contact Table)设置界面

2.7.3 定义接触面(Contact Areas)

在MSC.Marc 2012菜单工具栏中选择 `Contact` 界面,单击 `Contact Areas` 栏中的 `New ▼` 按钮,在已经定义接触体 `Ⓜ Currently Defined Contact Bodies` 菜单中,可创建接触面(Contact Areas)定义接触体之间可能产生接触的节点,由 `Nodes` `Add` `Rem` `0` 栏操作,如图2-50所示。

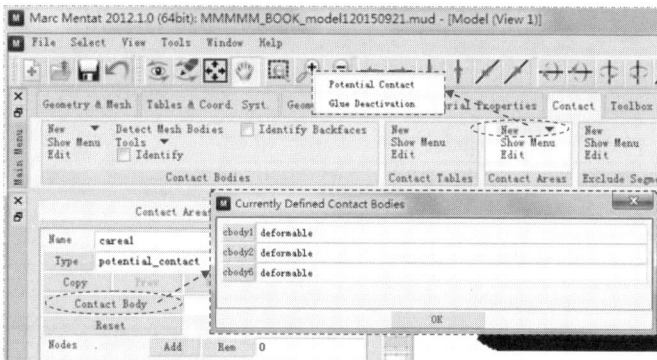

图2-50　定义接触面(Contact Areas)设置界面

2.8 定义载荷工况

在MSC.Marc 2012菜单工具栏中选择 `Loadcases` 界面,单击 `Loadcases` 栏中的 `New ▼` 按钮,进入与 Marc 输入文件中历程定义选项相对应的功能模块中,对在 Boundry Conditions 中定义的边界条件、载荷条件进行选择,形成分析载荷工况,如图2-51、图2-52所示。

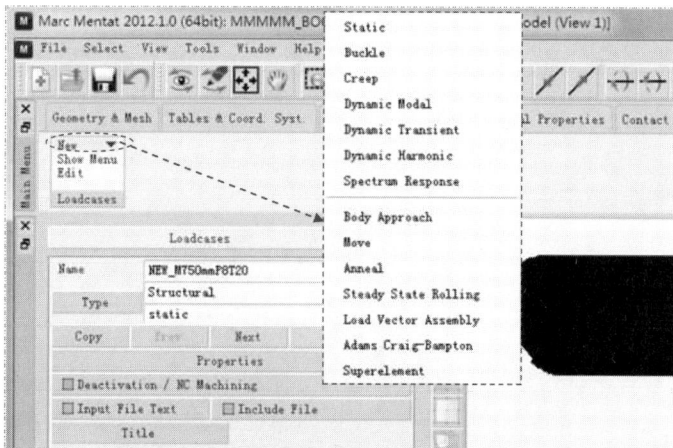

图2-51　定义载荷工况(Loadcases)设置界面

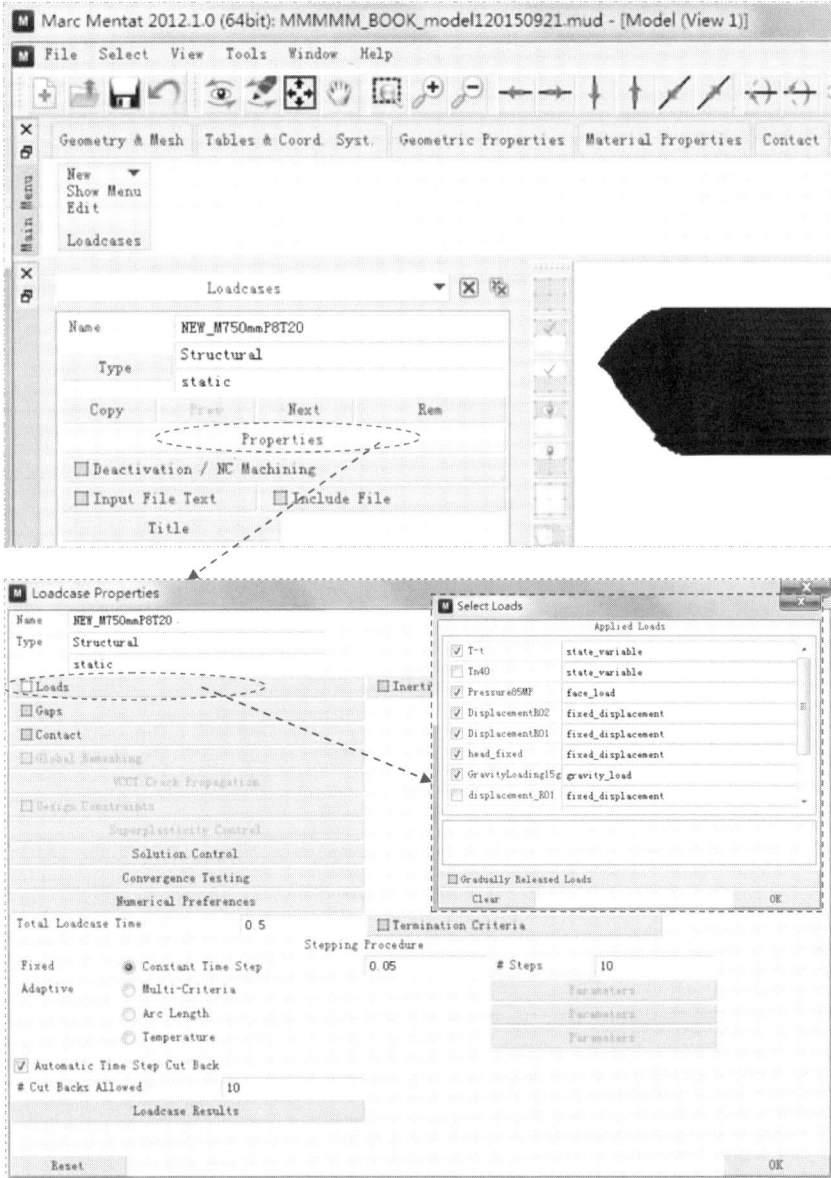

图 2-52　载荷工况(Loadcases)设置中边界/载荷条件选择界面

　　求解及收敛控制可分别在　Solution Control　和　Convergence Testing
中设置，时间及时间步长分别在 Total Loadcase Time 和 Stepping Procedure 中
确定，步长有"固定步长" Fixed　◉ Constant Time Step 和"适应步长"
Adaptive 两种方式。若涉及接触求解，单击 □Contact　按钮，打开对应接
触菜单，捡取所用的接触表等。

2.8.1 定义载荷工况类型

Loadcase 动态子菜单中,单击 `Type` ,弹出 Loadcase Type 菜单,
可按分析需要确定载荷工况的类型,如图 2-53 所示为定义载荷工况(Loadcases)
类型界面。

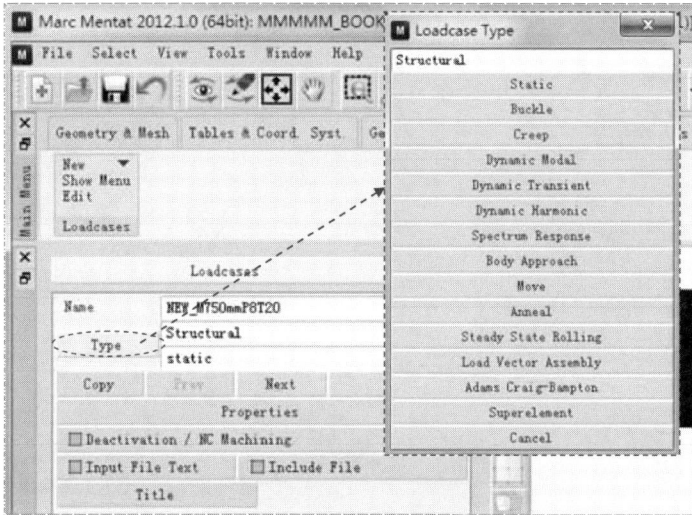

图 2-53 定义载荷工况(Loadcases)类型界面

主要有:包括接触分析 Contact 在内的静力分析"Static",屈曲特征值分析
"Buckle",蠕变分析"Creep",固有振动频率求解"Dynamic Modal",动力响
应分析"Dynamic Transient",简谐响应分析"Dynamic Harmonic",频谱响应
分析"Spectrum Response",以及退火分析"Anneal"等。单击选定分析类型,
将弹出对应的参数设置菜单,根据分析需要确定参数。

2.8.2 定义载荷工况特性

由图 2-51、图 2-52 中可见,在 Loadcase 子菜单的可供选择分析种类非常
多,以 Static 为例进行具体说明。如图 2-52 所示的 Loadcase Properties 菜单,
单击 □Loads ,弹出 Select Loads 菜单,有在 Boundry Conditions 中定
义的所有边界条件,捡取需要的边界条件,组成分析载荷工况所需的边界条件
组合。如果要在载荷工况中去掉一个边界条件,再次捡取该边界条件名即可。

在 Loadcase Properties 菜单中,通过 Solution Control 可进行求解控制,
可设定的参数主要有:分析的最大增量步数 Max # Increments In Job,一个增量步
中的最大迭代次数 Max # Recycles ,一个增量步中的最小迭代次数

Min # Recycles ，出现系统非正定后强制求解的指定□ Non-Positive Definite ，增量步没有收敛但继续下一步分析的指定□ Proceed When Not Converged ，每一迭代步骤重新组集刚度矩阵□ Assembly Each Iteration ，迭代方法的指定 Iterative Procedure (Newton-Raphson 法、修正 Newton-Raphson 法等)，Contribution Of Initial Stress To Stiffness 初始应力对刚度的贡献作用的选择，如图 2-54 所示。

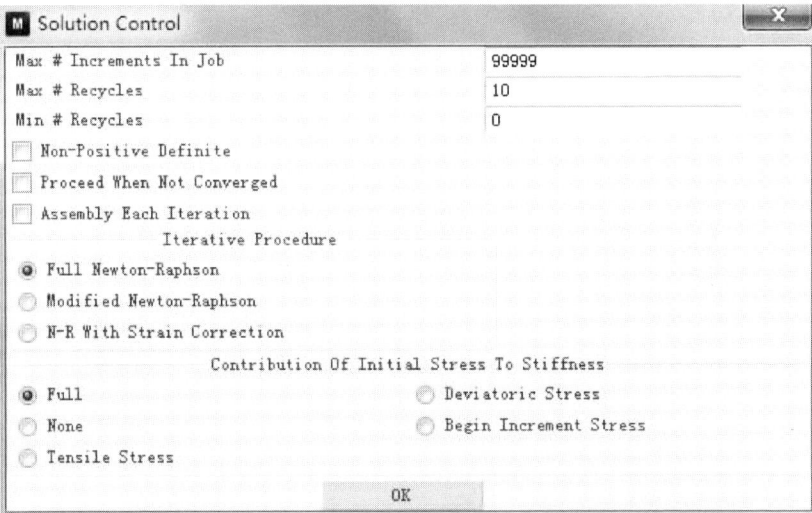

图 2-54　求解控制(Solution Control)参数设置界面

在 Loadcase Properties 菜单中，单击"收敛测试参数设置" Convergence Testing 按钮，弹出 Convergence Testing (Structural) 菜单，可选择迭代收敛准则及收敛容差，如图 2-55 所示。

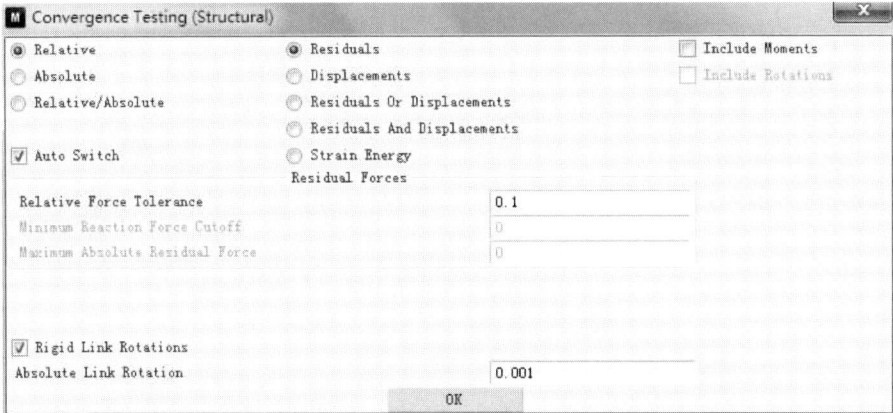

图 2-55　收敛测试(Convergence Testing)参数设置界面

2.9 定义作业求解参数提交运算

在MSC.Marc 2012菜单工具栏中选择作业 Jobs 界面,单击作业 Jobs 栏中的 New ▼ 按钮,进入定义求解参数和提交运算功能模块中,在下拉菜单中选择分析类型,进行必要的参数的设定、选择载荷工况、生成完整的 Marc 输入文件、进行分析(Marc 的启动),如图 2-56 所示。

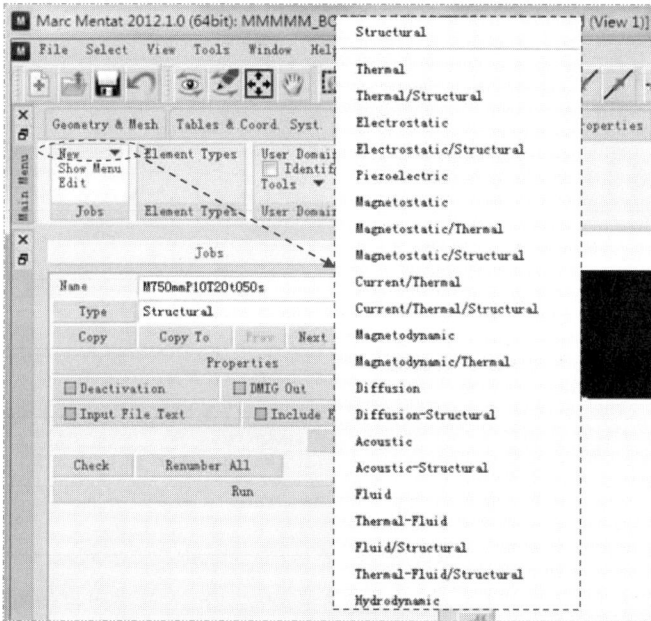

图 2-56 作业求解参数提交运算(Jobs)设置界面

MSC.Marc 2012 能够完成 22 种不同分析类型,有结构分析(Structural)、热分析(Thermal)、热-结构耦合分析(Thermal/Structural)、静电场分析(Electrostatic)、静电场/结构耦合分析(Electrostatic/Structural)、压电场分析(Piezoelectric)、静磁场分析(Magnetostatic)、磁-热耦合分析(Magnetostatic/Thermal)、磁-结构耦合分析(Magnetostatic/Structural)、流-热耦合分析(Current/Thermal)、流-热-结构耦合分析(Current/Thermal/Structural)、动磁场分析(Magnetodynamic)、动磁场-热耦合分析(Magnetodynamic/Thermal)、对流扩散分析(Diffusion)、对流扩散-结构耦合分析(Diffusion-Structural)、声场分析(Acoustic)、声场-结构耦合分析(Acoustic-Structural)、流场分析(Fluid)、热-流耦合分析(Thermal-Fluid)、流/固耦合分析(Fluid/Structural)、热-流/固耦合分析(Thermal-Fluid/Structural)和流体动力学分析(Hydrodynamic),单击选中需要的分析类型后,弹出相应的输入参数菜单。

2.9.1　定义作业特性(Job properties)

进行野战火箭发动机常温点火发射时的响应计算为最常用的结构分析 (Structural)类型，作业取名"M750mmP10T20t050s"，单击 Properties 按钮，弹出作业特性参数定义 **M** Job Properties 菜单，如图 2-57 所示。

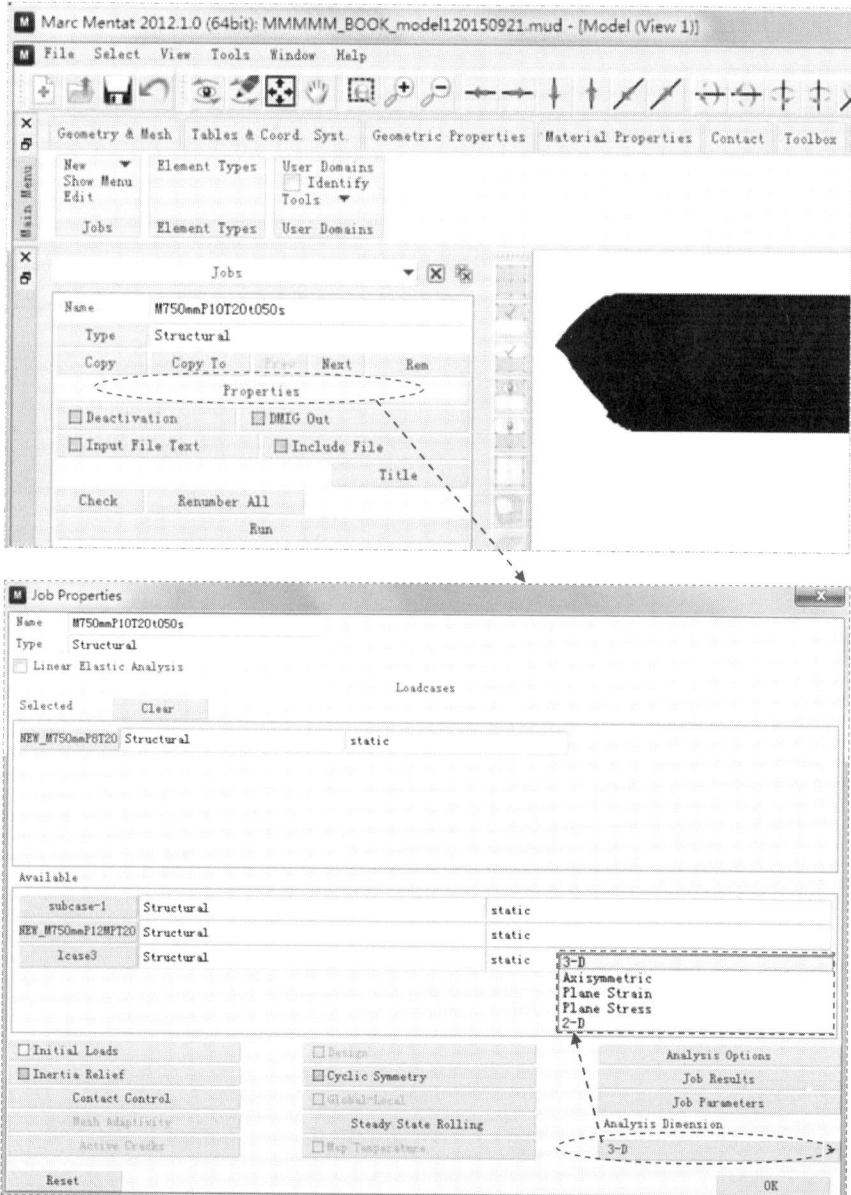

图 2-57　作业特性(Job Properties)设置界面

特别需要注意的是：在 Ⓜ Job Properties 菜单中进行工况(Loadcases)选择时，Loadcases 中定义的各种工况在 Available 栏下排列，用于作业所需的载荷工况则位于 Selected 栏中，并按选择先后顺序排列在 Selected 栏中，若载荷的次序有要求，在选择时应当根据要求的次序捡取 Available 中的载荷工况。若要删除某个载荷工况，单击捡取要删除的载荷工况名即可删除该载荷工况。

对于作业维数(Analysis Dimension)定义，在 Ⓜ Job Properties 菜单中，默认为三维元(3-D)分析。单击 Analysis Dimension 下的 3-D 按钮，还有轴对称(Axisymmetric)、平面应变(Plane Strain)、平面应力(Plane Stress)和二维单元(2-D)分析选项，如图 2-57 所示。

初始载荷(Initial Loads)用于控制在 Marc 零增量步即模型定义时的初始条件和载荷，在 Ⓜ Job Properties 菜单中单击 ☐ Initial Loads 按钮，弹出 Ⓜ Select Initial Loads 子菜单，所有的边界条件和初始条件分别位于 Boundary Conditions 栏和 Initial Conditions 栏中，直接捡取为选中，如要删除，再次捡取即可，如图 2-58 所示。

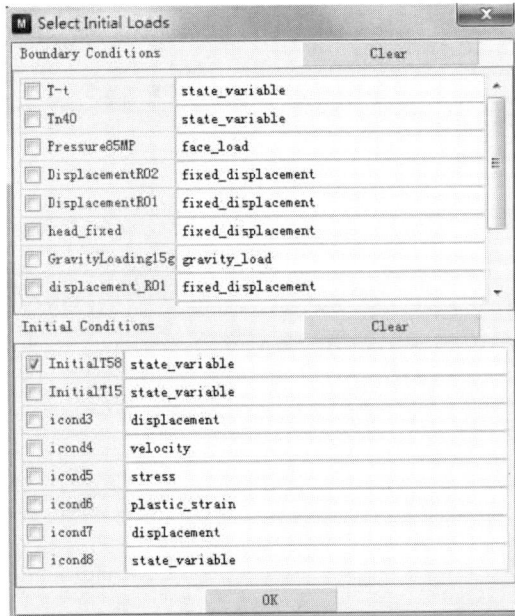

图 2-58　作业初始载荷工况(Initial Loads)设置界面

作业选项(Analysis Options)捡取 Analysis Options 后弹出图 2-59 所示的 Ⓜ Structural Analysis Options 子菜单用于分析参数的定义，界面上参量的含义为：◉ Small Strain 进行小应变几何非线性分析，◯ Large Strain 进行大应变几何非线性分析，☐ Scale To First Yield 使施加载荷加到至少有一个单元积分点处于

屈服面上，`Follower Force` 采用伴随力分析，☐ `Lumped Mass` 对动力分析采用
集中阻尼。

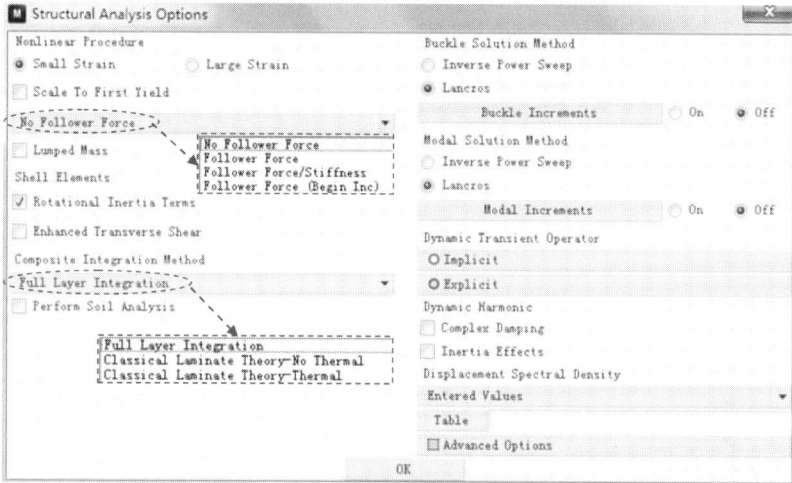

图 2-59　作业选项(Analysis Options)设置界面

在图 2-59 作业选项(Analysis Options)设置界面中，曲屈求解法有
◯ `Inverse Power Sweep` 逆幂扫描法(反迭代法)(Inverse Power Sweep)、◉ `Lanczos`
Lanczos 法等。

作业输出结果选项(Job Results)捡取 `Job Results` 后弹出图 2-60 所示的
Ⓜ Job Results 子菜单，用于作业输出结果参数的定义，控制哪些分析结果将要
输出到 Marc 后处理文件(*.t19 或*.t16)上以及是否将单元、节点结果输出到*.out
文件上等。

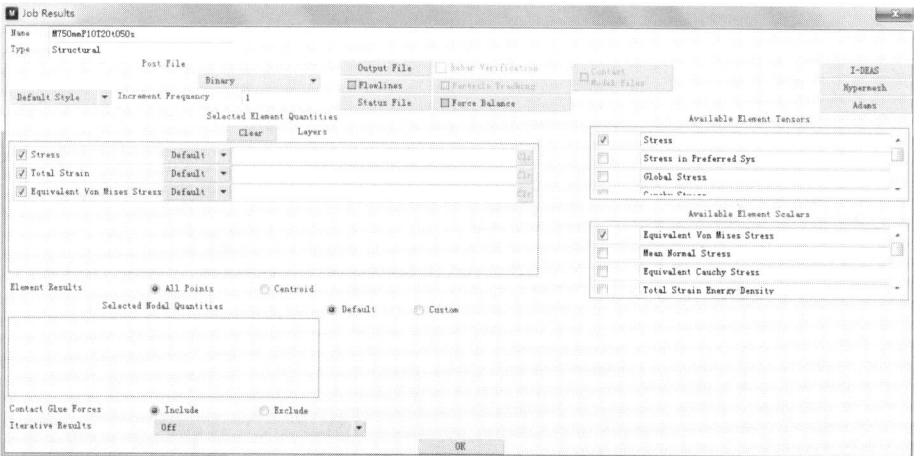

图 2-60　作业输出结果选项(Job Results)设置界面

界面 M Job Results 中的 Available Element Tensors 输出结果选项栏为张量类结果的输出，如应力、应变等选项， Available Element Scalars 为一般标量类结果的输出，如等效应力、等效应变、温度等选项。

在作业特性 M Job Properties 界面中，单击"定义作业参数" Job Parameters 按钮，弹出"作业参数" M Job Parameters 菜单，由 State Storage 确定单元应力、应变的存储是采用高斯点的值还是单元中心点的值，通常采用默认方式即可，如图 2-61 所示。

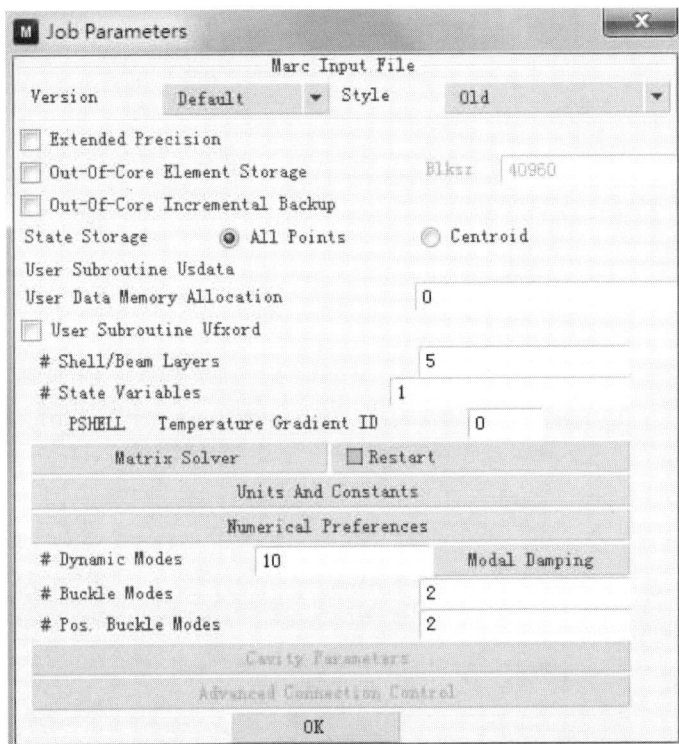

图 2-61　作业参数(Job Parameters)设置界面

2.9.2　定义单元类型(Element Types)

在 MSC.Marc 2012 菜单工具栏中选择作业 Jobs 界面，单击单元类型 Element Types 按钮，选中 3-D 后，下方即为所用单元进行类型选择的功能菜单，单击 Solid，弹出 M 3-D Solid Structural Element Types 菜单，从中选定单元类型，如图 2-62 所示。

对由多种材料构成的野战火箭发动机，在选择单元时，可根据材料的特性选择单元，丁羟推进剂为近似不可压的高分子材料，需要用霍曼积分"Herrmann"

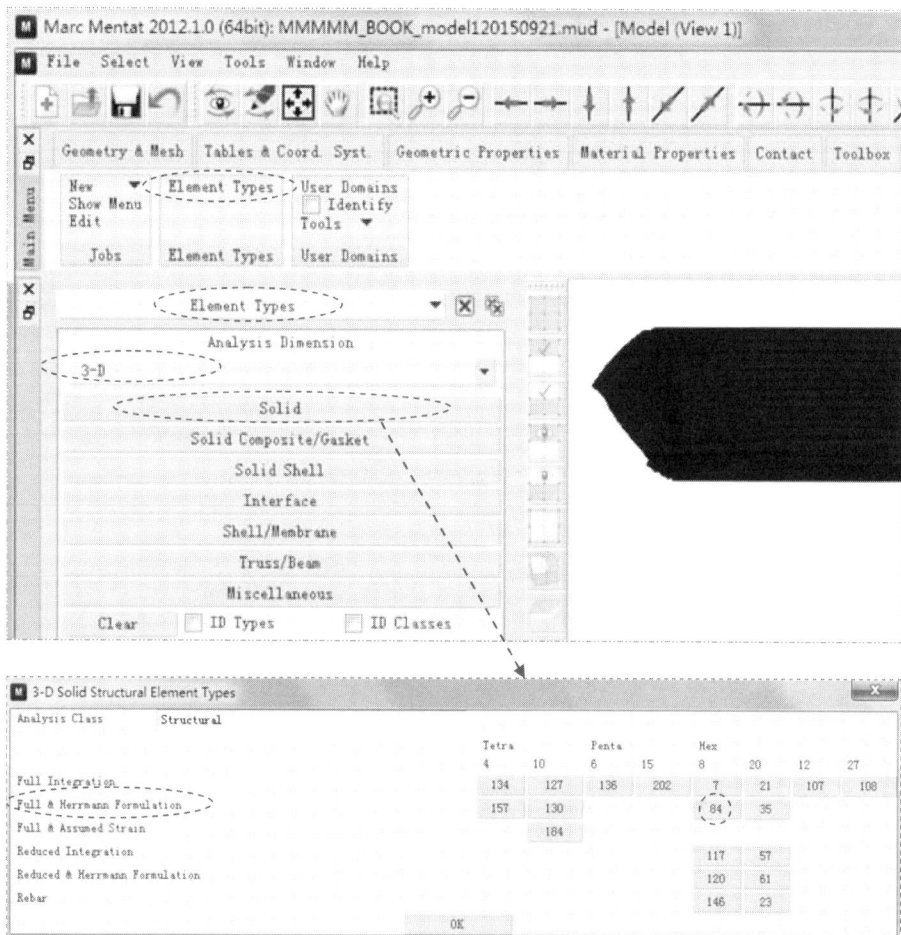

图2-62 定义单元类型(Elememnts Types)设置界面

或缩减积分"Reduced",可选择兼顾多种材料特性的单元,如选择"全积分 Herrmann"(Full & Herrmann Formulation)方式,六面体8节点体单元与之对应 为84号单元,在 ⓜ 3-D Solid Structural Element Types 菜单中单击84号单元对应的 84 按钮,选中后将点亮快捷工具条,通过工具条上的 按钮赋予全体单 元类型,可由 ☑ ID Types 观察赋予单元类型情况。

2.9.3 提交运算(Run Job)

完成定义作业特性参数及选定单元类型后,即可提交运算(Run Job),在 MSC.Marc 2012菜单工具栏中选择作业 Jobs 界面,单击作业 Jobs 菜单栏下的 Run 按钮,将弹出 ⓜ Run Job 菜单,如图2-63所示。

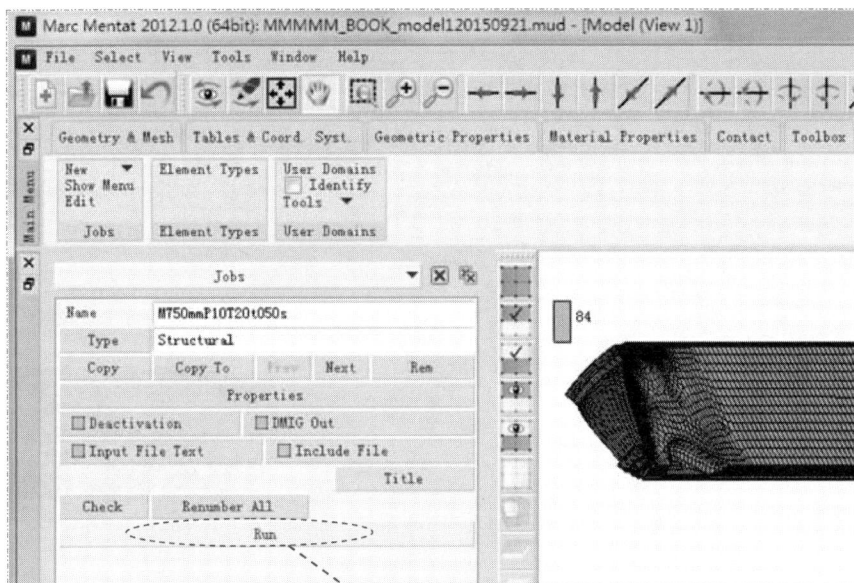

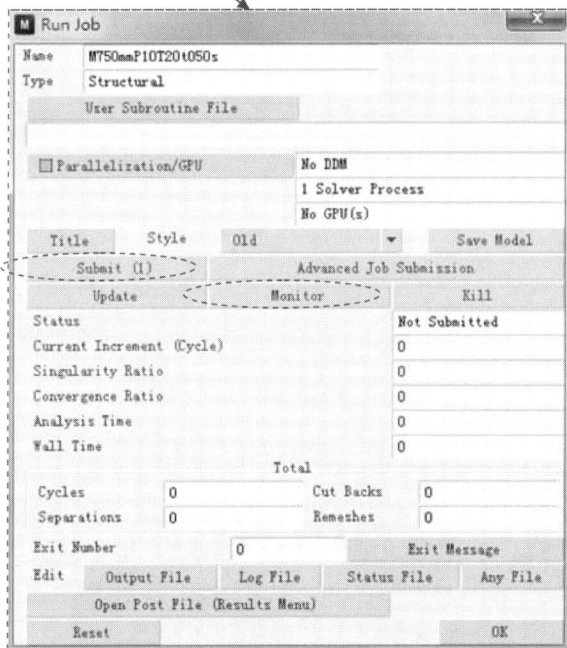

图 2-63　提交运算(Run Job)设置界面

在提交运算(Run Job)设置菜单 ▇ Run Job 界面上，可直接单击"提交运算" Submit (1) 按钮开始提交作业，生成运行 Marc 所需的数据文件，并运行 Marc；单击 Title 输入作业名称；需指定包含有用户子程序的文件名时，在

User Subroutine File 栏中选定；并行计算及CPU数由 ☐ Parallelization/GPU 对应栏中确定；单击 Update 即完成运行信息更新；单击 Kill 即中止正在运行的作业运算进程；开始运行后单击 Monitor 对运行状态监控，并从中判断运算过程是否正常； Exit Number 为计算退出数字，正常运算结束报告的数字为"3004"，其它则表示出现异常退出情况，退出信息单击 Exit Message 查阅。

2.10 结果后处理

分析结果由 Marc 产生并存在后处理文件中，在 MSC.Marc 2012 菜单工具栏中选中并选择"文件" **M** File ，弹出"模型" **Model** 和"结果" **Results** 等处理菜单，在 **Results** 栏中可选择"读入默认结果" Open Default ，或"读入结果" Open... ，需从单击后弹出的目录栏中选取。通常选择读入默认结果文件 Open Default ，可打开已存在的后处理结果文件，单击并读入结果后，"结果" **Results** 栏将发生变化，其中有"关闭结果" Close 按钮，用以关闭当前打开的后处理文件，如图 2-64 所示。

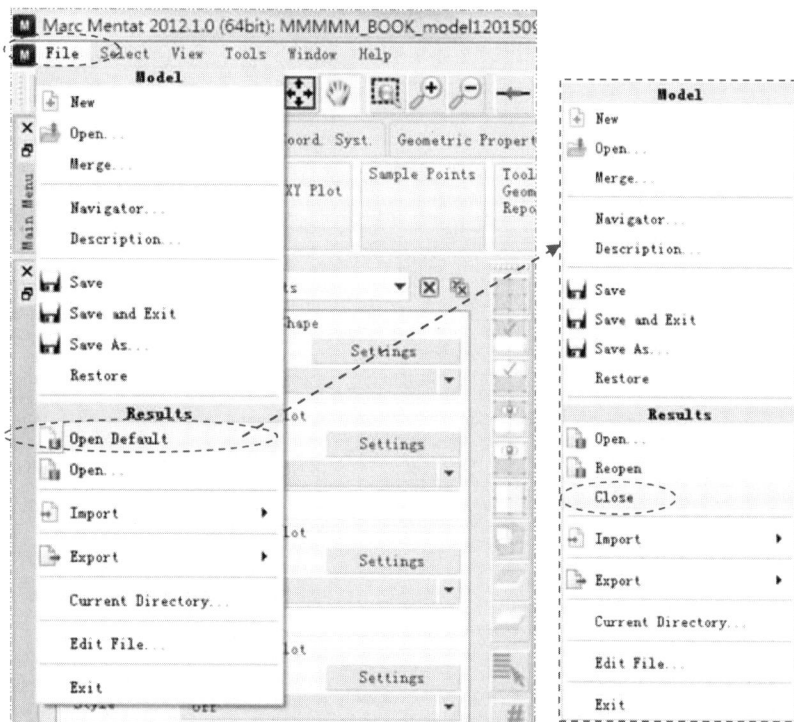

图 2-64　读入(Open)运算结果(Results)设置界面

在 MSC.Marc 2012 菜单工具栏中选中结果后处理 `Results` 界面，单击"模型显示" `Model Plot` 按钮，进入包含有控制分析结果显示的"Results"子菜单，如图 2-64 所示。MSC.Marc 2012 的后处理能力也很强大，但 MSC.Patran 2012 后处理结果功能更强，建议将计算输出结果文件*.t16 读入到 MSC.Patran 2012 中处理。以下仅对 MSC.Marc 2012 的后处理功能进行简单介绍。

在 `Model Plot Results` 菜单中，`Deformed Shape` 为变形图显示的控制栏，`Original` 为不显示变形图，在原始网格上显示，`Deformed` 为显示变形后的网格，`Deformed & Original` 为显示变形前后的网格；`Scalar Plot` 为指定要处理的变量，`Off` 为仅网格显示，`Contour Bands` 为带状云图显示，`Contour Centroid` 为单元中心值云图显示，`Contour Lines` 为等值线显示，`Symbols` 为色标显示，`Numerics` 为数值显示，`Iso-Surfaces` 为三维实体单元等值面显示，`Cutting Planes` 为切片显示，`Beam Contours` 为用色彩显示结果值沿线单元的变化，`Beam Values` 为用符号显示线单元的结果值，`Scalar` 按钮打开 `Select Post Scalar` 菜单，可选择需要显示的变量，该量必须在求解前在图 2-60 所示的 `Job Results` 菜单中设置；`Vector Plot` 为矢量显示的控制栏；`Tensor Plot` 为张量显示的控制栏；`Beam Diagram` 为梁图形控制栏。各栏中均有 `Settings` 按钮，可控制结果参数值的显示，如控制变形的放大比例、定义云图的范围、切面的法线等，如图 2-65 所示。

在 MSC.Marc 2012 结果后处理 `Results` 界面上，按钮的功能为显示倒回起始步结果；按钮的功能为显示返回之前一步的结果；按钮的功能为自动显示当前步以后的所有结果；按钮的功能为读下一个增量步结果到数据库中显示；按钮的功能为显示最后一个增量步的结果；按钮的功能为跳到指定的增量步，并将该增量步数读到数据库中显示；按钮的功能为跳过指定的增量步显示结果；按钮的功能为浏览后处理文件确定有哪些增量步在文件中；按钮的功能为结果文件导航设置。

另外，在 MSC.Marc 2012 结果后处理 `Results` 界面上，除了"模型显示" `Model Plot` 外，还有 `Path Plot` 为变量沿指定路径的分布显示方式，先选几个节点组成路径，后选择变量；`History Plot` 为变量历程显示方式，先定义要显示的节点号，从后处理文件读入、收集与这些节点相关的数据，指定要显示的变量；`Design Plot` 为图样显示方式；`Generalized XY Plot` 为整体坐标 XY 显示方式等。

为了满足高级用户的特殊需要和进行二次开发，MSC.Marc 2012 提供了方便的开放式用户环境。这些用户子程序入口儿乎覆盖了 MSC.Marc 2012 有限元分析的所有环节，从几何建模、网格划分、边界定义、材料选择到分析求解、结果输出、用户都能够访问并修改程序的默认设置。在 MSC.Marc 2012 软件的原有功能的框架下，用户能够极大地扩展 MSC.Marc 2012 有限元软件的分析能力。

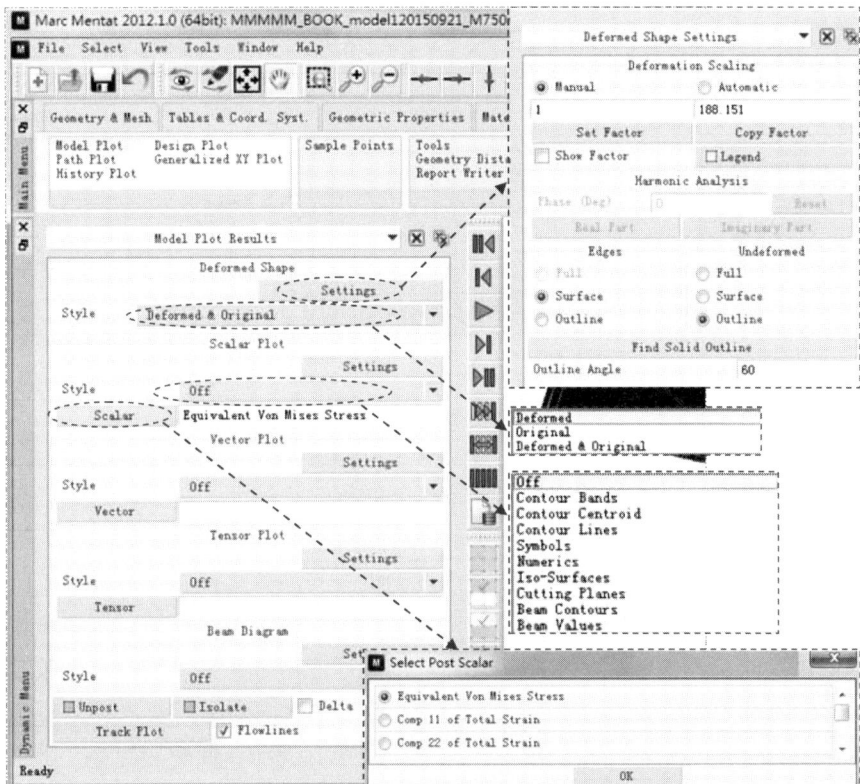

图 2-65　结果后处理(Results)设置界面

2.11　小结

本章简单介绍了数值仿真软件 MSC.Marc 2012 的菜单及工具栏分布，并与 MSC.Patran 2012 结合，通过 MSC.Marc 中 Mentat 获取 MSC.Patran 有限元运算模型的操作过程和方法。

第3章
某型野战火箭发动机结构完整性评估

野战火箭发动机是一种采用固体推进剂的化学火箭动力装置，由燃烧剂和氧化剂两者结合成一体，固化成一定的药柱形状后装入或以一定的形状直接浇注于发动机燃烧室内构成，是固体火箭发动机。与液体火箭发动机系统相比，固体火箭发动机具有体积比冲高、结构紧凑、反应快、可靠性高、制造和使用成本低以及能长期处于战备状态等优点，广泛地应用于军事领域、航天领域以及国民经济建设中。尤其是在军事领域中备受青睐，各种无控火箭弹，反坦克导弹，空空导弹，空地导弹，中近程地地、地空、舰地、舰空等导弹几乎全部采用固体火箭发动机作为一级或多级动力装置。

野战火箭发动机主要由燃烧室壳体、固体推进剂药柱、喷管和点火装置等部件组成。在固体导弹、火箭弹中，发动机的体积和质量占整体的65%以上，是固体导弹、火箭弹的动力装置和关键部件，是决定导弹、火箭弹性能的重要组成部分，其安全性、可靠性非常重要。发动机在其全寿命周期中承受的载荷历程复杂，通常需要经历浇注、固化降温、脱模、装配、运输、贮存和点火发射等过程，在这些历程中发动机主要承受温度、燃气内压和轴向过载等载荷的单独或联合作用，其结构完整性不容忽视。特别是对于陆军使用的战术导弹、火箭弹，为获得优良内弹道性能，发动机药型结构日趋复杂，而且使用温度范围宽、燃烧室建压快、内压高、轴向和横向过载大，在极端载荷的作用下发动机容易存在较为严重的结构完整性破坏而导致的安全性、可靠性问题。从已知的固体火箭的故障来看，发动机是导致灾难性故障的最主要原因之一。美国 AEROJET 公司就统计了 32 类任务中 14000 多发中小型固体导弹的发射情况，总失效率为 10.02%，而由于固体火箭发动机结构完整性破坏导致失败数占发动机失败总数的 98.4%。美国在 1986 年发生几次重大的航天固体助推器事故，如"挑战者"号航天飞机升空 58.8s 后爆炸、"大力神"D-9 第九次飞行试验失败以及 DELTA 发射失败都是因为固体火箭发动机结构完整性破坏而导致的，美国 NASA《空间飞行器设计规范》指出：引起热试或发射失败的主要原因是结构完整性破坏。固体火箭发动机出现安全性、可靠性问题归根结底是由于发动机结构完整性的破坏。

野战火箭发动机设计除满足战术技术性能要求外，还要满足结构完整性的要求。发动机结构完整性评估工作即判断发动机在各种可能的载荷和环境条件下，其结构完整性是否完好，即发动机的应力、应变是否满足强度准则，是否满足断裂力学的有关准则以及是否满足界面断裂力学准则。热试和点火发射时发动机主要承受载荷是燃气内压，而点火时燃气内压在几十至几百毫秒的时间里，燃烧室压力由工作环境的大气压迅速增至十几兆帕，在这一高温、高压及高应变率的恶劣环境下，试图通过试验测量真实发动机的响应无疑是异常困难的，再者，发动机地面静止试验是无法重现的，因此，基于大型商用数值仿真软件辅以高性能计算机的发动机结构完整性评估数值方法，可对野战火箭发动机在各种复杂载荷工况下的响应进行数值仿真，获取发动机点火发射时的位移场、应力场和应变场等完整的数字化虚拟试验结果，观测在试验中无法观测到的现象和数据，从而快速、经济和准确评估发动机结构完整性是否完好以及判断各种药型设计的优劣，为野战火箭发动机的设计、试验提供科学依据，可减少对发动机物理样机试验的依赖，节约研发经费，缩短研制周期。

目前，发动机设计方法还停留在试凑式阶段，通常是根据经验与概略估算先确定发动机的药型，通过大量的样机试验来摸索发动机的性能，这一过程有时会有较为严重的事故发生，往往需要反复更改设计和多次浇注发动机样机试验验证，这不仅耗费了大量的经费，而且延缓了研制进度。若在发动机设计阶段采用结构完整性评估数值方法，可便捷获取发动机在极端环境温度、轴向过载、燃气内压等载荷作用下的响应特性，判断发动机药型的设计质量，探讨在提高结构完整性下获取最佳内弹道药型的设计方案，特别是在指导应力应变集中部位的消除、肉厚、星槽尺寸、过渡段长度等结构设计上十分方便有效。同时，还可以获得发动机出现裂纹、脱粘、掉块或夹气等缺陷时的响应，评估缺陷对发动机安全性的影响，以及发动机药型确定以后，通过推进剂的老化性能，可以预估发动机在各种环境下的贮存寿命。因此，野战火箭发动机结构完整性评估数值方法可以贯穿发动机的全寿命历程，指导发动机设计、研制、生产、服役和退役，可为野战火箭发动机使用提供量化参考。

3.1 某型野战火箭发动机的有限元模型

建立野战火箭发动机有限元模型是进行发动机位移场、应力场、应变场计算，进而评估发动机结构完整性的基础。当前，现役野战火箭发动机药型结构多为星形翼柱或车轮形复杂结构，再加上发动机承受载荷种类多且十分复杂，而把发动机简化成圆柱形，仅取中间若干截面以二维有限元模型进行分析计算的方式，不但计算结果与实际情况有出入，而且工程中所关心发动机两端的情况无法获得，因此，需要建立发动机实际结构的三维有限元模型，同时单元划分规模应当足够大，并且考虑发动机包覆层和推进剂的黏弹性，才能更精确地反映整个发动机的位移场、应力场和应变场的情况，提高野战火箭发动机结构完整性评估的准确性。

3.1.1 某型野战火箭发动机的药型结构

发动机的几何形状和尺寸决定了发动机的燃气生成率及其变化规律，从而也决定了发动机的推力、压力随时间的变化等内弹道性能。此外，药柱的体积又决定了燃烧室的容积和质量，因此，发动机的几何形状在很大程度上影响导弹总体战术技术性能和质量指标。图 3-1 所示为某型野战火箭发动机的轴向和纵向剖面图，该发动机结构为复杂的含两个过渡段的变翼锥组合药型结构，属铸装式单室双推发动机，采用贴壁浇注的方式制造，壳体、包覆层、绝热层和推进剂药柱形成整体，共有 8 个对称的翼槽。

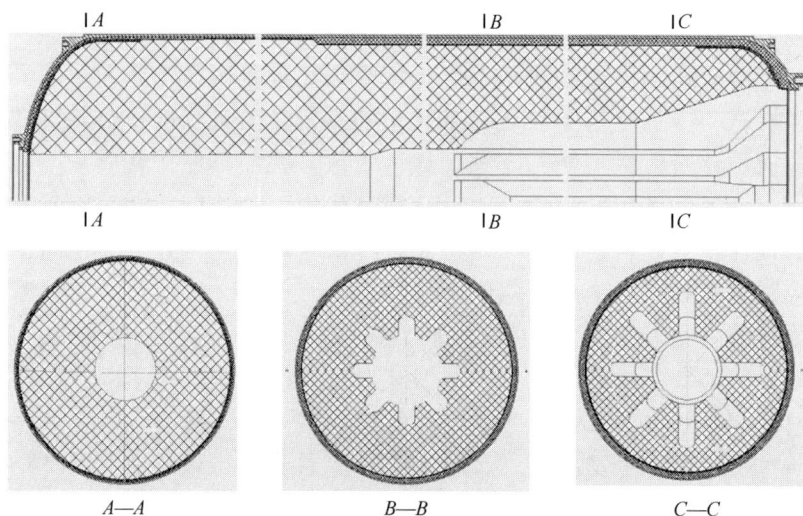

图 3-1　某型野战导弹发动机的轴向和纵向剖面示意图

　　该型号的发动机药型为绝热层与包覆层整体包覆的内燃药柱，其燃烧方向属于二维侧燃药柱。变翼锥组合的内燃药柱广泛应用于大型发动机上，其优点是：可以利用改变翼锥内孔几何参数来获得恒面性、减面性和增面性燃烧；燃烧室壁不与燃气直接接触而免于受热，工作时间可以增长；推进剂是直接浇注在燃烧室内的，便于解决药柱的成形与支承问题，且药柱对壳体的刚度还有增强的作用。但是该药型复杂，药模制造困难，在翼锥槽底及人工脱粘层等几何突变处往往存在应力应变集中现象，易导致裂纹萌生，使药柱强度降低，这是由于药型结构形状而产生的，是不可回避的问题，因此对该类型发动机的结构完整性分析特别是含缺陷时的结构完整性分析就显得尤为重要。

　　发动机主要由壳体、包覆层、绝热层和推进剂构成。壳体由钢制成，要求力学性能良好，即要有良好的短时间高温性能、成形性能和焊接性能，壳体为弹塑性材料。包覆层对发动机整体包覆，包覆层用以实现推进剂与绝热层牢固黏附的胶黏材料，为保证良好的黏结效果，包覆层与推进剂之间最有效的方式是在界面发生化学交联，因此要求包覆层和推进剂有良好的化学相似性，所以该包覆层的材料是采用与推进剂相同的黏合剂端羟基聚丁二烯(HTPB)即简称丁羟制成的，包覆层和推进剂均为黏弹性材料。

　　绝热层也对发动机整体包覆，主要作用是推进剂燃烧时保护发动机壳体，使其不失强、不烧穿。因此，要求绝热层不但要有抗烧蚀能力，而且要有防止热往壳体上传递即阻热的能力；另外，由于要实现与壳体和包覆层之间的黏结过渡，对绝热层的力学性能、工艺性能也有要求。要求其自粘性好、硫化速度快及与其它材料的互粘性好，绝热层为黏弹性材料。

　　发动机前后设置有人工脱粘层，并且后端人工脱粘层脱粘长度较大。由于柔软的药柱两端与刚硬的壳体相黏结，在这种几何与材料突变处，容易出现应力奇异。再加上发动机在固化降温时，药柱体积发生收缩，两端的药柱与壳体粘结界面周边容易发生脱粘，出现周边裂缝。工程上解决这一问题的方法是在两端设置人工脱粘层，以释放应力。在发动机点火启动时，燃气会进入人工脱粘层的缝隙。特别是在低温点火启动时，由于药柱收缩，使缝隙增大，燃气更易进入该缝隙。由于燃气会进入人工脱粘层缝隙，为防止被包覆的药柱表面点燃，因此人工脱粘片要有足够的厚度。通常厚度为1.5～2.5mm。当然对于一些大型发动机，由于缝隙内燃气压力作用，使缝隙很大，为避免人工脱粘片失去包覆作用，常在该缝隙内灌注密封材料。而本书所研究的野战火箭发动机是战术导弹的推进系统，其工作环境比较恶劣，为防止两端产生过大的应力集中，脱粘层在固化降温后保持脱离状态。

3.1.2 建立野战火箭发动机有限元计算模型

用 MSC.Patran 2012 创建发动机三维有限元计算模型，计算在各载荷工况下发动机的响应，进而评估发动机的结构完整性。从图 3-1 可见，发动机结构在几何上具有循环对称性，对称剖面为过翼锥体中心的直径有 4 个，过星槽中心的直径也是 4 个，总共有 8 个对称剖面，将发动机均分成完全对称的 16 等份，每一份的夹角为 22.5°。根据发动机所受载荷(固化降温的温度载荷、轴向过载和燃气内压)的轴对称性，在这些载荷的作用下，每一对循环对称部分的位移、应力和应变场是完全相同的，这给分析问题带来了极大的方便，在相同的有限元划分规模下，利用循环对称性可以使单元划分加密 16 倍，从而可以获得更高的计算精度，于是，可取如图 3-1 所示的发动机总体结构循环对称的 1/16 进行分析。在考虑位移边界条件时，根据对称性的特点，于对称面上在垂直于剖面的方向上设置位移简支条件(设置时注意要以柱坐标为参考坐标)。

1. 创建有限元网格

以下为创建图 3-1 所示某型野战火箭发动机有限元网格的主要操作步骤，基本方法是根据发动机几何尺寸，建立发动机剖面几何轮廓，再将建立的轮廓剖面划分为平面，然后生成平面网格，通过平面网格旋转、拉伸生成三维有限元模型。以下为应用 MSC.Patran 2012 建模的主要操作过程和步骤，同时，为了方便，采用 PCL 命令的用户，还给出了相应的 PCL 命令(图 3-2~图 3-99)。

1) 创建发动机剖面几何构型

步骤1

图 3-2　步骤 1 图

说明：新建一个名叫 SRMDEMO.db 的数据库文件。

PCL：uil_file_rebuild.start("D:\MSC.Software\MSC.Patran\2005_r2/template.db", @"E:\modeling\SRMDEMO.db")

步骤2

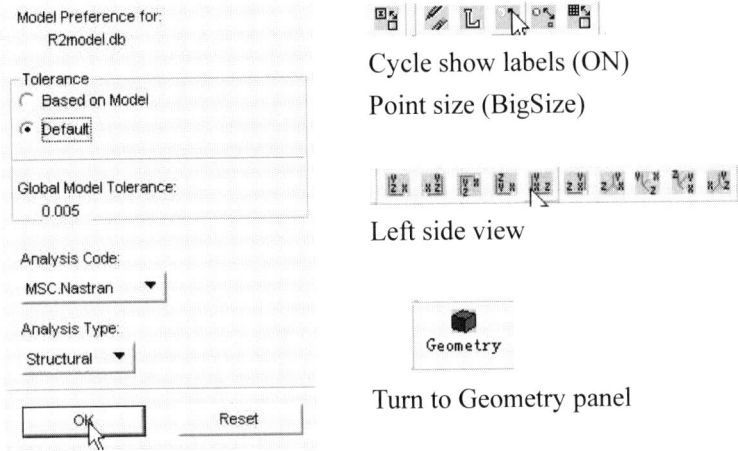

图 3-3 步骤 2 图

说明：建模准备工作。

PCL： uil_toolbar.labels_on(   )

point_size(9);

ga_view_aa_set(180., 90., 180.)

步骤3

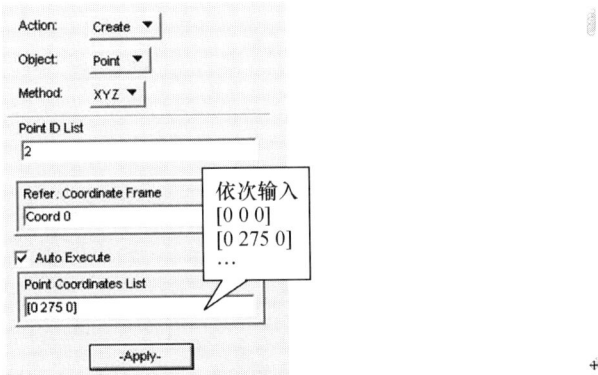

图 3-4 步骤 3 图

说明：建立发动机头部曲线的基准点，依次为椭圆曲线圆心和壳体外表面、壳体与头部人工脱粘层上层界面、头部人工脱粘层下层与底层间隙、头部人工脱粘层底层与包覆层界面、包覆层与推进剂界面基准点，基准点采用输入坐标方式创建。

PCL： asm_const_grid_xyz("1", "[0 0 0]", "Coord 0",   @

asm_create_grid_xyz_created_ids)

步骤 4

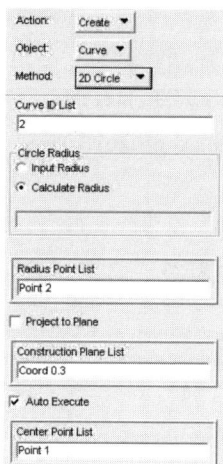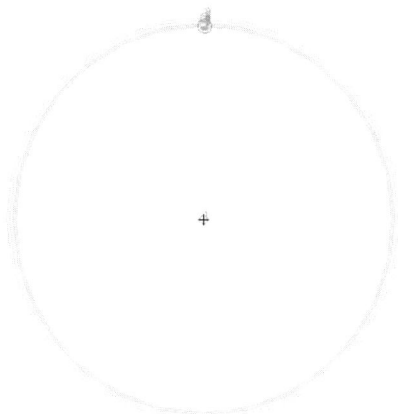

图 3-5 步骤 4 图

说明：创建头部椭圆曲线-1，首先利用基准点，创建圆形曲线。

PCL：sgm_const_curve_2d_circle_v2("1", 2, 0., "Coord 0.3", "Point 2", "Point 1", FALSE, sgm_create_curve_2d_created_ids);

步骤 5

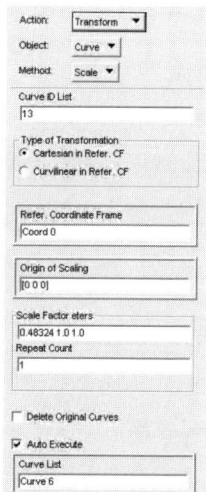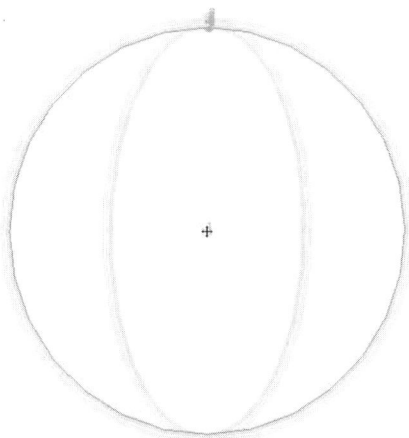

图 3-6 步骤 5 图

说明：创建头部椭圆曲线-2。对圆形曲线进行变换操作，生成椭圆曲线。各圆形曲线变换成椭圆的变换系数需要根据椭圆长短轴之比计算确定。

PCL：sgm_transform_scale("12", "curve", [0.48324001, 1., 1.], "[0 0 0]", "Coord 0", 1, FALSE, "Curve 6", sgm_transform_curve_created_ids)

步骤6

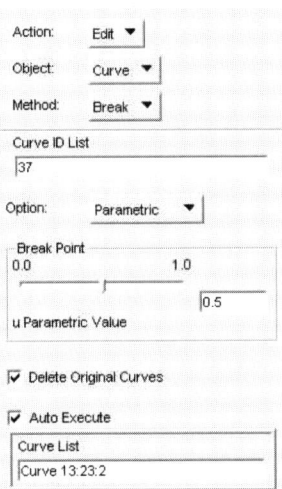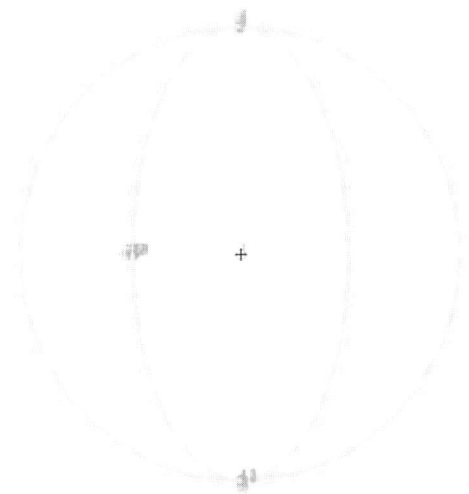

图 3-7　步骤 6 图

说明：打断曲线。将完整的椭圆曲线等分为四部分。

PCL：sgm_edit_curve_break_parametric("25", 0.5, "Curve 13:23:2", TRUE, sgm_curve_break_par_created_ids)

步骤7

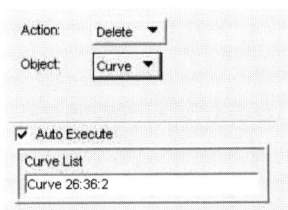

图 3-8　步骤 7 图

说明：删除多余的曲线，只保留头部 1/4 椭圆曲线。

PCL：asm_delete_curve("Curve 1:6", asm_delete_curve_deleted_ids)

asm_delete_curve("Curve 14:24:2", asm_delete_curve_deleted_ids)

asm_delete_curve("Curve 26:36:2", asm_delete_curve_deleted_ids)

步骤 8

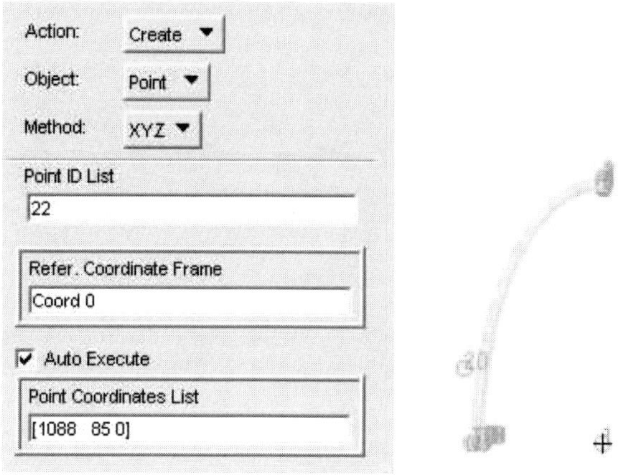

图 3-9　步骤 8 图

说明：创建基准点。确定药柱内腔边界。

PCL：asm_const_grid_xyz("21", "[1088　85　0]", "Coord　0", asm_create_grid_xyz_created_ids)

步骤 9

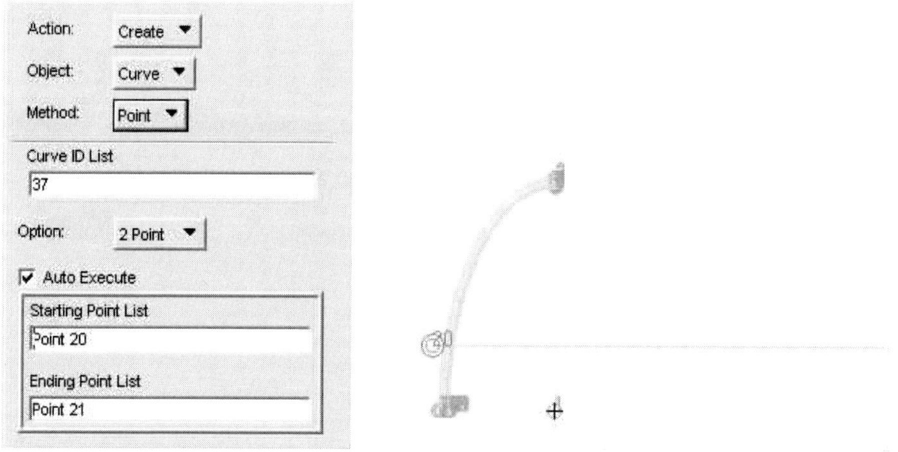

图 3-10　步骤 9 图

说明：创建药柱内腔边界直线。

PCL：

asm_const_line_2point("36", "Point 20", "Point 21", 0, "", 50., 1, asm_line_2point_created_ids)

步骤 10

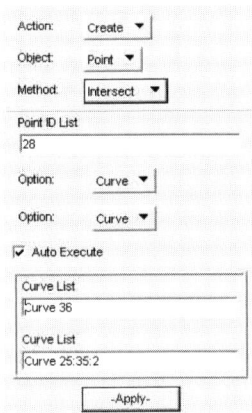

图 3-11　步骤 10 图

说明：用 Intersect 工具建点，得到药柱内腔边界直线与头部椭圆曲线的交点。

PCL： asm_const_grid_intersect_v1("22", "Curve 36", "Curve 25:35:2", asm_create_grid_int_created_ids)

步骤 11

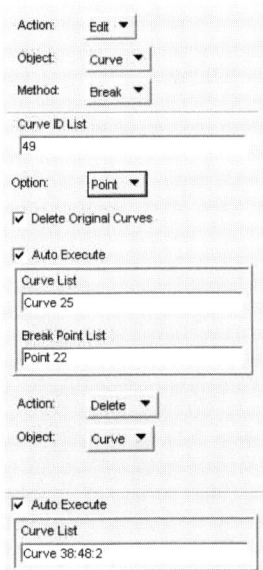

图 3-12　步骤 11 图

说明：用生成的点打断并删除多余的曲线。

PCL：sgm_edit_curve_break_point("47", "Point 22", "Curve 25", TRUE, sgm_curve_break_poi_created_ids)

asm_delete_curve("Curve 38:48:2", asm_delete_curve_deleted_ids)

步骤 12

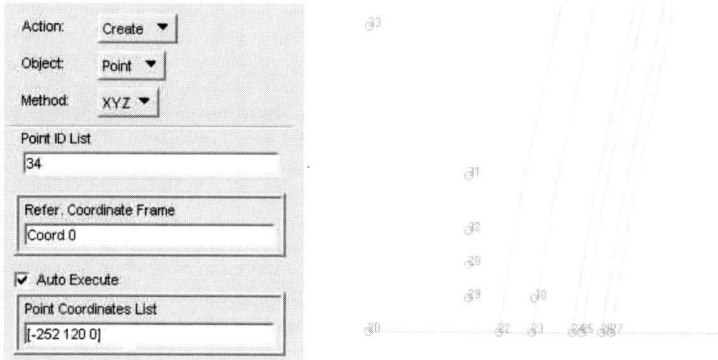

图 3-13　步骤 12 图

说明：继续创建头部轮廓基准点。

PCL：asm_const_grid_xyz("33", "[-252 120 0]", "Coord 0", asm_create_grid_
xyz_created_ids)

步骤 13

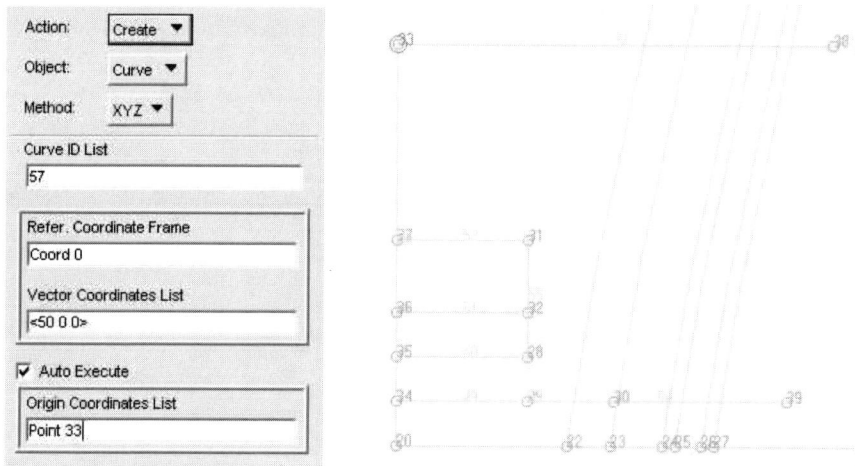

图 3-14　步骤 13 图

说明：用 Point、Normal、XYZ 等方法创建头部其它直线。

PCL：

asm_const_line_2point("48", "Point 33", "Point 20", 0, "", 50., 1, asm_line_
2point_created_ids)
asm_const_line_normal("53", "Point 29", "Curve 45", asm_create_line_nor_created_ids)
asm_const_grid_xyz("33", "[-252 120 0]", "Coord 0", asm_create_grid_xyz_created_ids)

步骤 14

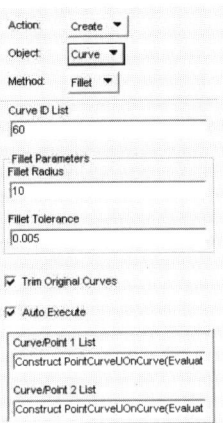

图 3-15   步骤 14 图

说明：作倒角，半径 10。

PCL：sgm_const_curve_fillet("59", 10., TRUE, "Construct PointCurveUOnCurve (Evaluate Geometry([-163.058731 192.491241 0.000000]))(Evaluate Geometry (Curve 57))", "Construct PointCurveUOnCurve(Evaluate Geometry(Point 33)) (Evaluate Geometry(Curve 56))", asm_create_line_fil_created_ids)

步骤 15

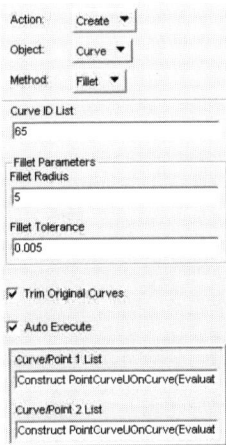

图 3-16   步骤 15 图

说明：作倒角，半径 5。

PCL：sgm_const_curve_fillet("62", 5., TRUE, "Construct PointCurveUOnCurve (Evaluate Geometry([-170.944336 141.464233 0.000000]))(Evaluate Geometry (Curve 60))", "Construct PointCurveUOnCurve(Evaluate Geometry(Point 32)) (Evaluate Geometry(Curve 51))", asm_create_line_fil_created_ids)

步骤 16

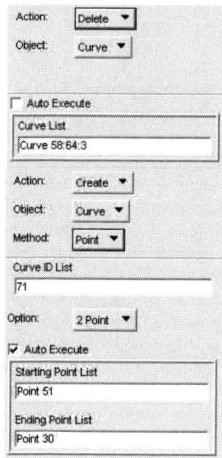

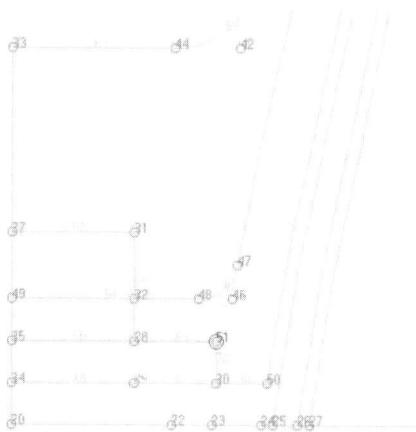

图 3-17　步骤 16 图

说明：删除多余的曲线，创建新的头部轮廓曲线。

PCL：asm_delete_curve("Curve 58:64:3", asm_delete_curve_deleted_ids)asm_const_line_2point("70", "Point 51", "Point 30", 0, "", 50., 1, asm_line@_2point_created_ids)

步骤 17

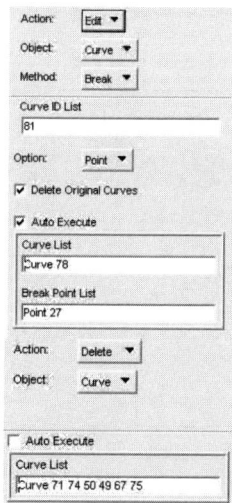

图 3-18　步骤 17 图

说明：断开并删除相关曲线。

PCL：sgm_edit_curve_break_point("79", "Point 27", "Curve 78", TRUE, sgm_curve_break_@poi_created_ids)

asm_delete_curve("Curve 71 74 50 49 67 75", asm_delete_curve_deleted_ids)

步骤18

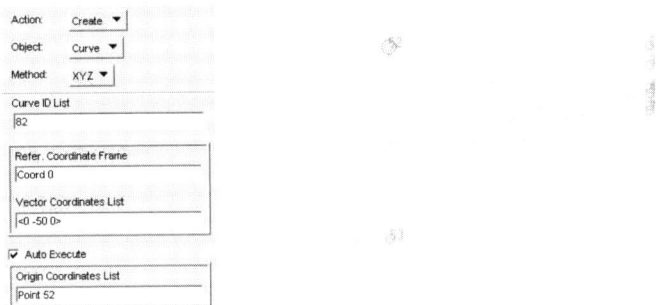

图 3-19　步骤 18 图

说明：创建特征点，并作直线，与头部椭圆曲线相交。

PCL：asm_const_line_xyz("81", "<0 -50 0>", "Point 52", "Coord 0", asm_create_line_xyz_created_ids)

步骤19

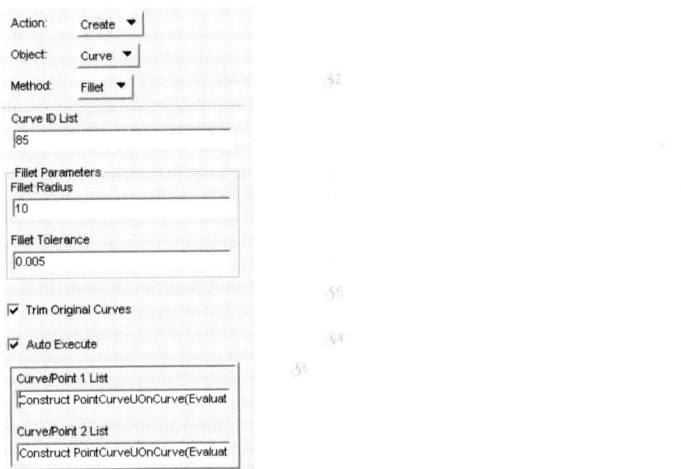

图 3-20　步骤 19 图

说明：使用曲线相交的方法生成交点，用生成的交点断开外部椭圆轮廓曲线，然后作半径为 10 的倒角曲线。

PCL：

asm_const_grid_intersect_v1("54", "Curve 81", "Curve 57", asm_create_grid_int_created_ids)

sgm_edit_curve_break_point("82", "Point 54", "Curve 57", TRUE, sgm_curve_break_poi_created_ids)

sgm_const_curve_fillet("84", 10., TRUE, "Construct PointCurveUOnCurve(Evaluate Geometry(Point 52))(Evaluate Geometry(Curve 81))", "Construct PointCurveUOnCurve(Evaluate Geometry([-100.856079 317.806458 0.000000]))(Evaluate Geometry(Curve 83))", asm_create_line_fil_created_ids)

步骤 20

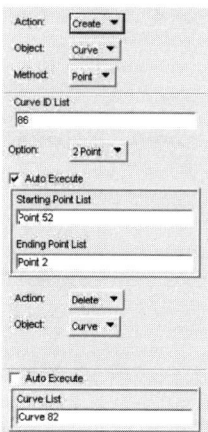

图 3-21　步骤 20 图

说明：创建连接直线，并删除多余的曲线。

PCL：asm_const_line_2point("85", "Point 52", "Point 2", 0, "", 50., 1, asm_line_2point_created_ids)
asm_delete_curve("Curve 82", asm_delete_curve_deleted_ids)

步骤 21

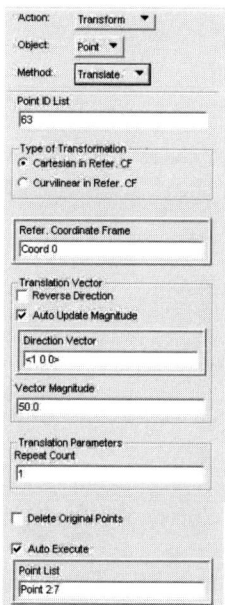

图 3-22　步骤 21 图

说明：复制轮廓曲线所需的特征点。

PCL：asm_transform_grid_translate_1("57", "<1 0 0>", 50., FALSE, "Coord 0", 1, FALSE, FALSE, "Point 2:7", sgm_transform_point_created_ids)

步骤 22

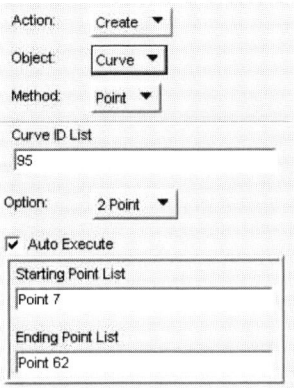

图 3-23　步骤 22 图

说明：建线。

PCL：asm_const_line_2point("94", "Point 7", "Point 62", 0, "", 50., 1, asm_line_2point_created_ids)

步骤 23

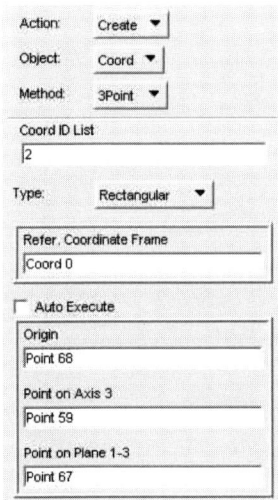

图 3-24　步骤 23 图

说明：创建特征点，并以特征点为原点，建立坐标系。

PCL：

asm_const_coord_3point("1", "Coord 0", 1, "Point 68", "Point 59", "Point 67", asm_create_cord_3po_created_ids)

步骤 24

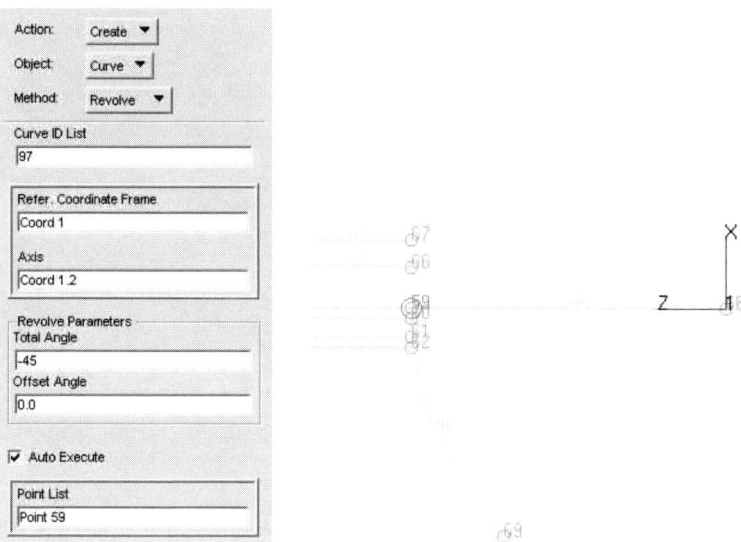

图 3-25 步骤 24 图

说明：在新建坐标系下，以原点为圆心，作 45°圆弧。

PCL：sgm_const_curve_revolve("96", "Coord 1.2", -45., 0., "Coord 1", "Point 59", sgm_sweep_curve_rev_created_ids)

步骤 25

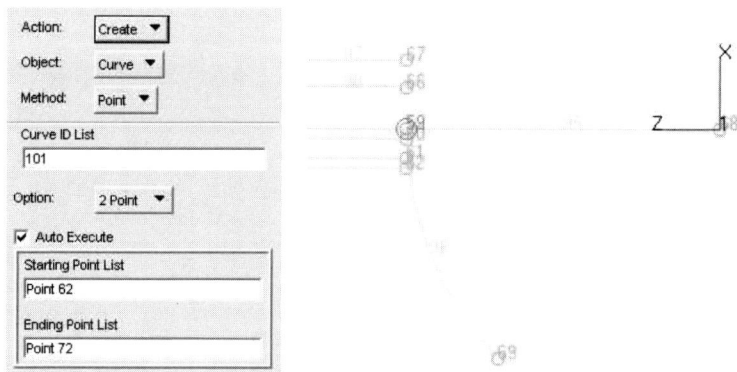

图 3-26 步骤 25 图

说明：平移，复制特征点，创建药柱与包覆层结合面的过渡曲线轮廓(过渡角 45°)。

PCL：asm_transform_grid_translate_1("70", "<50 0 0>", 50., FALSE, "Coord 0", 1, FALSE, FALSE, "Point 60:62", sgm_transform_point_created_ids)

asm_const_line_2point("100", "Point 62", "Point 72", 0, "", 50., 1, asm_line_2point_created_ids)

步骤 26

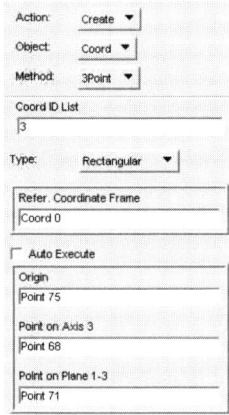

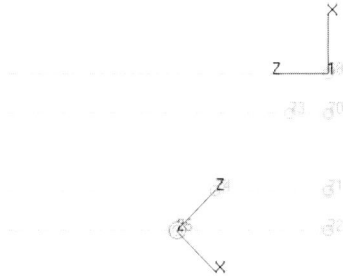

图 3-27　步骤 26 图

说明：用直线相交的方法建点；根据建立的点和过渡曲线，建立坐标系。

PCL：asm_const_grid_intersect_v1("75", "Curve 100", "Curve 97", asm_create_grid_int_created_ids)

asm_const_coord_3point("2", "Coord 0", 1, "Point 75", "Point 68", "Point 71", asm_create_cord_3po_created_ids)

步骤 27

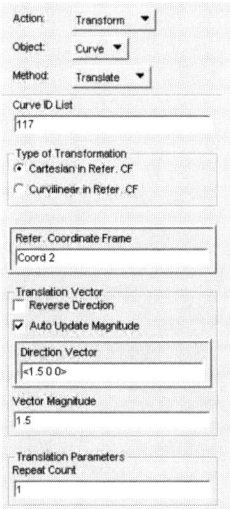

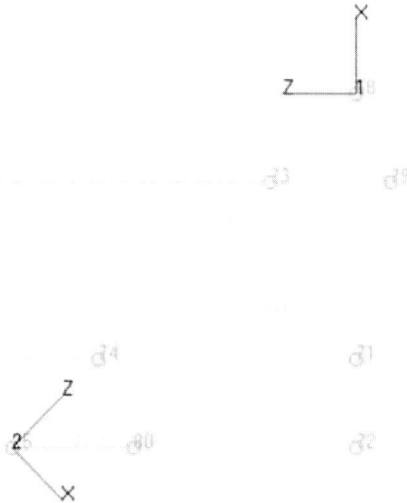

图 3-28　步骤 27 图

说明：以新建坐标系作为参考坐标系，平移过渡曲线；断开并删除不必要的线段。

PCL：sgm_transform_translate_v1("101", "curve", "<1.5 0 0>", 1.5, FALSE, "Coord 2" @, 1, FALSE, "Curve 97", sgm_transform_curve_created_ids)

asm_delete_curve("Curve 107 103 105 96 108 110", asm_delete_curve_deleted_ids)

步骤 28

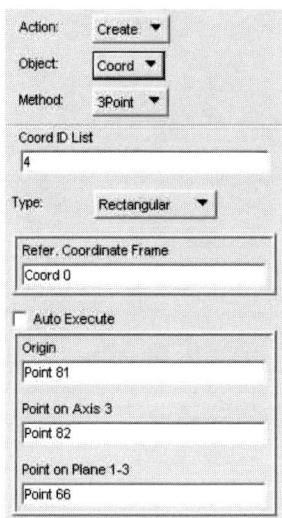

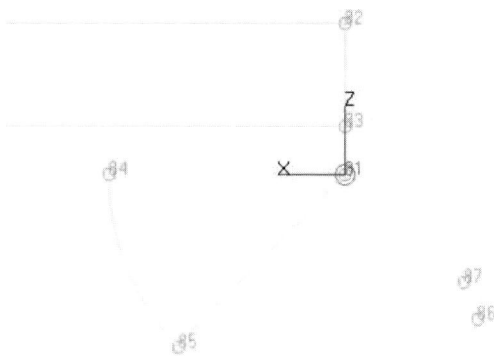

图 3-29 步骤 28 图

说明：创建坐标系，生成过渡曲线。

PCL：asm_const_coord_3point("3", "Coord 0", 1, "Point 81", "Point 82", "Point 66", asm_create_cord_3po_created_ids);

sgm_const_curve_revolve("121", "Coord 3.2", 45., 0., "Coord 3", "Point 84", sgm_sweep_curve_rev_created_ids);

asm_const_line_2point("122", "Point 81", "Point 85", 0, "", 50., 1, asm_line_2point_created_ids)

步骤 29

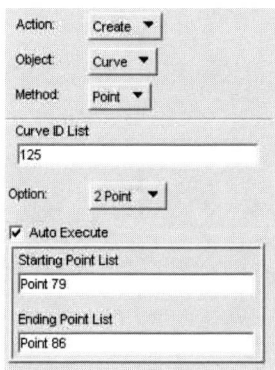

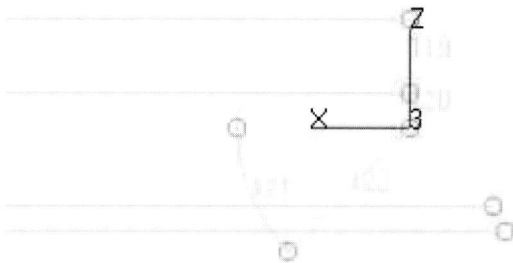

图 3-30 步骤 29 图

说明：延长包覆层边界线，与过渡线相交。

PCL：asm_const_grid_xyz("52", "[0 150　3030]", "Coord 0",　@ asm_create_grid_xyz_created_ids)

步骤 30

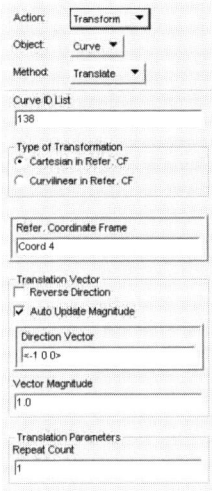

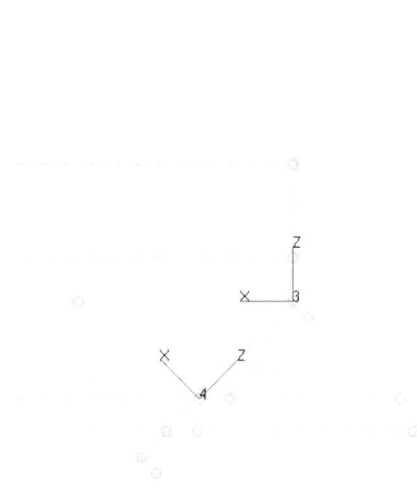

图 3-31　步骤 30 图

说明：在新建直角坐标系 4 中，通过平移变换，复制包覆层边界线，完成包覆层过渡段边界的创建。

PCL：sgm_transform_translate_v1("125", "curve", "<-1 0 0>", 1., FALSE, "Coord 4",　@1, FALSE, "Curve 122", sgm_transform_curve_created_ids)

步骤 31

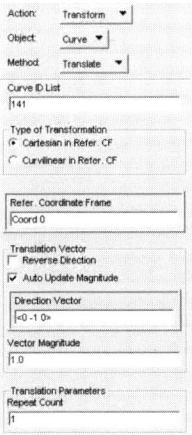

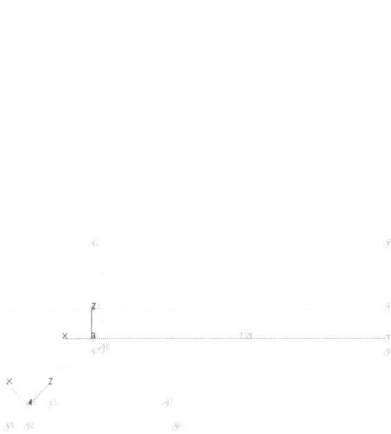

图 3-32　步骤 31 图

说明：生成并平移直线，完成前端壳体、绝热层和包覆层边界。

PCL：asm_transform_grid_translate_1("94", "<20 0 0>", 20., FALSE, "Coord 0", 1,　@ FALSE, FALSE, "Point 81:83", sgm_transform_point_created_ids)
sgm_transform_translate_v1("140", "curve", "<0 -1 0>", 1., FALSE, "Coord 0", 1, FALSE, "Curve 139", sgm_transform_curve_created_ids)

步骤 32

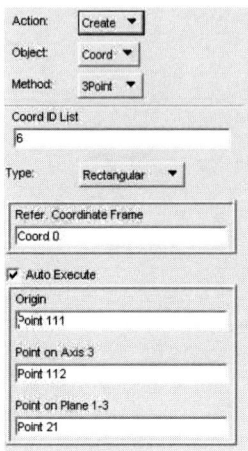

图 3-33　步骤 32 图

说明：确定尾部椭圆曲线中心坐标，并以该点为原点建立坐标系。

PCL：asm_const_coord_3point("5", "Coord 0", 1, "Point 111", "Point 112", "Point 21", asm_create_cord_3po_created_ids)

步骤 33

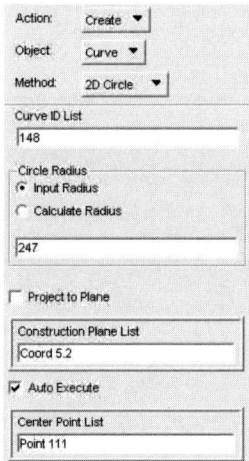

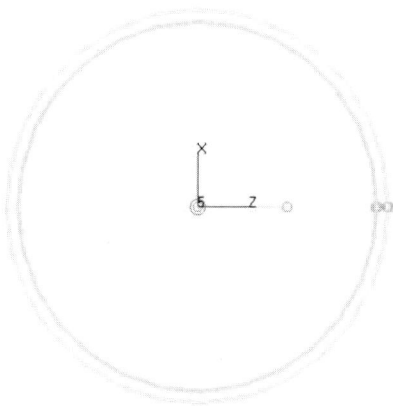

图 3-34　步骤 33 图

说明：建立发动机尾部壳体外表面、壳体与头部人工脱粘层上层界面、头部人工脱粘层下层与底层间隙、头部人工脱粘层底层与包覆层界面、包覆层与推进剂界面的初始曲线，经变换后生成最终的椭圆曲线。

PCL：sgm_const_curve_2d_circle_v2("147", 1, 247., "Coord 5.2", "Point 7", "Point 111", FALSE, sgm_create_curve_2d_created_ids)

步骤 34

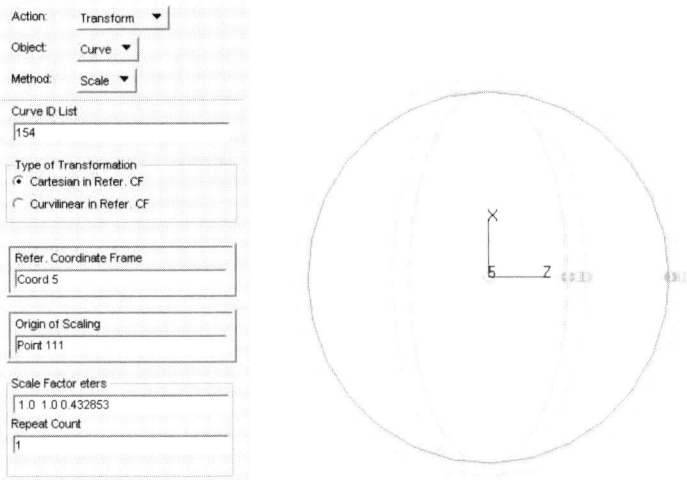

图 3-35　步骤 34 图

说明：生成尾部椭圆曲线。

PCL：sgm_transform_scale("153", "curve", [1., 1., 0.43285301], "Point 111", "Coord 5", 1, FALSE, "Curve 147", sgm_transform_curve_created_ids)

步骤 35

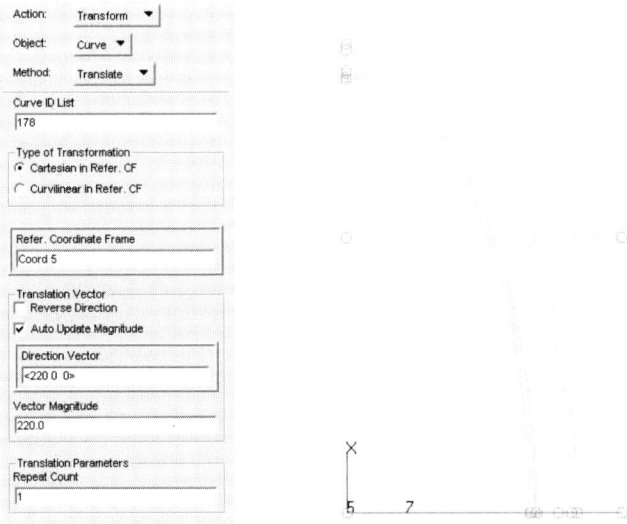

图 3-36　步骤 35 图

说明：平移线段。

PCL：sgm_transform_translate_v1("177", "curve", "<220 0　0>", 220., FALSE, "Coord 5", 1, FALSE, "Curve 141", sgm_transform_curve_created_ids)

步骤 36

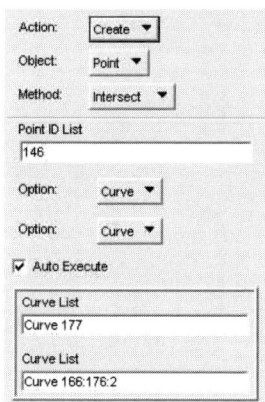

图 3-37　步骤 36 图

说明：生成曲线交点。

PCL：asm_const_grid_intersect_v1("140", "Curve 177", "Curve 166:176:2", asm_create_grid_int_created_ids)

步骤 37

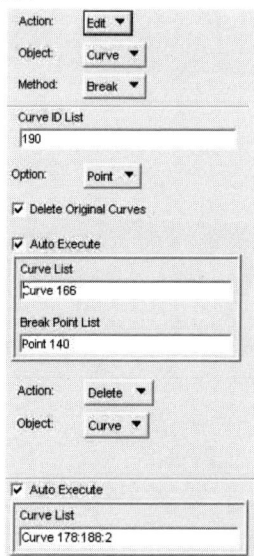

图 3-38　步骤 37 图

说明：断开并删除线段。

PCL：sgm_edit_curve_break_point("188", "Point 140", "Curve 166", TRUE, sgm_curve_break_poi_created_ids)

asm_delete_curve("Curve 178:188:2", asm_delete_curve_deleted_ids)

步骤 38

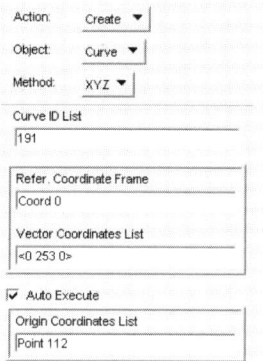

图 3-39　步骤 38 图

说明：过尾部基准点作线段。

PCL：asm_const_line_xyz("190", "<0　253　0>", "Point　112", "Coord　0", asm_create_line_xyz_created_ids)

步骤 39

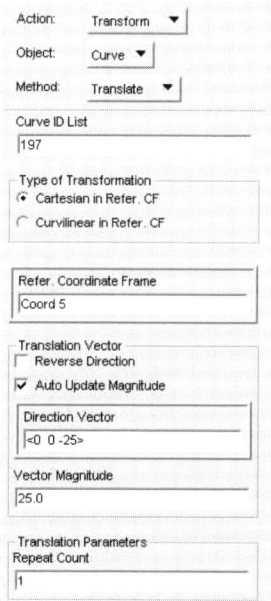

图 3-40　步骤 39 图

说明：在 X、Y 方向平移复制线段，以确定尾部结构外形。

PCL：sgm_transform_translate_v1("196", "curve", "<0　0 -25>", 25., FALSE, "Coord 5", 1, FALSE, "Curve 195", sgm_transform_curve_created_ids)

步骤 40

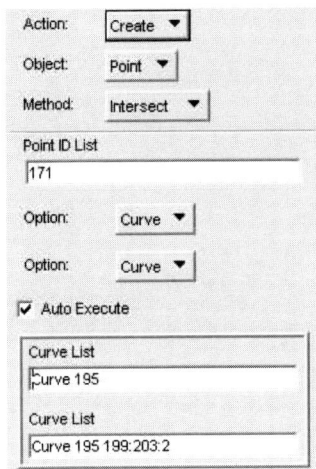

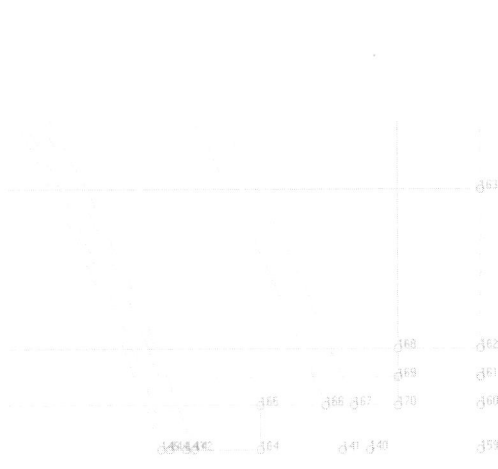

图 3-41　步骤 40 图

说明：生成线段交点，用生成的交叉点断开相关线段，再删除多余的曲线。有关操作过程与头部曲线操作类似，此处不再赘述。

PCL：asm_const_grid_intersect_v1("168", "Curve 195", "Curve 195 199:203:2", @ asm_create_grid_int_created_ids)

步骤 41

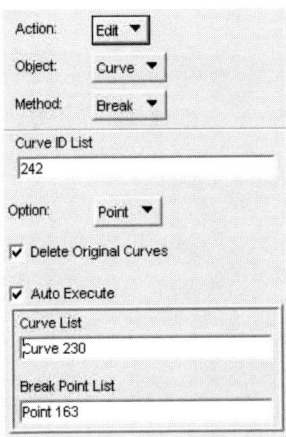

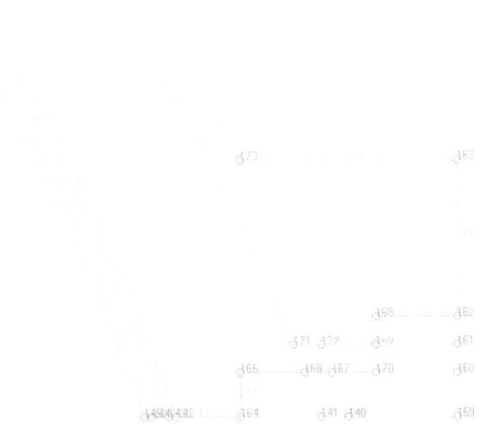

图 3-42　步骤 41 图

说明：继续上述生成交点—断开—删除线段操作。

PCL：sgm_edit_curve_break_point("241", "Point 163", "Curve 230", TRUE, @ sgm_curve_break_poi_created_ids)

步骤 42

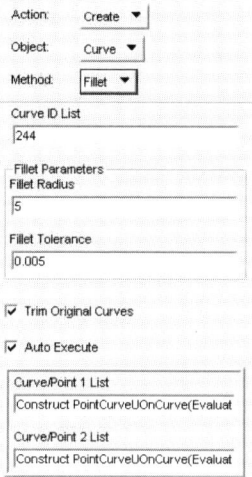

图 3-43　步骤 42 图

说明：生成倒角。

PCL： sgm_const_curve_fillet("243", 5., TRUE, "Construct PointCurveUOn Curve(Evaluate Geometry(Point 169))(Evaluate Geometry(Curve 232))", "Construct PointCurveUOnCurve(Evaluate Geometry([3509.062988 252.847946 0.000000])) (Evaluate Geometry(Curve 234))", asm_create_line_fil_created_ids)

步骤 43

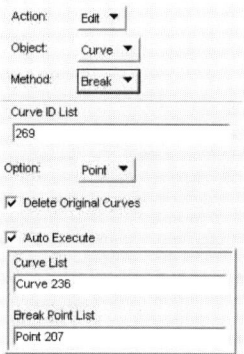

图 3-44　步骤 43 图

说明：继续用生成交点—断开—删除线段操作，生成尾部其它轮廓曲线。

PCL：sgm_edit_curve_break_point("267", "Point 207", "Curve 236", TRUE, sgm_ curve_break_poi_created_ids)

步骤 44

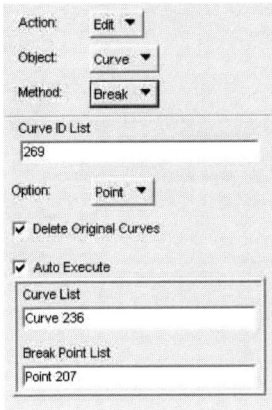

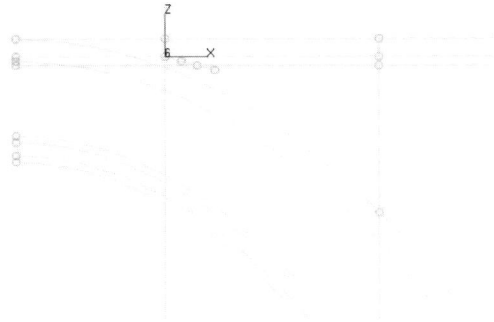

图 3-45　步骤 44 图

说明：继续用生成交点—断开—删除线段操作，生成尾部其它轮廓曲线。

PCL：sgm_edit_curve_break_point("267", "Point 207", "Curve 236", TRUE, sgm_curve_break_poi_created_ids)

步骤 45

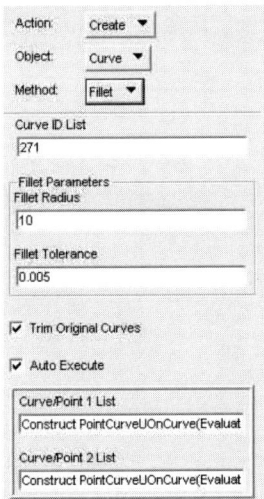

图 3-46　步骤 45 图

说明：删除多余线段并生成倒角。

PCL：sgm_const_curve_fillet("270", 10., TRUE, "Construct PointCurveUOnCurve (Evaluate Geometry(Point 202))(Evaluate Geometry(Curve 269))", "Construct PointCurveUOnCurve(Evaluate Geometry(Point 175))(Evaluate Geometry(Curve 267))", asm_create_line_fil_created_ids)

步骤 46

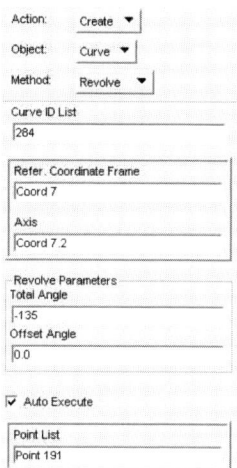

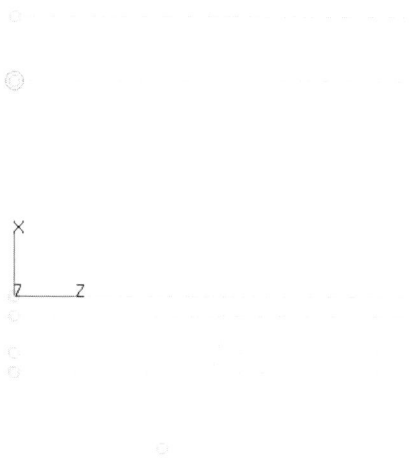

图 3-47　步骤 46 图

说明：生成坐标系 7，在新坐标系下确定尾部药柱与包覆层结合面的过渡曲线位置(过渡角 45°)。

PCL：sgm_const_curve_revolve("283", "Coord 7.2", -135., 0., "Coord 7", "Point 191", sgm_sweep_curve_rev_created_ids)

步骤 47

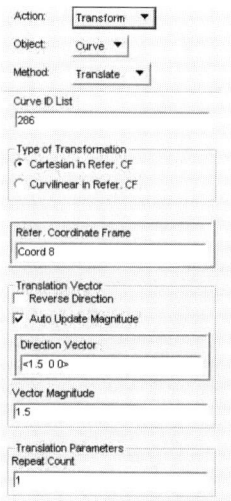

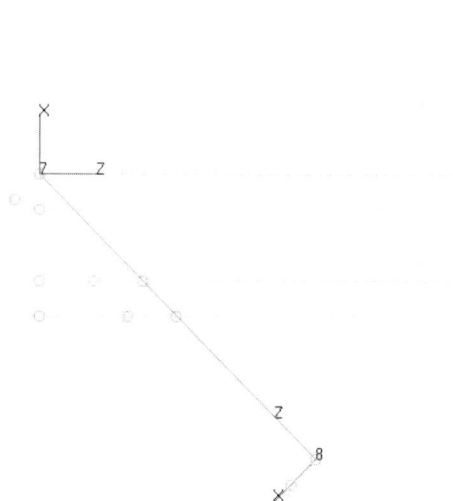

图 3-48　步骤 47 图

说明：生成新坐标系 8，平移过渡直线。

PCL：sgm_transform_translate_v1("285", "curve", "<1.5　0 0>", 1.5, FALSE, "Coord 8", 1, FALSE, "Curve 284", sgm_transform_curve_created_ids)

步骤 48

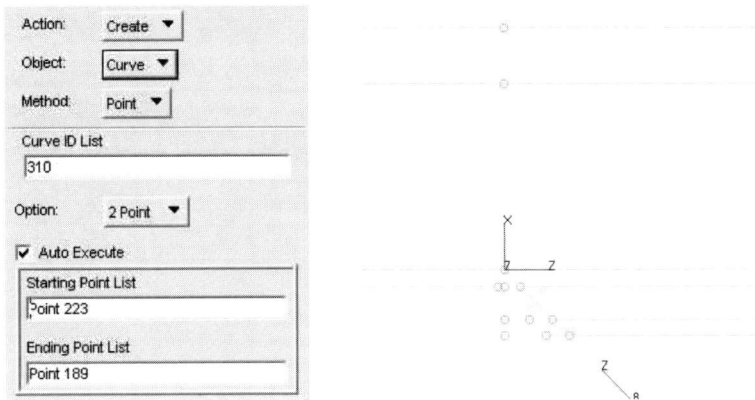

图 3-49　步骤 48 图

说明：用生成交点—断开—删除线段操作，完成装药与包覆层过渡边界曲线的创建。创建特征点，继续完成其它部分的壳体、绝热层、包覆层边界线。

PCL：asm_const_line_2point("306", "Point 223", "Point 189", 0, "", 50., 1,　@
asm_line_2point_created_ids)

步骤 49

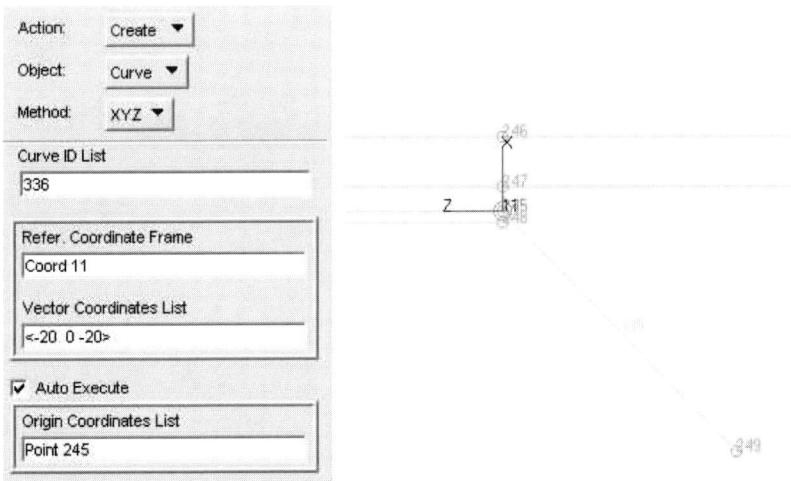

图 3-50　步骤 49 图

说明：创建特征点和坐标系 11，同时在新坐标系下作装药和包覆层过渡边界线。

PCL：asm_const_line_xyz("335", "<-20　0 -20>", "Point 245", "Coord 11",
asm_create_line_xyz_created_ids)

步骤 50

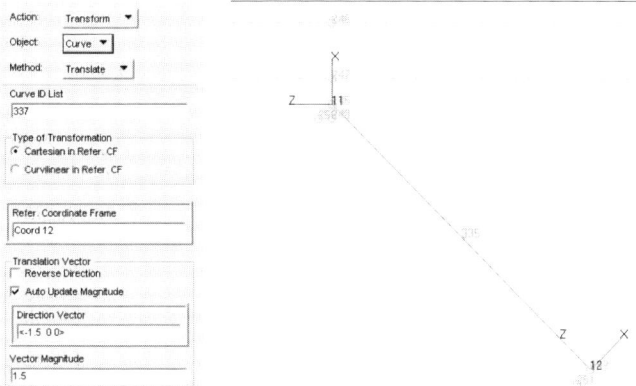

图 3-51　步骤 50 图

说明：平移复制过渡曲线。

PCL：sgm_transform_translate_v1("337", "curve", "<-1.5 0 0>", 1., FALSE, "Coord 12", 1, FALSE, "Curve 335", sgm_transform_curve_created_ids)

步骤 51

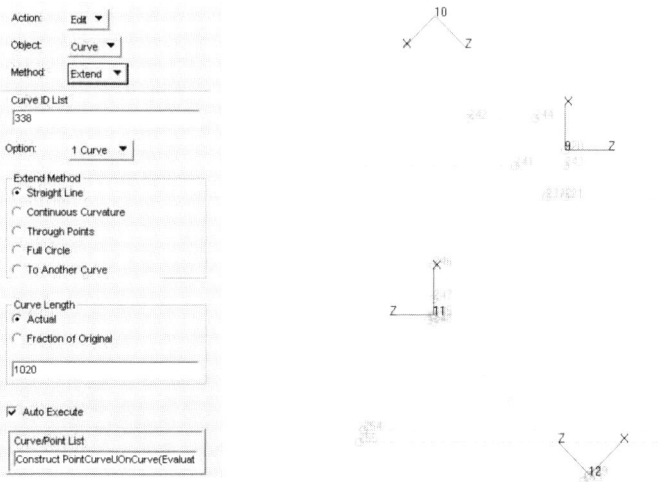

图 3-52　步骤 51 图

说明：延长包覆层边界线，与过渡线相交。

PCL：sgm_edit_curve_extend_1curve_v1("338", 1, 1, 1020., "Construct PointCurveUOnCurve(Evaluate Geometry(Point 236))(Evaluate Geometry(Curve 326))", sgm_curve_extend_1c_created_ids)

sgm_edit_curve_extend_1curve_v1("338", 1, 1, 1020., "Construct PointCurveUOnCurve(Evaluate Geometry(Point 240))(Evaluate Geometry(Curve 328))", sgm_curve_extend_1c_created_ids)

步骤 52

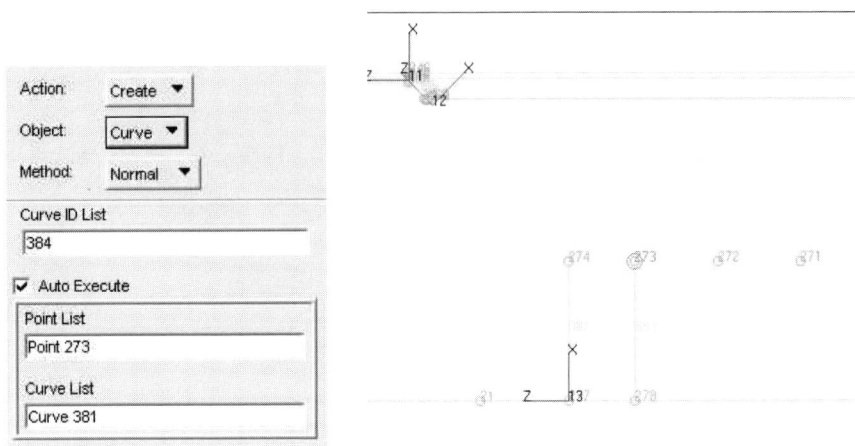

图 3-53　步骤 52 图

说明：建坐标系 13，并经过特征点向药柱内边界线作垂线。

PCL：asm_const_line_normal("383", "Point 273", "Curve 381", asm_create_line_nor_created_ids)

步骤 53

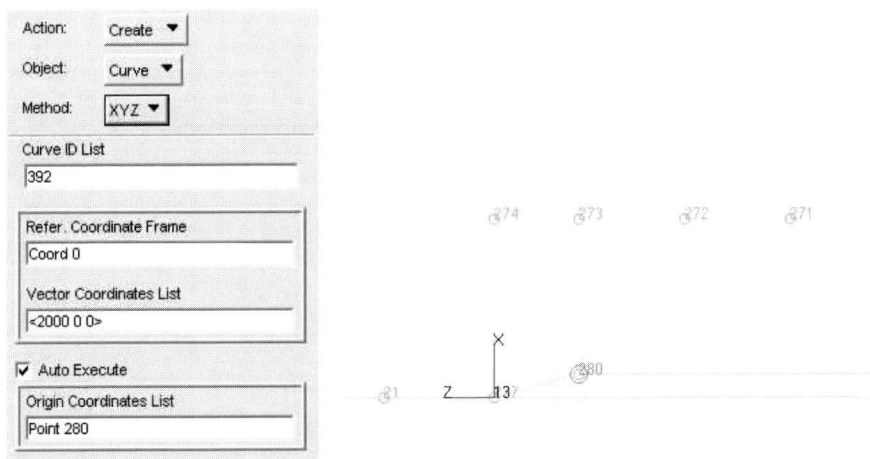

图 3-54　步骤 53 图

说明：生成过渡线，并以此线一端为基点，作 X 方向延长线。

PCL：asm_const_line_xyz("391", "<2000 0 0>", "Point 280", "Coord 0", asm_create_line_xyz_created_ids)

步骤 54

图 3-55　步骤 54 图

说明：作药柱尾部圆柱面与后翼锥面相交线的过渡倒角。

PCL：sgm_const_curve_fillet("394", 20., TRUE, "Construct PointCurveUOnCurve (Evaluate Geometry([3420.318848 200.449493 0.000000]))(Evaluate Geometry (Curve 392))", "Construct PointCurveUOnCurve(Evaluate Geometry(Point 269)) (Evaluate Geometry(Curve 393))", asm_create_line_fil_created_ids)

步骤 55

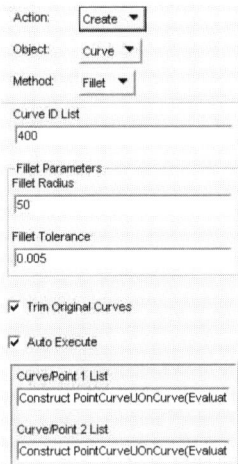

图 3-56　步骤 55 图

说明：作后翼锥下边界线过渡倒角。

PCL：sgm_const_curve_fillet("399", 50., TRUE, "Construct PointCurveUOnCurve (Evaluate Geometry(Point 287))(Evaluate Geometry(Curve 395))", "Construct PointCurveUOnCurve(Evaluate Geometry([3194.050049 120.005135 0.000000]))(Evaluate Geometry(Curve 397))", asm_create_line_fil_created_ids)

147

步骤 56

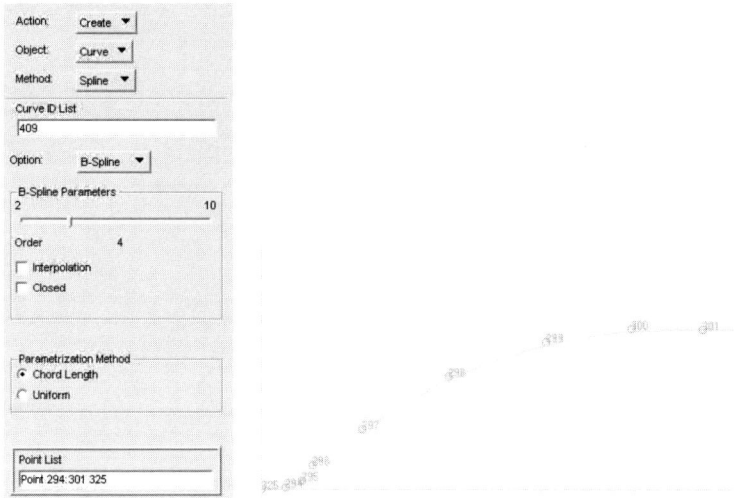

图 3-57　步骤 56 图

说明：创建翼锥面与过渡沟槽面顶部交线的投影曲线。

PCL：sgm_const_curve_bspline("408", "Point 325 294:301", 4, FALSE, 1, FALSE, sgm_curve_bspline_created_ids)

步骤 57

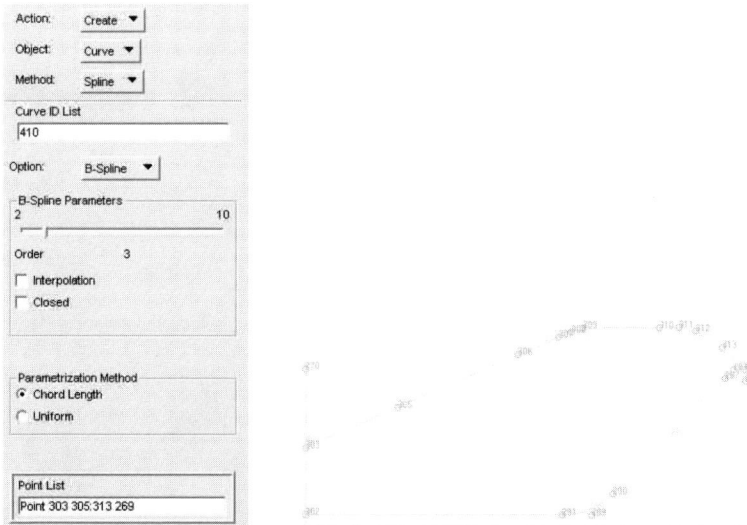

图 3-58　步骤 57 图

说明：作沟槽顶部与翼锥面的交线。

148

2) 划分发动机平面剖面图

步骤 58

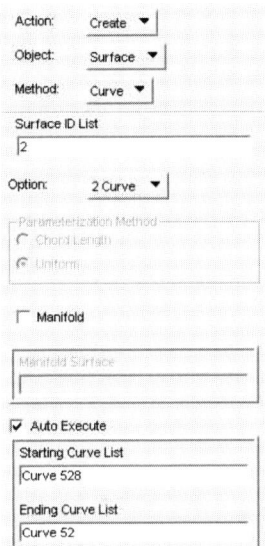

图 3-59　步骤 58 图

说明：由头部轮廓曲线生成平面 1。

PCL：sgm_const_surface_2curve("1", "Curve 528", "Curve 52", sgm_surface_2curve_created_ids)

步骤 59

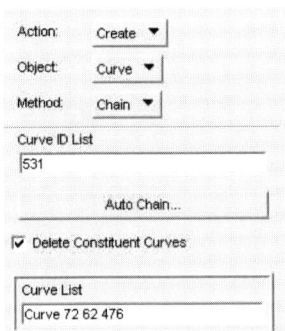

图 3-60　步骤 59 图

说明：将断开的边界控制线连成一条曲线，以方便作平面。

PCL：sgm_create_curve_chain_v1("530", "Curve 72 62 476",

TRUE, sgm_create_curve_cha_segment_id, sgm_create_curve_ch_created_ids)

步骤60

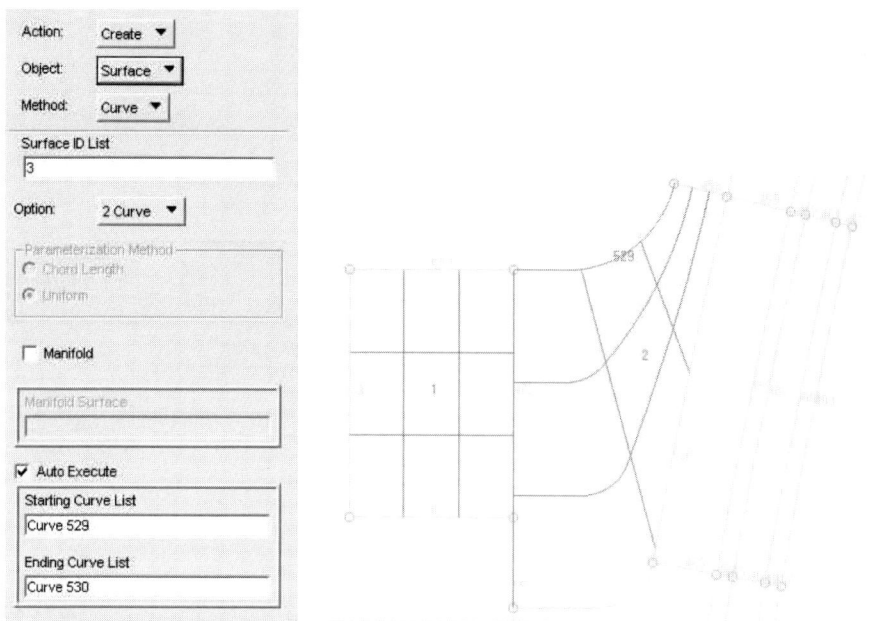

图 3-61　步骤 60 图

说明：用同样的方法，生成平面 2。

PCL：sgm_const_surface_2curve("2", "Curve 529", "Curve 530", sgm_surface_2curve_created_ids)

步骤61

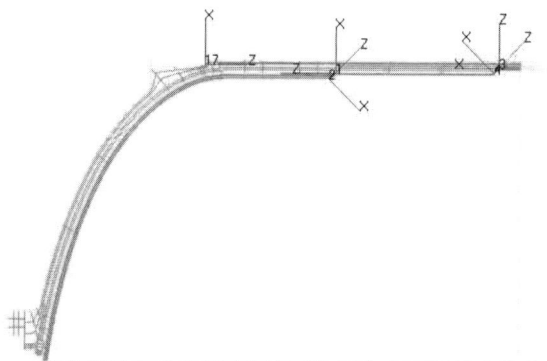

图 3-62　步骤 61 图

说明：依次生成头部壳体、绝热层和包覆层平面。

步骤62

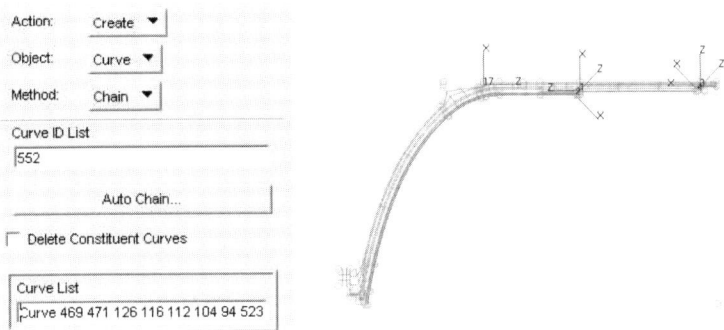

图 3-63　步骤 62 图

说明：连接头部推进剂药柱各段边界曲线。

PCL：sgm_create_curve_chain_v1("551", "Curve 469 471 126 116 112 104 94 523 524:504:-10 493 494", FALSE, sgm_create_curve_cha_segment_id, sgm_create_curve_ch_created_ids)

步骤63

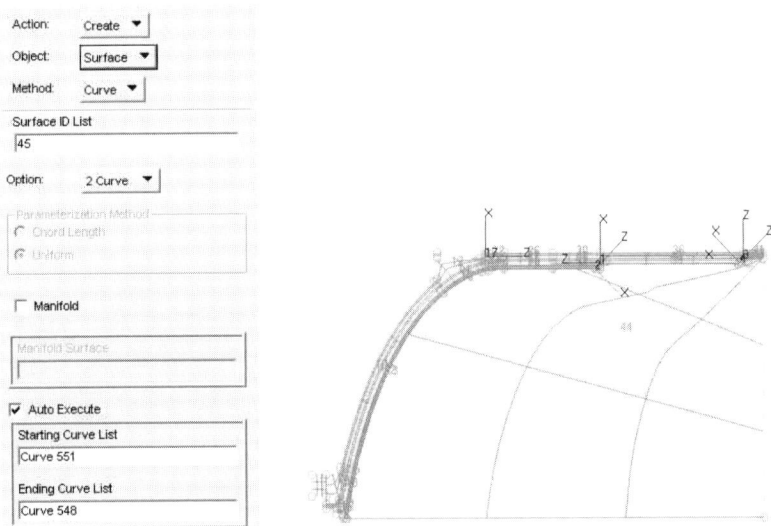

图 3-64　步骤 63 图

说明：作面。

PCL：sgm_const_surface_2curve("44", "Curve 551", "Curve 548", sgm_surface_2curve_created_ids)

步骤 64

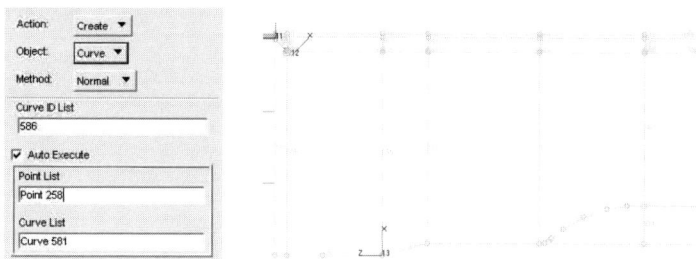

图 3-65　步骤 64 图

说明：作垂线，尽可能划分为规则的四边形。

PCL：asm_const_line_normal("585", "Point 258", "Curve 581", asm_create_line_nor_created_ids)

步骤 65

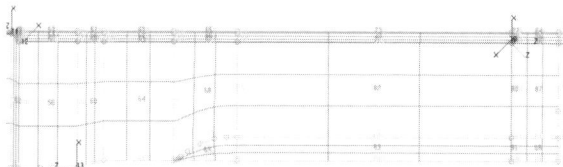

图 3-66　步骤 65 图

说明：用与步骤 59 相同的方法，将划分后的边界线的四边形生成平面。

步骤 66

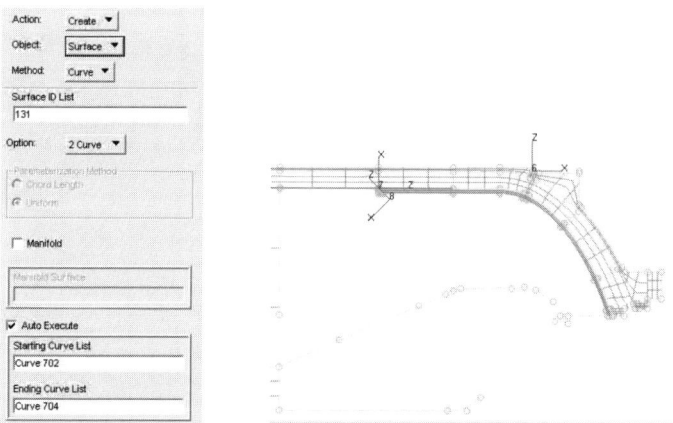

图 3-67　步骤 66 图

说明：作尾部壳体、绝热层、包覆层平面。

PCL：sgm_const_surface_2curve("130", "Curve 702", "Curve 704", sgm_surface_2curve_created_ids)

步骤 67

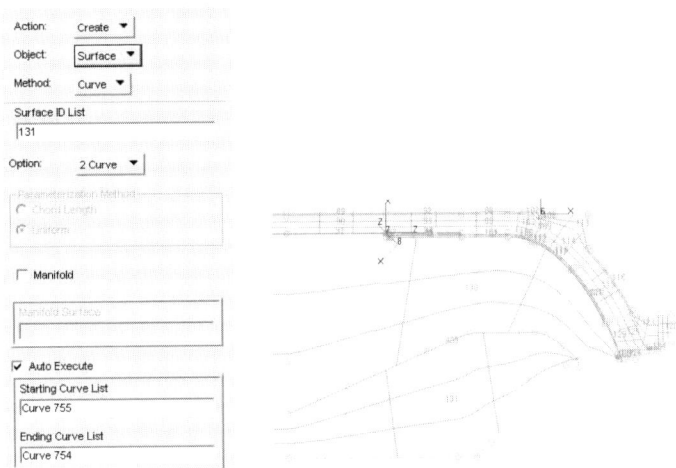

图 3-68　步骤 67 图

说明：划分药柱尾部剖面平面。

PCL：sgm_create_curve_chain_v1("755", "Curve 386 409", FALSE, sgm_create_curve_ cha_segment_id,　sgm_create_curve_ch_created_ids　)sgm_const_surface_2curve ("130", "Curve 755", "Curve 754", sgm_surface_2curve_created_ids)sgm_const_ surface_2curve("131", "Curve 409", "Curve 756", sgm_surface_2curve_created_ids)

　　3）建立投影平面

步骤 68

图 3-69　步骤 68 图

说明：创建组 prj1。

PCL：ga_group_create("prj1")

ga_group_current_set("prj1")

步骤 69

图 3-70　步骤 69 图

说明：根据前装药星角数、星边夹角、过渡圆弧半径、星角圆弧半径等参数，完成创建投影面所需要的点和线。

步骤 70

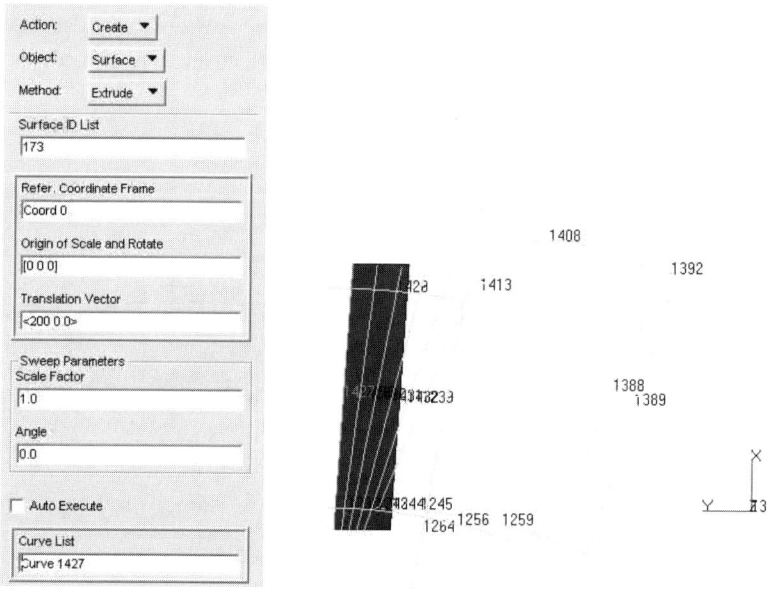

图 3-71　步骤 70 图

说明：创建第一层投影面。

PCL：sgm_const_surface_extrude("173", "<200 0 0>", 1., 0., "[0 0 0]", "Coord 0", "Curve 1427", sgm_sweep_surface_e_created_ids)

步骤71

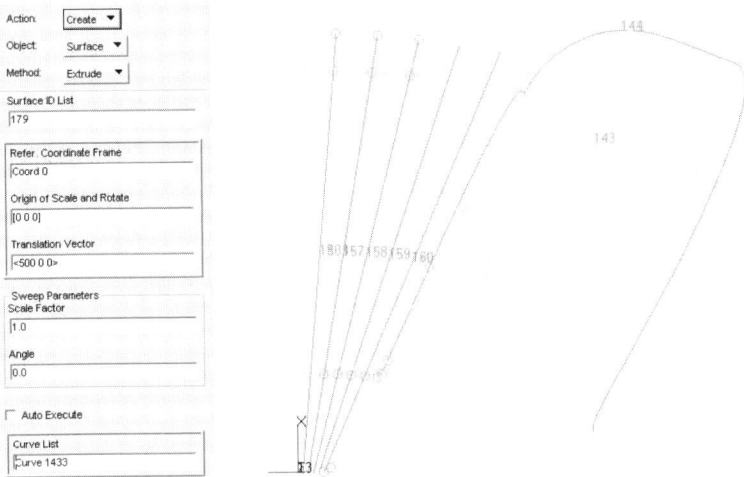

图 3-72　步骤 71 图

说明：创建药柱中部第一层投影面。药柱尾部翼柱投影面建立方法与此类似。

PCL：sgm_const_surface_extrude("179", "<500 0 0>", 1., 0., "[0 0 0]", "Coord 0", "Curve 1433", sgm_sweep_surface_e_created_ids)

　4) 划分平面网格

步骤72

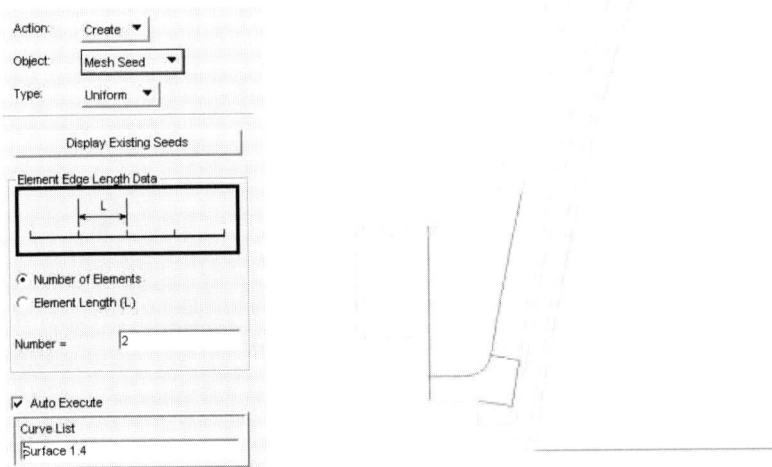

图 3-73　步骤 72 图

说明：首先划分壳体平面单元，撒种子节点。

PCL：mesh_seed_create("Surface 1.1", 1, 3, 0., 0., 0.)

mesh_seed_create("Surface 1.4", 1, 2, 0., 0., 0.)

步骤 73

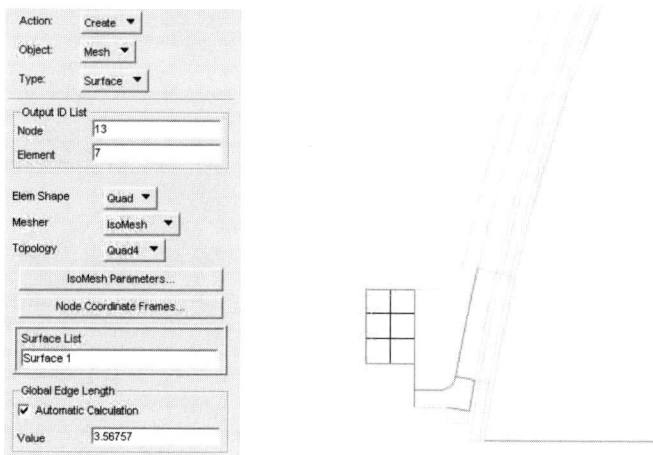

图 3-74　步骤 73 图

说明：划分网格，用 IsoMesh Mesher。

PCL：fem_create_mesh_surf_4("IsoMesh", 49152, "Surface 1", 1, ["3.56757"], "Quad4", "#", "#", "Coord 0", "Coord 0", fem_create_mesh_surfa_num_nodes, fem_create_mesh_surfa_@num_elems, fem_create_mesh_s_nodes_created, fem_create_mesh_s_elems_created)

步骤 74

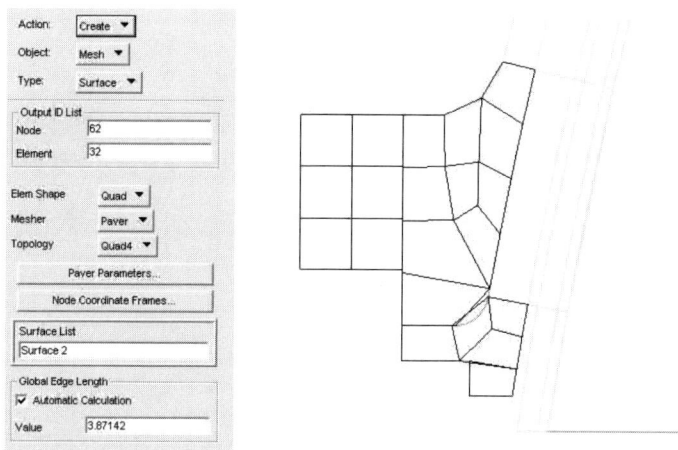

图 3-75　步骤 74 图

说明：划分网格，用 Paver Mesher。

PCL：fem_create_mesh_surf_4("Paver", 49680, "Surface 2", 4, ["4", "0.1", "0.2", "1.0"], "Quad4", "#", "#", "Coord 0", "Coord 0", fem_create_mesh_surfa_num_nodes, fem_create_mesh_surfa_num_elems, fem_create_mesh_s_nodes_created, fem_create_mesh_s_elems_created)

步骤 75

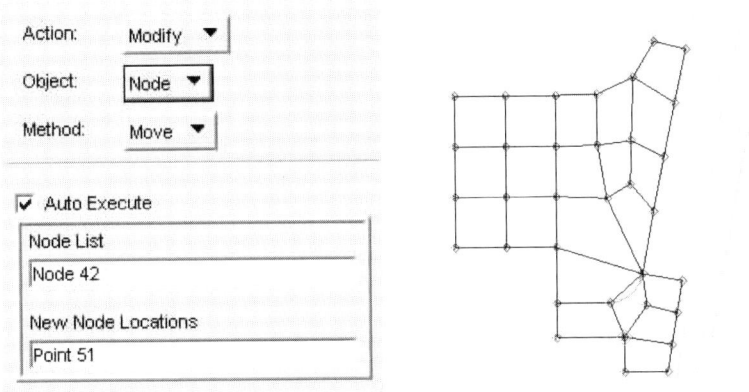

图 3-76　步骤 75 图

说明：调整边界上不重合节点位置。

PCL：fem_modify_nodes("Node 42", " ", " ", " ", "Point 51", [0, 0, 0, 0, 1, 0, 0, 0, 0, 0], fem_modify_node__nodes_modified)

步骤 76

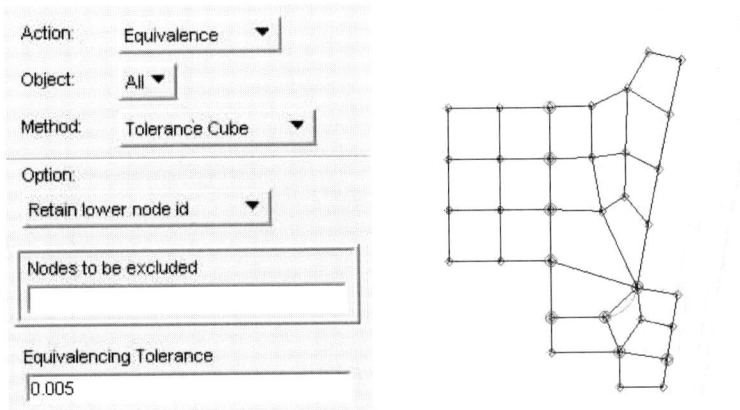

图 3-77　步骤 76 图

说明：节点等效。

PCL：fem_equiv_all_group3([" "], 0, "", 1, 0.0049999999, FALSE, fem_equiv_all_x_equivtol, fem_equiv_all_x_segment)

步骤 77

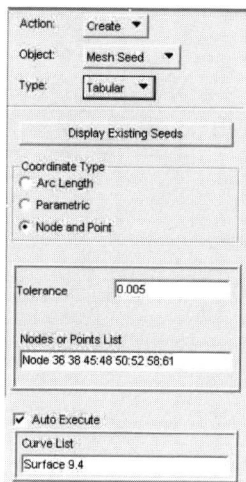

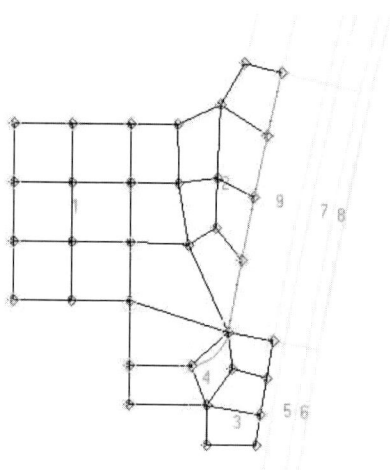

图 3-78　步骤 77 图

说明：用已有节点作为种子点划分网格。

PCL：fem_mod_mesh_smooth_surface("Surface 13", "")

步骤 78

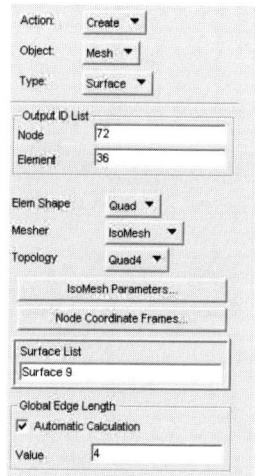

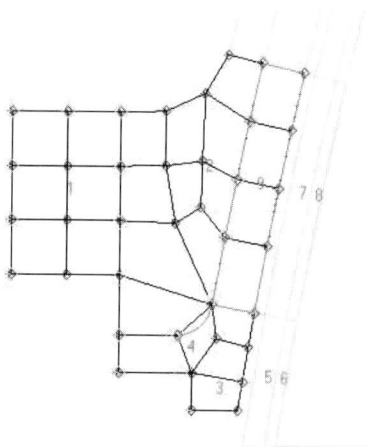

图 3-79　步骤 78 图

说明：划分网格，用 IsoMesh Mesher。

PCL：fem_create_mesh_surf_4("IsoMesh", 49152, "Surface 9", 1, ["4"], "Quad4", "#", "#", "Coord 0", "Coord 0", fem_create_mesh_surfa_num_nodes, fem_create_mesh_surfa_num_elems, fem_create_mesh_s_nodes_created, fem_create_mesh_s_elems_created)

步骤 79

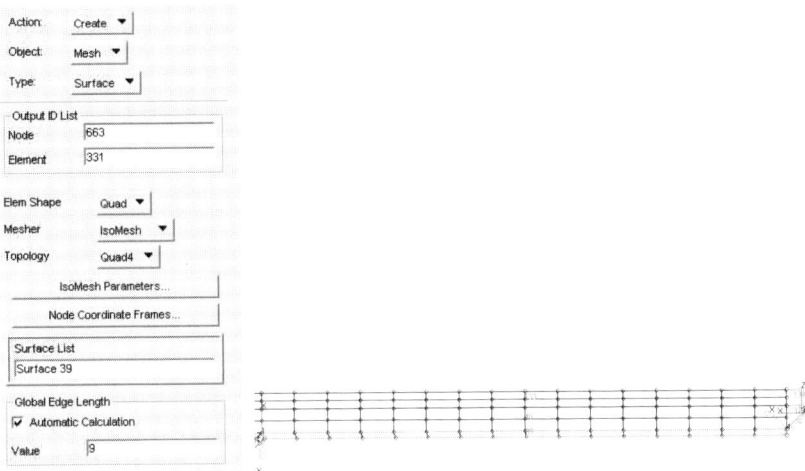

图 3-80　步骤 79 图

说明：划分网格，用 IsoMesh Mesher，Global Edge Length 为 9。

PCL：fem_create_mesh_surf_4("IsoMesh", 49152, "Surface 39", 1, ["9"], "Quad4", "#", "#", "Coord 0", "Coord 0", fem_create_mesh_surfa_num_nodes, fem_create_mesh_surfa_num_elems, fem_create_mesh_s_nodes_created, fem_create_mesh_s_elems_created)

步骤 80

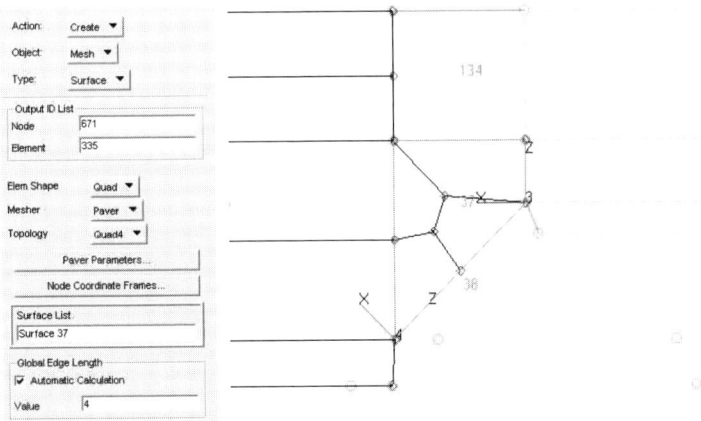

图 3-81　步骤 80 图

说明：过渡面划分，网格相对密一些，用 Paver Mesher，Global Edge Length 为 4。

PCL：fem_create_mesh_surf_4("Paver", 49680, "Surface 37", 4, ["4", "0.1", "0.2", "1.0"], "Quad4", "#", "#", "Coord 0", "Coord 0", fem_create_mesh_surfa_num_nodes, fem_create_mesh_surfa_num_elems, fem_create_mesh_s_nodes_created, fem_create_mesh_s_elems_created)

159

步骤 81

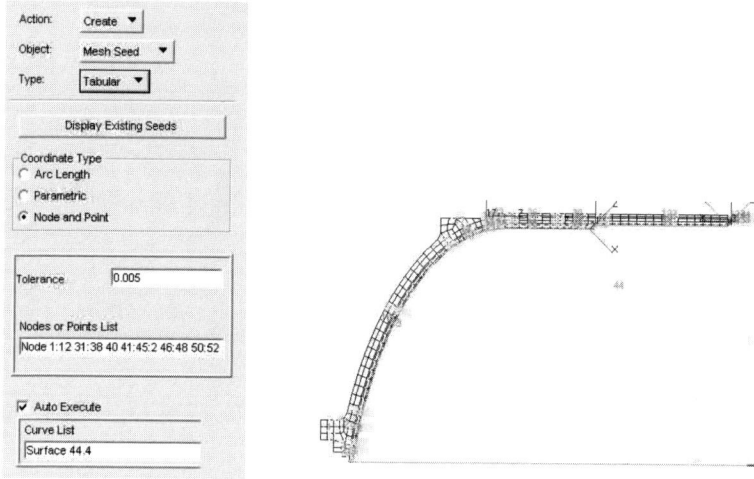

图 3-82　步骤 81 图

说明：作药柱头部平面边界曲线种子节点。

PCL：mesh_seed_create_tabular_points("Surface 44.4", "Node 1:12 31:38 40 41:45:2 46:48 50:52 58:738", 0.0049999999)

步骤 82

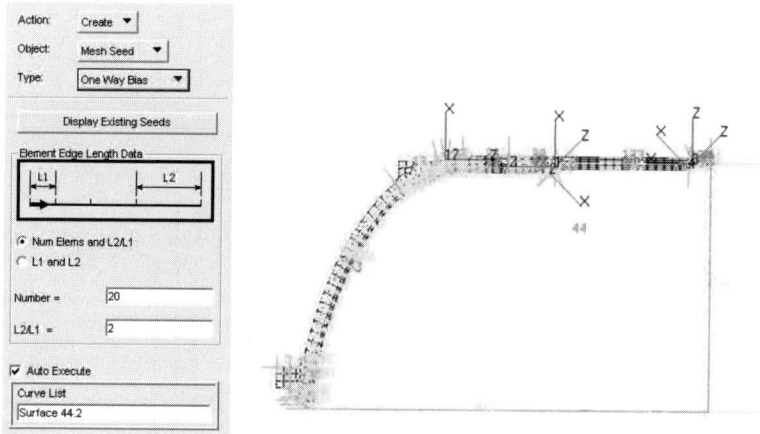

图 3-83　步骤 82 图

说明：作边界非均匀种子节点。

PCL：fem_create_mesh_surf_4("IsoMesh", 49152, "Surface 29", 1, ["8.0"], "Quad4", @ "#", "#", "Coord 0", "Coord 0", fem_create_mesh_surfa_num_nodes, @ fem_create_mesh_surfa_num_elems, fem_create_mesh_s_nodes_created, @ fem_create_mesh_s_elems_created)

步骤 83

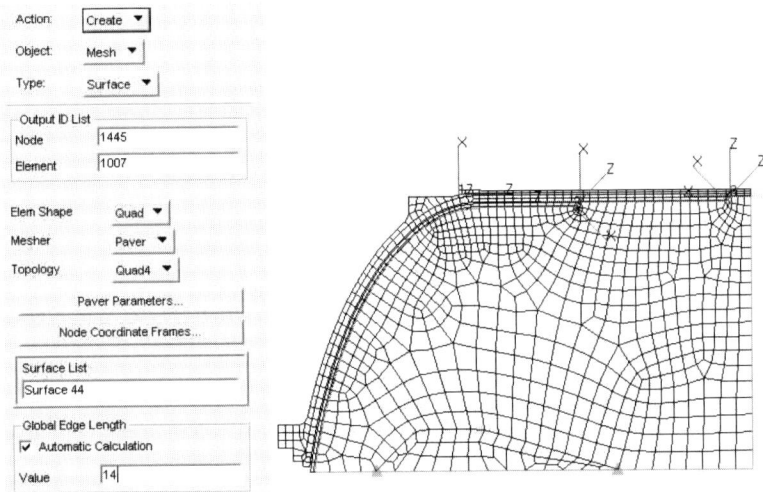

图 3-84　步骤 83 图

说明：头部网格，用 Paver 划分。

PCL：fem_create_mesh_surf_4("Paver", 49680, "Surface 44", 4, ["16", "0.1", "0.2",　@
"1.0"], "Quad4", "#", "#", "Coord 0", "Coord 0",　@
fem_create_mesh_surfa_num_nodes, fem_create_mesh_surfa_num_elems,　@
fem_create_mesh_s_nodes_created, fem_create_mesh_s_elems_created)

步骤 84

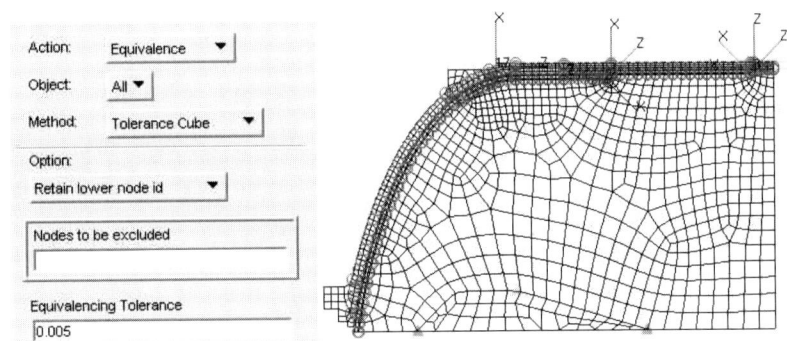

图 3-85　步骤 84 图

说明：节点等效，消除重复的节点。

PCL：fem_equiv_all_group3([" "], 0, "", 1, 0.0049999999, FALSE, fem_equiv_
all_x_equivtol, fem_equiv_all_x_segment)

步骤 85

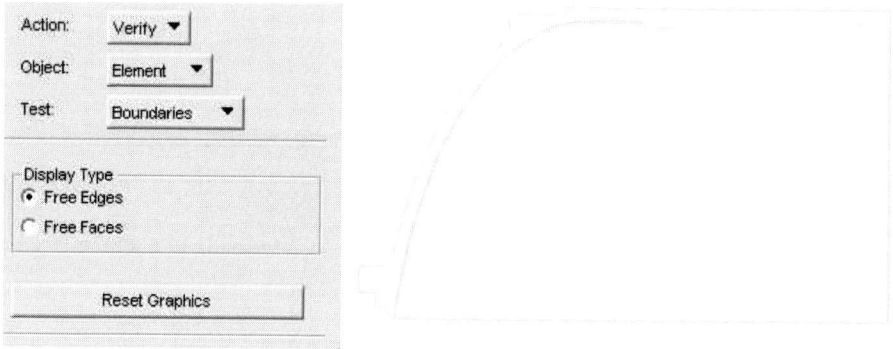

图 3-86　步骤 85 图

说明：检查单元自由边界。

PCL：verify_boundaries_display_mgr.plot("Free_Edges")

步骤 86

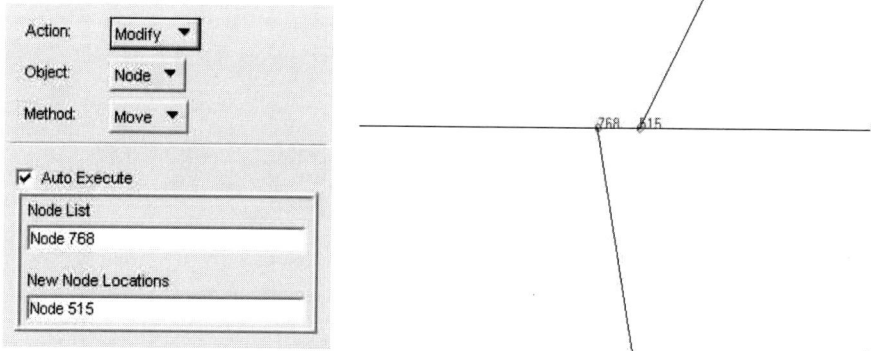

图 3-87　步骤 86 图

说明：由于边界不一致，部分节点位置容限超过 0.005，需手动 Move 节点，消除不连续的边界。

PCL：fem_modify_nodes("Node 768", " ", " ", " ", "Node 515", [0, 0, 0, 0, 1, 0, 0, 0, 0, 0], fem_modify_node__nodes_modified)

步骤 87

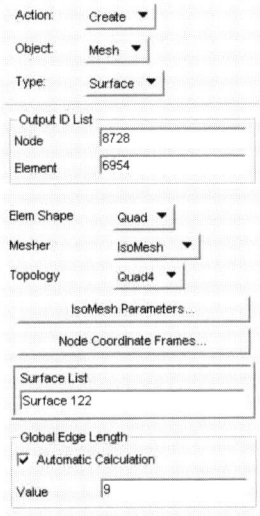

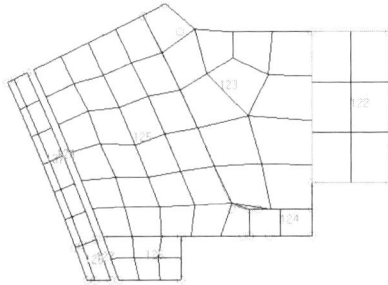

图 3-88　步骤 87 图

说明：采用上述步骤相同的方法，划分尾部壳体、绝热层、包覆层剖面网格。

PCL：fem_create_mesh_surf_4("IsoMesh", 49152, "Surface 122", 1, ["9"], "Quad4", "#", "#", "Coord 0", "Coord 0", fem_create_mesh_surfa_num_nodes, fem_create_ mesh_surfa_num_elems,　 fem_create_mesh_s_nodes_created,　 fem_create_mesh_ s_elems_created)

步骤 88

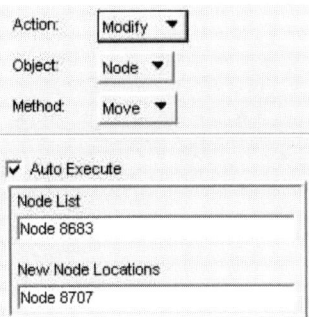

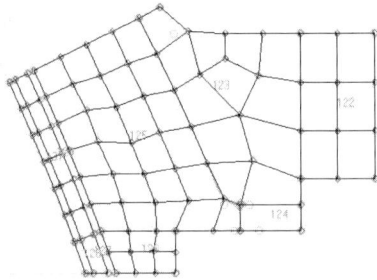

图 3-89　步骤 88 图

说明：由于边界不一致，部分节点未重叠，手动 Move 节点。

PCL：fem_modify_nodes("Node 8683", " ", " ", " ", "Node 8707", [0, 0, 0, 0, 1, 0, 0, 0, 0, 0], fem_modify_node__nodes_modified)

163

步骤 89

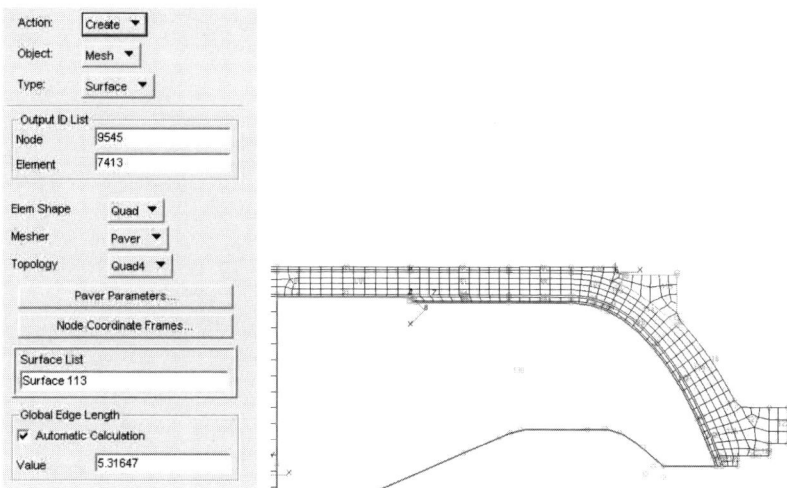

图 3-90　步骤 89 图

说明：完成尾部壳体、绝热层、包覆层剖面其它部分网格划分。

步骤 90

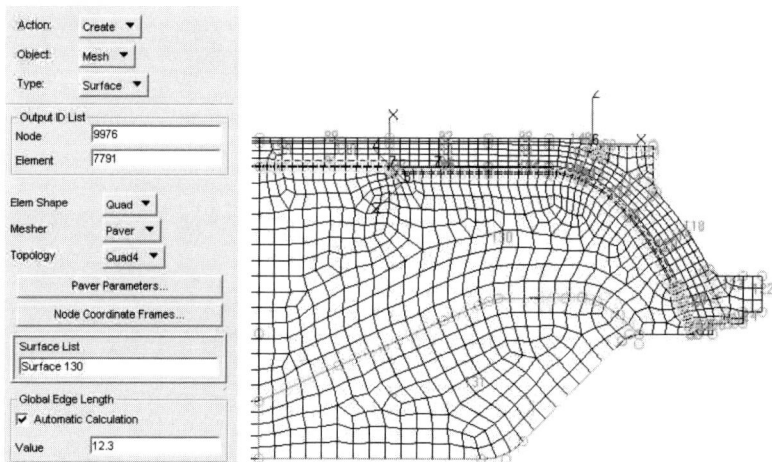

图 3-91　步骤 90 图

说明：用 Paver 划分尾部药柱剖面网格。

PCL：fem_create_mesh_surf_4("Paver", 49680, "Surface 130", 4, ["12.3", "0.1", "0.2", "1.0"], "Quad4", "#", "#", "Coord 0", "Coord 0", fem_create_mesh_surfa_num_nodes, fem_create_mesh_surfa_num_elems, fem_create_mesh_s_nodes_created, fem_create_mesh_s_elems_created) fem_create_mesh_surf_4("Paver", 49680, "Surface 131", 4, ["13", "0.1", "0.2", "1.0"], "Quad4", "#", "#", "Coord 0", "Coord 0", fem_create_mesh_surfa_num_nodes, fem_create_mesh_surfa_num_elems, fem_create_mesh_s_nodes_created, fem_create_mesh_s_elems_created)

步骤 91

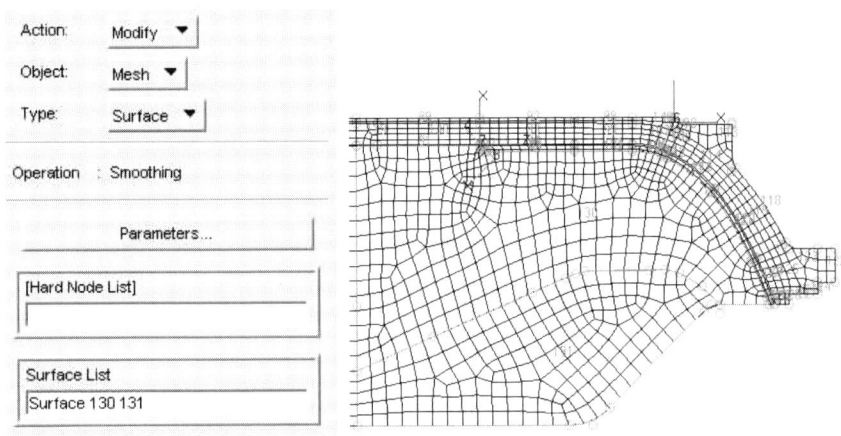

图 3-92　步骤 91 图

说明：Smoothing，改善网格质量。

PCL：fem_mod_mesh_smooth_surface("Surface 130 131", "")

步骤 92

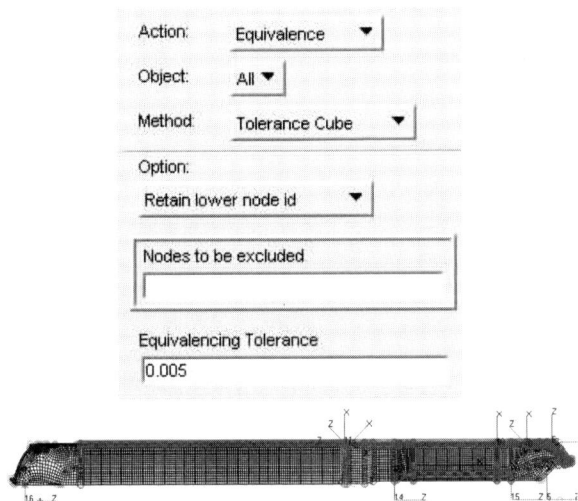

图 3-93　步骤 92 图

说明：等效，去除重复节点。

PCL：fem_equiv_all_group3([" "], 0, "", 1, 0.0049999999, FALSE, fem_equiv_all_x_equivtol, fem_equiv_all_x_segment)

步骤 93

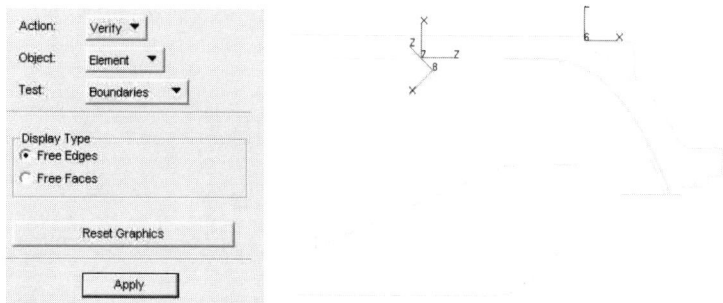

图 3-94　步骤 93 图

说明：检查单元边界，如出现单元边界不连续的情况，应用手工移动单元节点后再
等效的方法，消除冗余的自由边界，再次检查单元边界，直至消除所有自由边界。

PCL：verify_boundaries_display_mgr.plot("Free_Edges")

fem_equiv_all_group3([" "], 0, "", 1, 0.0049999999, FALSE, fem_equiv_
all_x_equivtol, fem_equiv_all_x_segment)

5）旋转拉伸生成三维网格

步骤 94

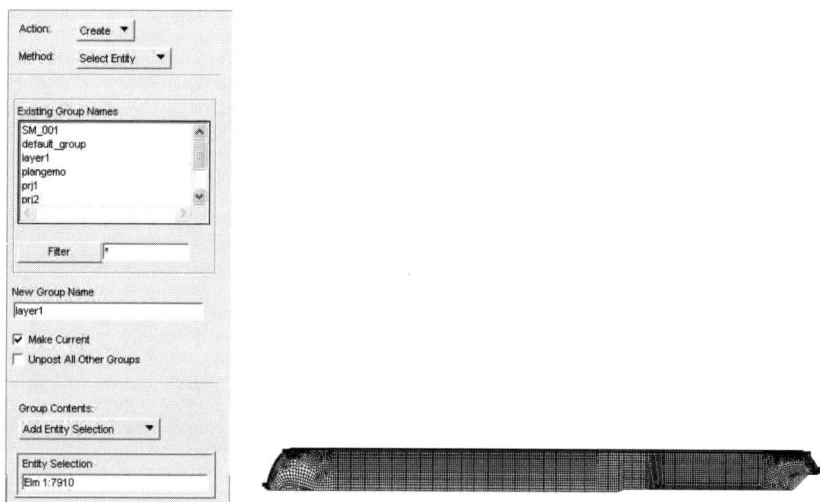

图 3-95　步骤 94 图

说明：建立第一层旋转拉伸操作的组，并加入所有平面单元。

PCL：ga_group_create("layer1")

ga_group_entity_add("layer1", "Elm 1:7910")；ga_group_current_set("layer1")

步骤95

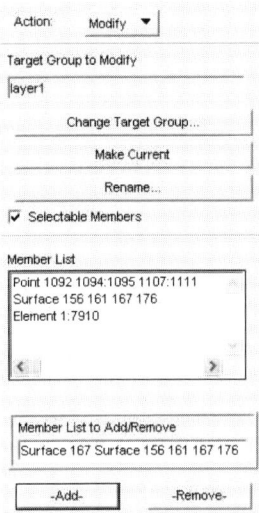

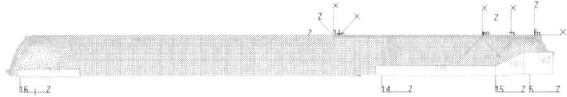

图 3-96　步骤 95 图

说明：将投影面加入 Group ("layer1")。

PCL：ga_group_entity_add("layer1", "Surface 167 Surface 156 161 167 176")

步骤96

图 3-97　步骤 96 图

说明：旋转拉伸，生成第一层体单元。

PCL：fem_sweep_arc_1("#", "#", "2.06", "Coord 0", "Coord 0.1", "0.0 ", 3,　@
"Elm 1:7910", 10, ["Bar2", "Quad4", "Quad8", "Quad12", "Wedge6", "Wedge15",　@
"Wedge24", "Hex8", "Hex20", "Hex32", "", "", "", "", "", "", "", "", "",　@
"", "", "", "", "", "", "", "", "", "", "", "", "", "", "", "", "", "", "",　@
"", "", "", "", "", "", "", "", "", "", "", "", "", "", "", "", "", "",　@
"", "", "", "", "", "", "", "", "", "", "", "", "", "", "", "", "", "",　@
"", "", "", "", "", "", "", "", "", "", "", "", "", "", "", "", "", "",　@
"", ""], "Coord 0", "Coord 0", "Uniform: Number of Elements", ["3", "1.5",　@
"0.1", "0.2", ".5", "1", "", "", "", ""], fem_sweep_elems_n_nodes_created,　@
fem_sweep_elems_n_elems_created, fem_sweep_elems_ar_created_nids,　@
fem_sweep_elems_ar_created_eids)

步骤 97

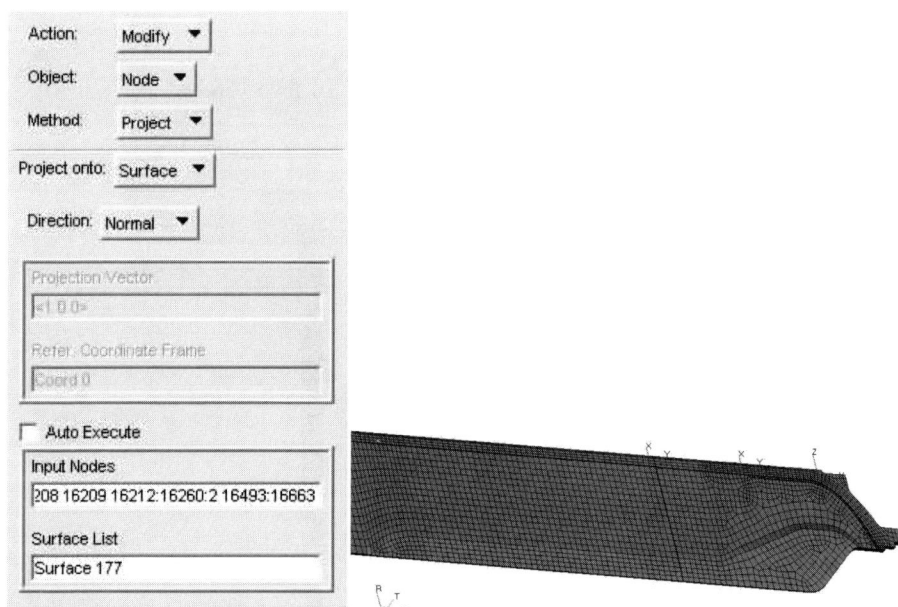

图 3-98　步骤 97 图

说明：选中节点，向投影面投影。

PCL：fem_prj_nod_surf_norm("Node 16195 16208 16209 16212:16260:2
16493:16663", 　@"Surface 177")

步骤 98

图 3-99　步骤 98 图

说明：按上述方法，继续旋转拉伸，直至完成全部有限元模型。发动机在整个工作过程中其前后脱粘层始终是呈脱离状态的。

2．赋予材料属性

对建立的发动机壳体、包覆层、绝热层、推进剂等单元赋予相应的材料属性。为操作方便，首先对单元按材料属性不同进行分组，然后对不同的组赋予相应的属性(图 3-100～图 3-107)。

步骤 99

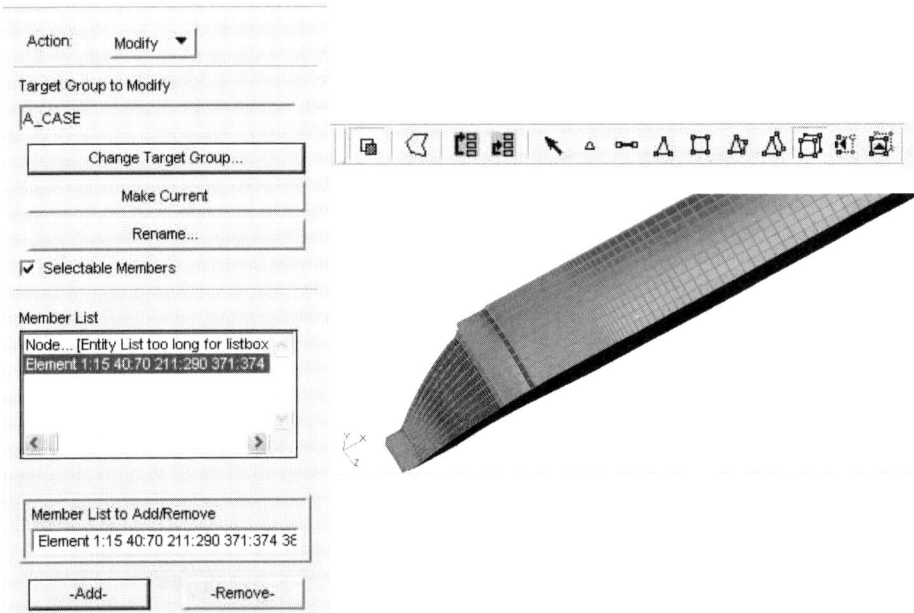

图 3-100　步骤 99 图

说明：建立发动机壳体单元组，只选择可见的 8 节点六面体单元，通过手动添加、移除操作，将相应的体单元添加到壳体单元组 A_CASE 中。

PCL：ga_group_create("A_CASE");

ga_group_current_set(" A_CASE ");ga_group_entity_add("A_CASE", " Element 1:15 40:70 211:290 371:374 385:449 510:513 524:546….. 58750:58807")

步骤 100

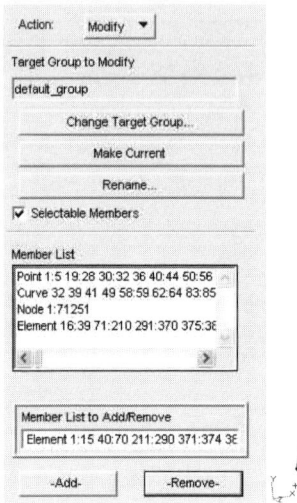

图 3-101　步骤 100 图

说明：将当前修改目标组改为"default_group"，把壳体单元组包含的单元从该组中移除，方便生成后续绝热层单元组。

PCL：ga_group_entity_remove("default_group", " Element 1:15 40:70 211:290 371:374 385:449 510:513… 58750:58807")

步骤 101

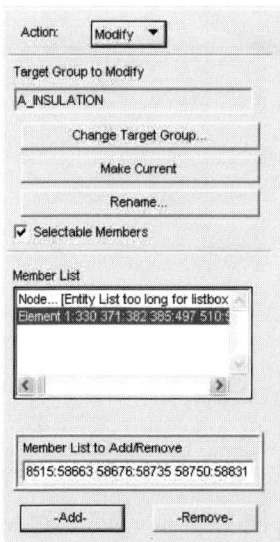

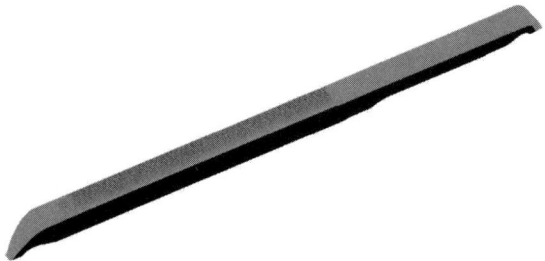

图 3-102　步骤 101 图

说明：建立发动机绝热层单元组，选择相应的 8 节点六面体单元，通过手动添加、移除操作，将相应的体单元添加到绝热层单元组 A_INSULATION 中。

PCL：ga_group_create("A_INSULATION");
ga_group_entity_add("A_INSULATION", " Element 16:39 71:210 291:330 375:382 450:497 514:521… 58676:58735 58808:58831")

步骤 102

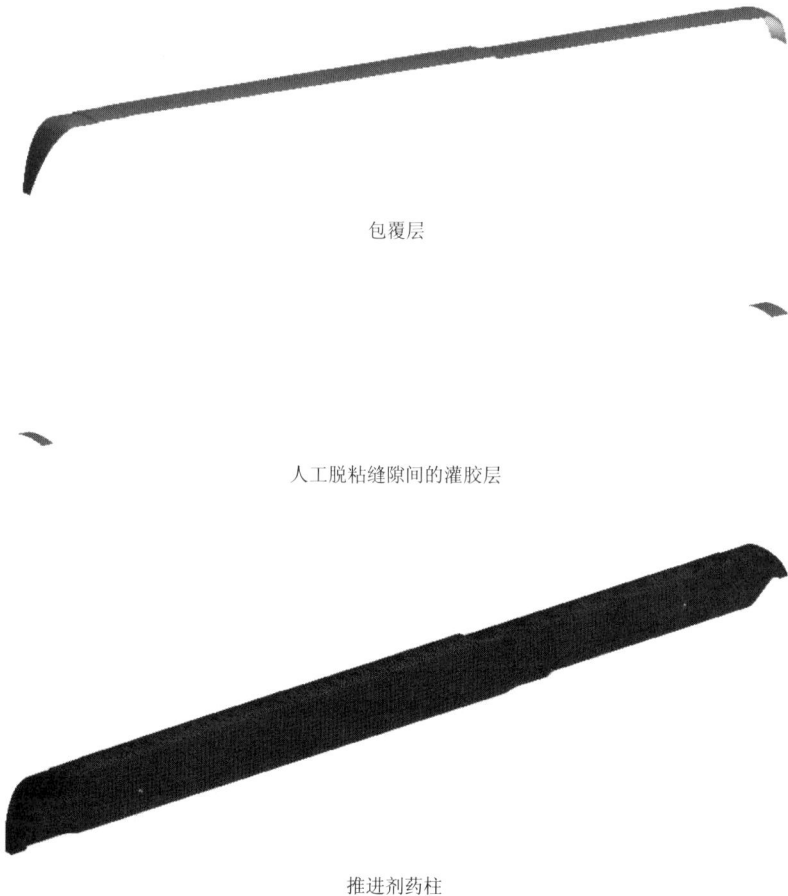

包覆层

人工脱粘缝隙间的灌胶层

推进剂药柱

图 3-103　步骤 102 图

说明：重复上述步骤，依次建立包覆层(A_CALDDING)、人工脱粘缝隙间的灌胶层(A_GLUE)和推进剂药柱(A_PROPELLANT)单元组，将相应的单元手动添加到组中。

步骤 103

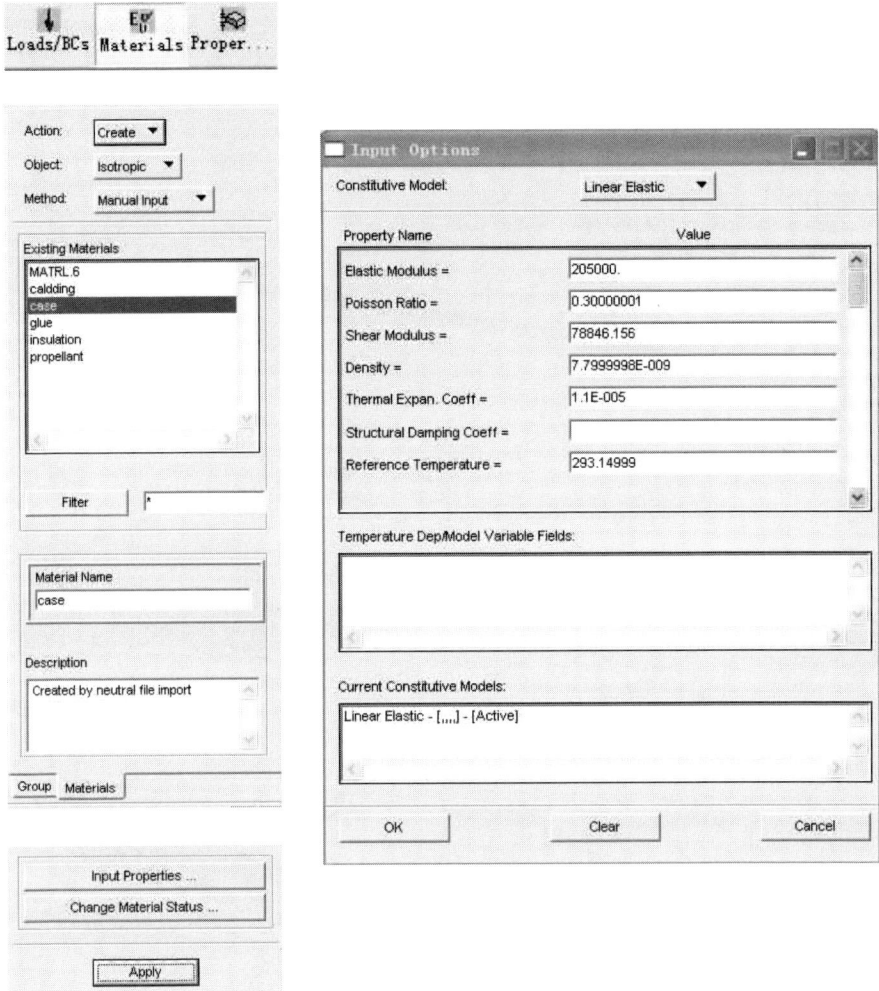

图 3-104　步骤 103 图

说明：输入材料名称和性质参数，创建发动机壳体、绝热层、包覆层、推进剂等材料。

PCL：material.create("Analysis code ID", 1, "Analysis type ID", 1, "case", 1, "Created by neutral file import", "Isotropic", 1, "Directionality", 1, "Linearity", 1, "Homogeneous", 0, "Linear Elastic", 1, "Model Options & IDs", ["", "", "", "", ""], [0, 0, 0, 0, 0], "Active Flag", 1, "Create", 11, "External Flag", FALSE, "Property IDs", ["", ""], [0], "Property Values", [""])

步骤 104

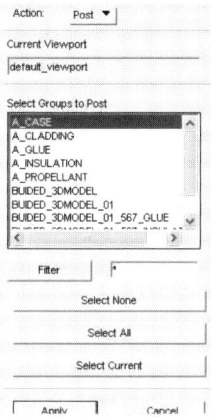

图 3-105　步骤 104 图

说明：将当前视图显示切换到壳体单元组，为壳体单元赋予材料属性做准备。

PCL：uil_viewport_post_groups.posted_groups("default_viewport", 1, ["A_CASE"])

步骤 105

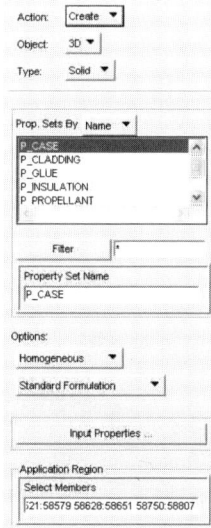

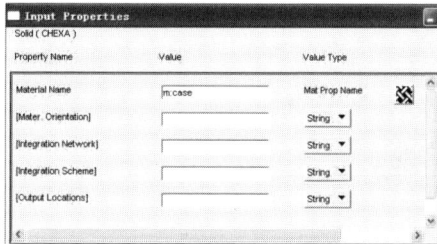

选择材料属性

在当前视图中选择全部壳体单元

图 3-106　步骤 105 图

说明：在当前视图中选择全部壳体单元，赋予材料属性。

PCL：elementprops_create("P_CASE", 71, 25, 30, 1, 1, 20, [13, 21, 4124, 4126, 4125], [5, 4, 4, 4, 4], ["m:case", "", "", "", ""], "Element 1:15 40:70 211:290 371:374 385:449 510:513 524:546 597:624 … 58521:58579 58628:58651 58750:58807")

步骤106

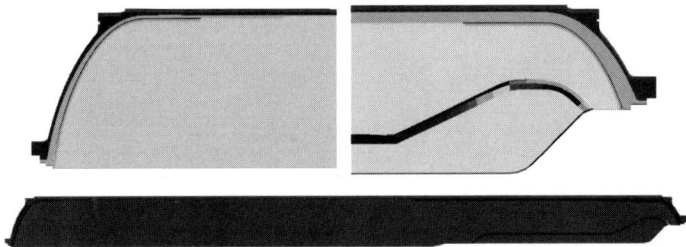

图 3-107 步骤 106 图

说明：对绝热层、包覆层、推进剂药柱等单元依次重复上述步骤，完成全部单元的赋予材料属性工作。

3．施加边界条件

具体方法如图 3-108～图 3-111 所示。

步骤107

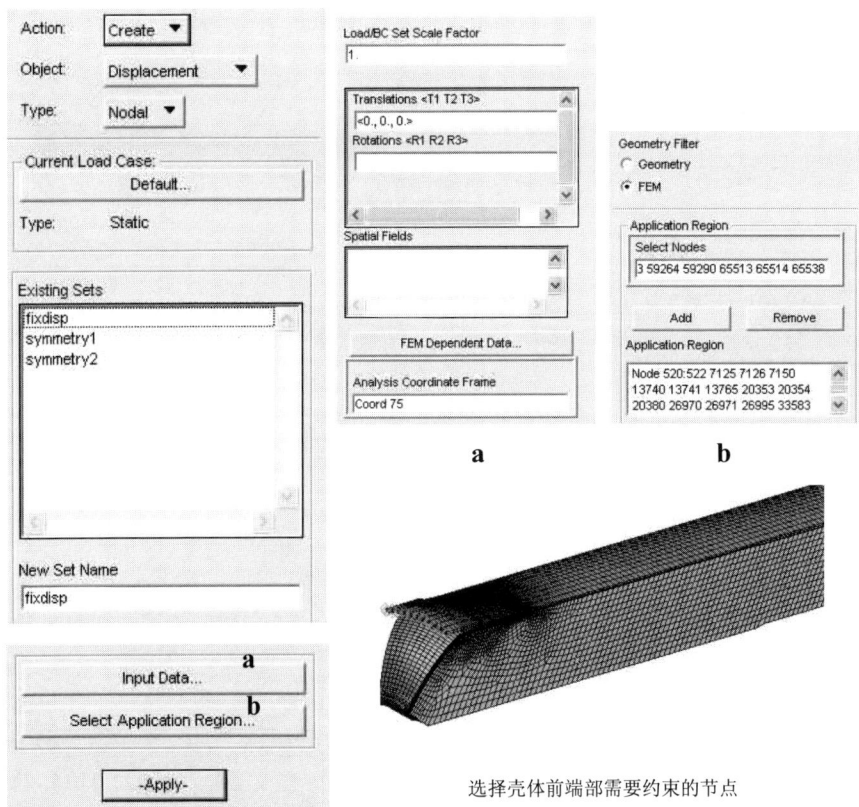

选择壳体前端部需要约束的节点

图 3-108 步骤 107 图

说明：创建位移边界条件 fixdisp，约束刚体位移。

PCL：loadsbcs_create("fixdisp", "Displacement", "Nodal", "", "Static", ["Node 520:522 7125 7126 7150 13740 13741 13765 20353 20354 20380 26970 26971 26995 33583 33584 33610 40200 40201 40225 46767 46768 46794 53017 53018 53042 59263 59264 59290 65513 65514 65538"], "FEM", "Coord 75", "1.", ["<0,0.,0>", ""], ["", ""])

步骤 108

选择对称面上的所有节点，在柱坐标系下约束 θ 方向位移

图 3-109　步骤 108 图

说明：创建对称面 1 上的位移边界条件 symmetry1。

PCL：loadsbcs_create("symmetry1", "Displacement", "Nodal", "", "Static", ["Node 65004:65512 65515:65537 65539:71251"], "FEM", "Coord 75", "1.", ["< , 0., >", ""], ["", ""])

175

步骤 109

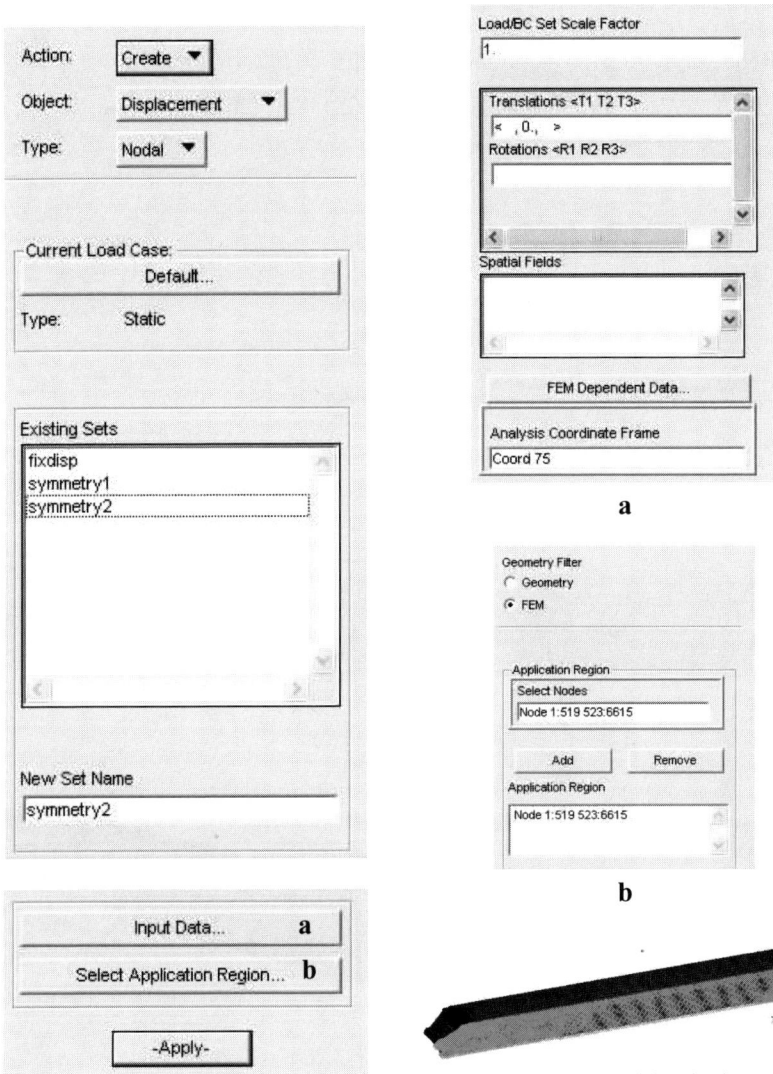

Load/BC Set Scale Factor

Translations <T1 T2 T3>
Rotations <R1 R2 R3>

Spatial Fields

FEM Dependent Data...

Analysis Coordinate Frame
Coord 75

a

Geometry Filter

Application Region
Select Nodes
Node 1:519 523:6615

Add   Remove
Application Region
Node 1:519 523:6615

b

选择对称面上的所有节点,在柱坐标系下约束 θ 方向
位移

图 3-110 步骤 109 图

说明:创建对称面 2 上的位移边界条件 symmetry2。

PCL:loadsbcs_create("symmetry2", "Displacement", "Nodal", "", "Static", ["Node 1:519 523:6615"], "FEM", "Coord 75", "1.", ["<,0.,>", ""], ["", ""])

步骤 110

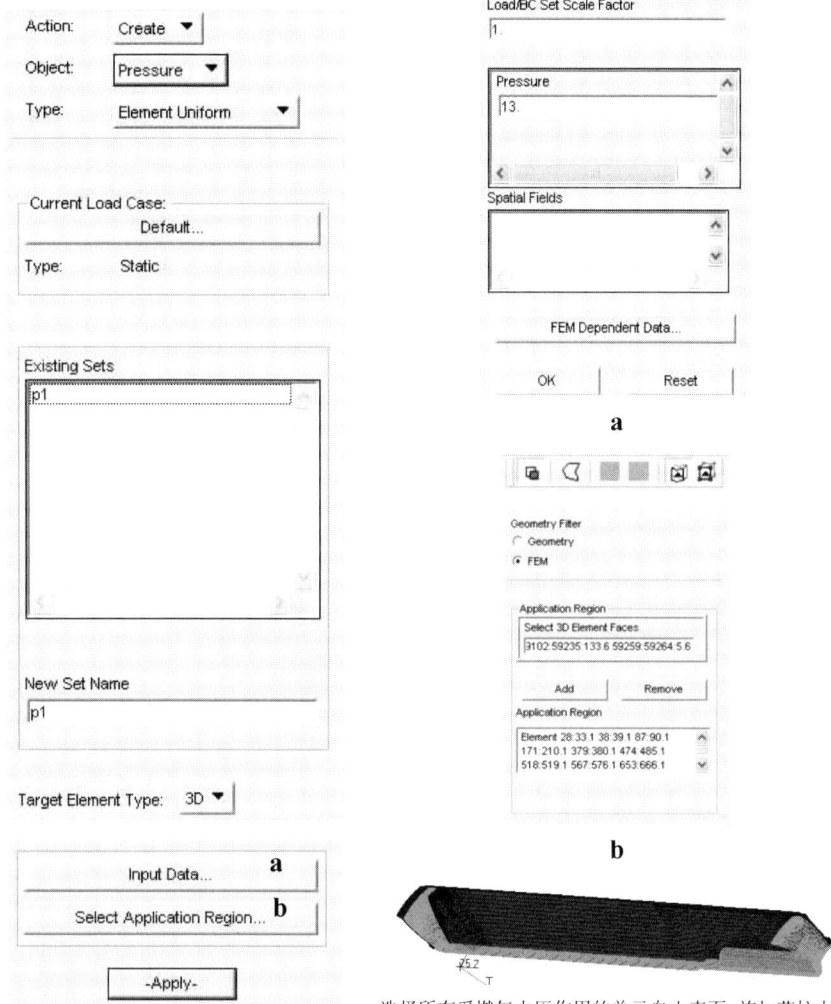

选择所有受燃气内压作用的单元自由表面，施加药柱内腔
压力边界条件。

图 3-111 步骤 110 图

说明：创建药柱内腔压力边界条件 p1。

PCL：loadsbcs_creat("p1", "Pressure", "Element Uniform", "3D", "Static", ["Element 28:33.1 38.1 39.1 87:90.1 171:210.1 379.1 380.1 474:485.1 518.1 519.1 567:576.1 653:666.1 787.1 4150.1 4152.1 4153.1 4162.1 … 58679.6 58694.6 58838.6 58887.6 59102.6 59235.6 59259:59264:5.6"], "FEM", "", "1.", ["13"], [""])

以上为野战火箭发动机有限元建模详细过程，大多数发动机的有限元建模均可模仿上述过程完成建模，如图 3-112 所示为创建完成的发动机 1/16 循环对称有限元模型及构成材料示意图，建模时注意前后脱粘层的处理，发动机在整个工作过程中其前后脱粘层始终是呈脱离状态的。单元建模总规模为：单元总数 45410 个，节点总数 54163 个。

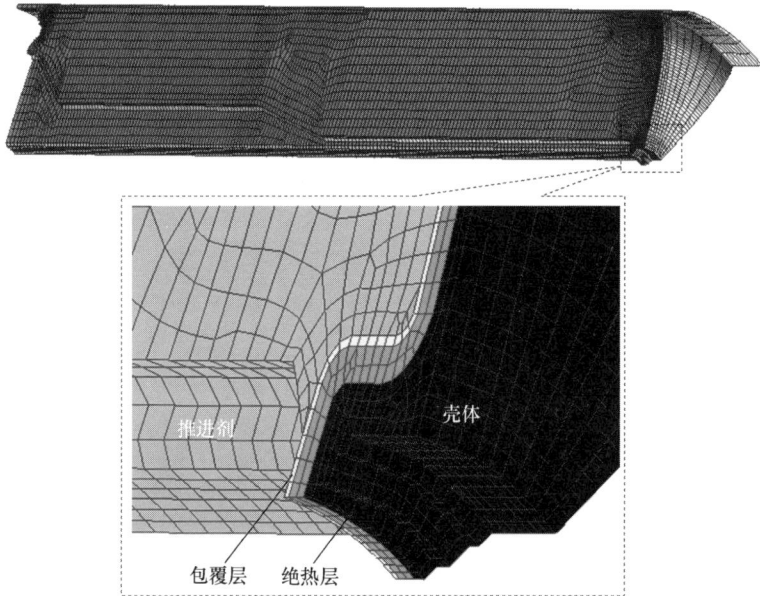

图 3-112　发动机 1/16 有限元模型及构成材料

4．计算假设

在有限元计算过程中，为了便于分析作一些假设，首先，假设固体推进剂是均匀的、各向同性的线性黏弹性材料，固体推进剂是含有大量固体颗粒的高分子聚合物，以高聚物黏合剂为基体，以氧化剂和铝粉为固体填料的颗粒复合材料，尽管从细观力学角度看为各向异性的，但是在宏观上，颗粒的分布是随机的，因而可作为均匀、连续、各向同性的线性黏弹性介质来研究。其次，由于研究野战火箭发动机点火增压至峰值时的响应，一般建压时间为数十毫秒至数百毫秒，不考虑推进剂的烧蚀作用，故发动机内边界固定。

3.2　结构完整性评估的载荷工况

野战火箭发动机的生产浇注过程大致为：首先是在高温度下浇注(一般为60℃左右)；然后 50℃保温固化，完成固化后的发动机再降至室温，即历经固化降温而成为成品发动机；最后通过批抽检合格后，该批次的发动机即可交付使用。陆军用固体火箭、导弹，通常需要适应宽温环境，工作温度跨度大，多为-40℃～50℃温度，故评估野战火箭发动机结构完整性时，可分别取高、常、低三种使用温度状态，评估发动机在固化降温、点火增压至峰值及轴向过载三种载荷联合作用下的结构完整性。

1. 温度载荷

(1) 固化降温温度变化：发动机浇注并完成固化后，温度从 50℃降至室温 (20℃)，则计算中取发动机的零应力温度为 58℃，在整个固化降温过程中，自 50℃至 20℃的温度设为线性变化。

(2) 低温实验温度变化：实验时将固化后的发动机置于恒温室中，将温度降至-40℃，并保温一定时间后，再进行相关测试和地面静试，以考验发动机的低温性能。同样，温度自 20℃至-40℃时设为线性变化。

2. 点火时的燃气内压载荷

发动机点火后，经过 80ms 的建压时间达到最大内压值 P_{max}MPa，工作时间 T 为 30s。如图 3-113 所示为发动机的压力-时间曲线示意图。内压载荷可在 MSC.Marc 2012 中通过表格"Table"形式赋值。

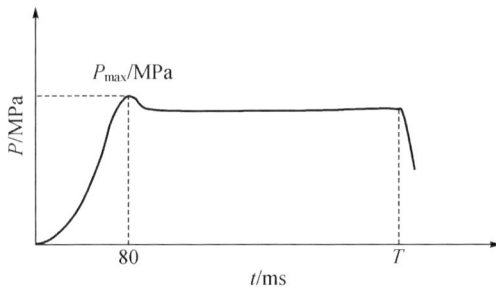

图 3-113　发动机的压力—时间曲线示意图

3. 轴向过载载荷

火箭弹飞行过程中其轴向过载在整个计算过程中不变，这一假设是偏于保守的。值得注意的是加速度过载的方向是与火箭、导弹的运动方向相反，在 MSC.Patran 2012 中赋予加速度过载方向和量值时，注意按坐标系正确赋予方向及数值。

4. 复合载荷

根据固体火箭发动机实际工作情况，结合上述三种载荷，按温度载荷分为高、常、低温三种环境温度下复合载荷进行发动机结构完整性评估。

(1) 高温(50℃)环境下点火发射载荷工况：计算使用温度 50℃、最大内压 12MPa 和轴向过载 12g 三种载荷联合作用下的变形及应力应变场，以评估其结构完整性。

(2) 常温(20℃)环境下点火发射载荷工况：评估使用温度 20℃、最大内压 10MPa 和轴向过载 10g 三种载荷联合作用下发动机的结构完整性。

(3) 低温(-40℃)环境下点火发射载荷工况：评估使用温度-40℃、最大内压 8MPa 和轴向过载 8g 三种载荷联合作用下发动机的结构完整性。

温度载荷可在 MSC.Marc 2012 中通过表格"Table"形式赋值。

3.3 野战火箭发动机结构完整性评估

成品发动机均经过现有检测手段检测，确定无缺陷才能交付使用，故工程实际中更关注无缺陷发动机在温度、燃气内压和轴向过载等载荷的单独或联合作用下的结构完整性是否满足要求，因此，野战火箭发动机结构完整性评估的基本任务是进行无缺陷发动机的结构完整性评估。通过以上的计算准备，提交 MSC.Marc 2012 运算，获取计算结果*.t16 文件，读入 MSC.Patran 2012 进行所需结果处理。

3.3.1 温度载荷作用下发动机结构完整性评估

温度载荷是野战火箭发动机首先遇到并在全寿命周期始终伴随的载荷。在发动机从浇注、固化降温到贮存、使用等过程中，往往涉及温度的变化，当温度变化时，由于壳体、包覆层、绝热层和推进剂药柱的热膨胀系数不同，各自的变形是不同的，而它们相互之间又是黏结在一起的，因此包覆层、绝热层和推进剂药柱的变形受到壳体的约束而产生热应力和热应变。

发动机壳体为优质合金钢，属于弹塑性材料，可用 von Mises 应力强度来评估壳体的结构完整性。壳体的弹性模量较推进剂初始模量高约 5 个量级，因此，壳体为发动机的主要承力构件，特别是在发动机点火发射时承受很大的应力。壳体的强度为 2000MPa，且不随温度改变，推进剂药柱的最大延伸率高温为 40%、常温为 40%、低温为 45%。

为了更好探讨 von Mises 应力沿发动机轴向(在有限元建模中设置为 Z 方向)的分布，特取如图 3-114 所示的两条特征线，研究 von Mises 应力沿两条特征线的分布规律。同样，为便于问题研究、更好地明了发动机的 von Mises 应变场分布特点,取如图 3-115 所示发动机循环对称面上的两条特征线,研究 von Mises 应变沿两条特征线的分布规律。

1. 固化降温至常温时发动机的结构完整性

1) 发动机壳体 von Mises 应力场

当发动机固化后，降温到常温，其壳体的 von Mises 应力场如图 3-116(a) 所示，von Mises 应力沿两条特征线的分布规律见图 3-116(b)。

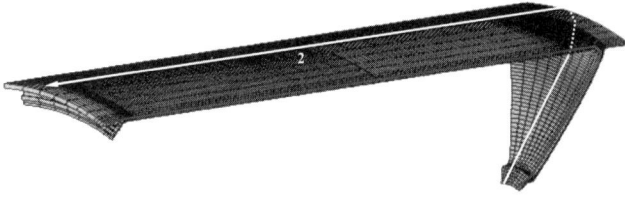

图 3-114　发动机壳体两条特征线分布示意图

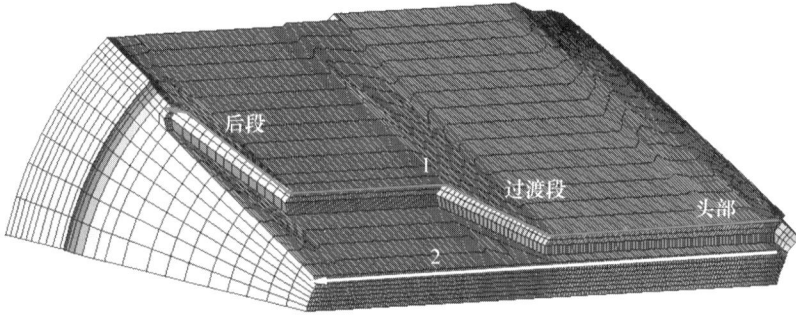

图 3-115　发动机循环对称剖面上的两条特征线分布示意图

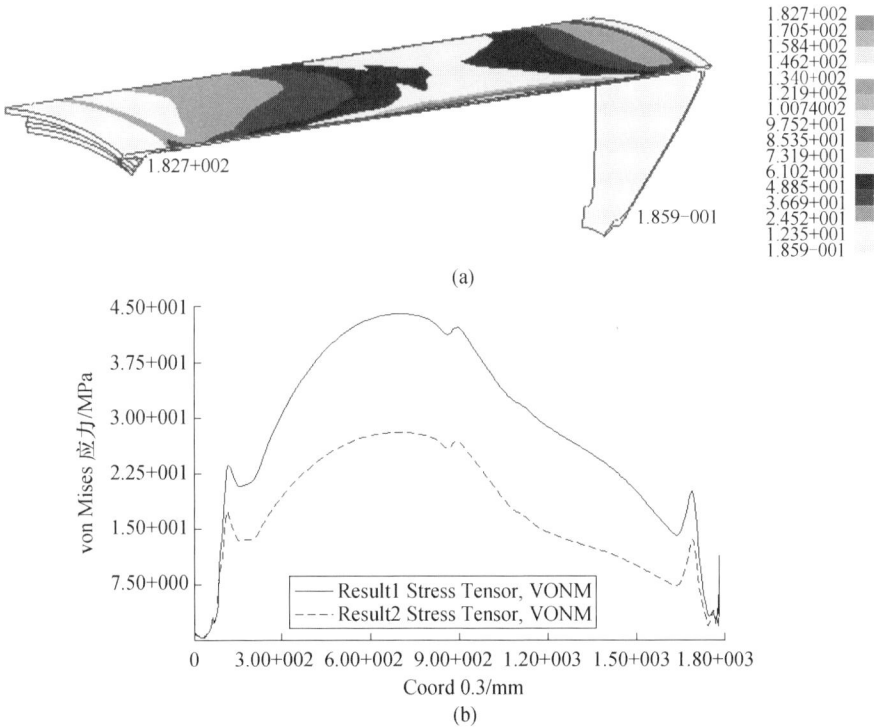

(a)

(b)

图 3-116　固化降温至常温时发动机壳体的 von Mises 应力场

(a) 发动机壳体的 von Mises 应力场分布云图；(b) 发动机壳体的 von Mises 应力沿两条特征线的分布规律。

结果表明，固化降温至常温时，发动机壳体上 von Mises 应力分布中段较大，两端相对较小，壳体的最大 von Mises 应力为 182.7MPa，位于发动机的尾部。壳体强度为 2000MPa，壳体强度满足要求。

2) 发动机药柱 von Mises 应变场

发动机固化后，降温到常温，发动机药柱的 von Mises 应变场如图 3-117(a) 所示，von Mises 应变沿两条特征线的分布规律见图 3-117(b)。

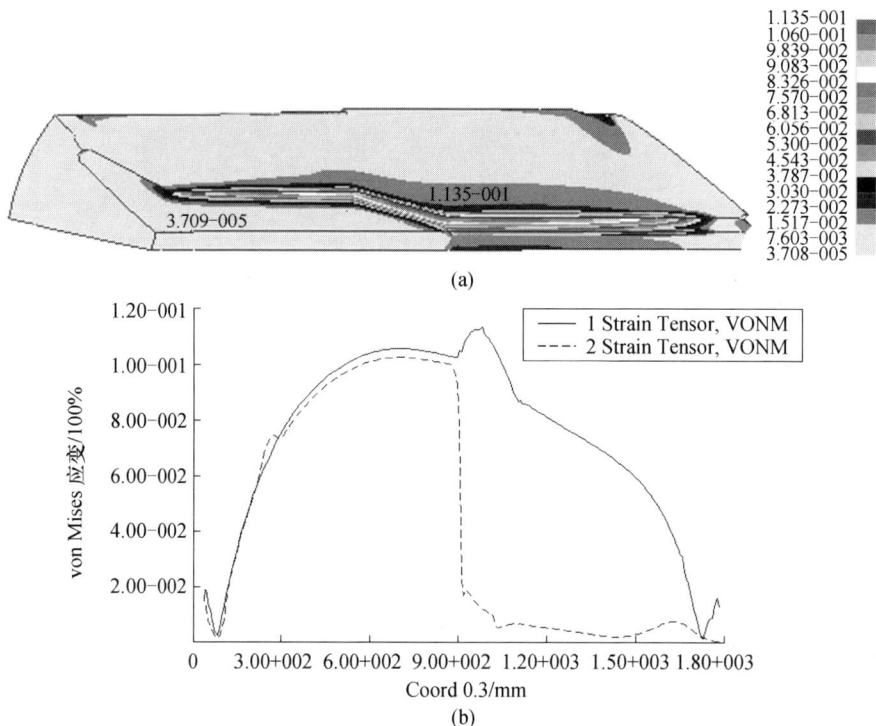

(a)

(b)

图 3-117 固化降温至常温时发动机药柱的 von Mises 应变场

(a) 发动机药柱的 von Mises 应变场分布云图；(b) 发动机药柱的 von Mises 应变沿两条特征线的分布规律。

如图 3-117 所示，发动机 von Mises 应变集中(即 von Mises 应变较大)的位置位于发动机前段内表面、过渡段内表面，其中最大值位于过渡段内表面，值为 11.4%，常温丁羟推进剂的最大许用 von Mises 应变为 40%，安全系数为 3.51，固化降温至常温时，发动机药柱的结构完整性满足要求。

2. 低温-40℃时发动机的结构完整性

1) 发动机壳体 von Mises 应力场

当发动机固化后，温度直接降温到-40℃时，发动机壳体的 von Mises 应力场如图 3-118(a)所示，von Mises 应力沿两条特征线的分布规律见图 3-118(b)。

(a)

(b)

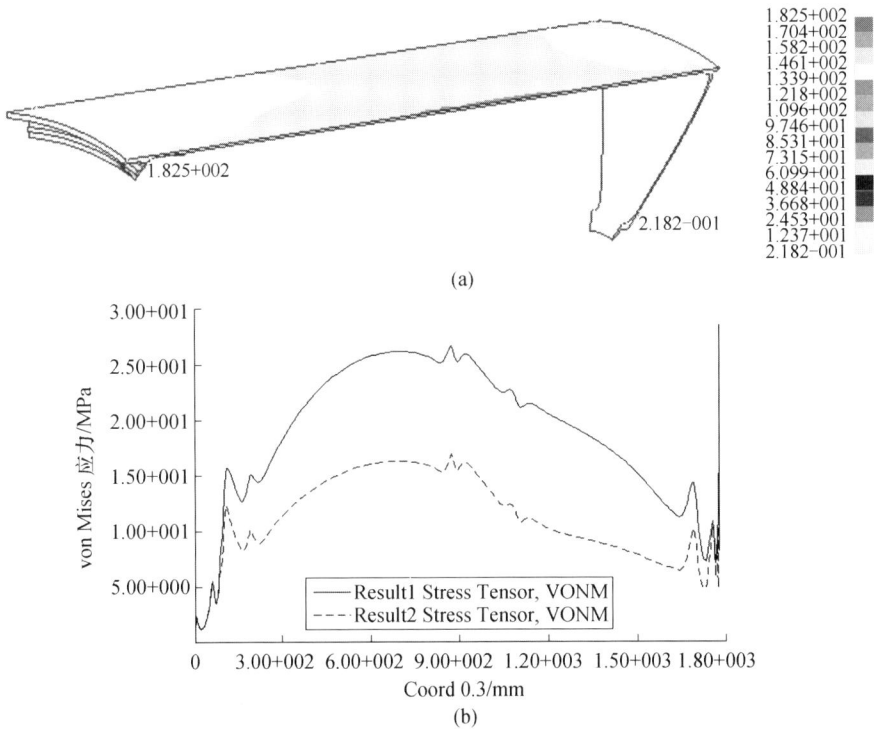

图 3-118　降温至-40℃时发动机壳体的 von Mises 应力场

(a) 发动机壳体的 von Mises 应力场分布云图；(b) 发动机壳体的 von Mises 应力沿两条特征线的分布规律。

由固体温度降温至-40℃时，发动机壳体上 von Mises 应力分布规律与常温时相似，仍为中段较大，两端相对较小。发动机壳体的最大 von Mises 应力为 182.5MPa，壳体的强度为 2000MPa，低温-40℃时壳体强度满足要求。

2) 发动机 von Mises 应变场

发动机固化后直接降温到-40℃时，发动机药柱的 von Mises 应变场如图 3-119(a)所示，von Mises 应变沿两条特征线的分布规律见图 3-119(b)。

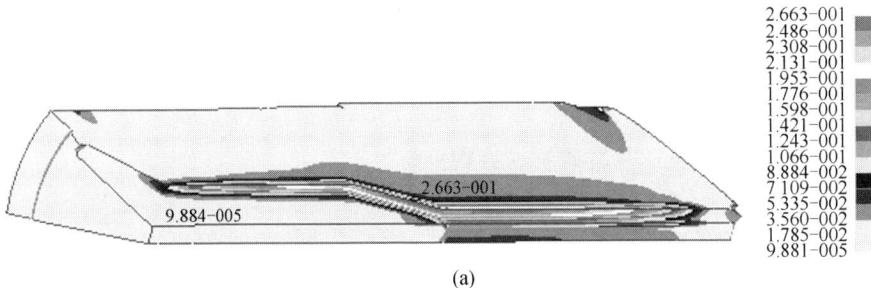

(a)

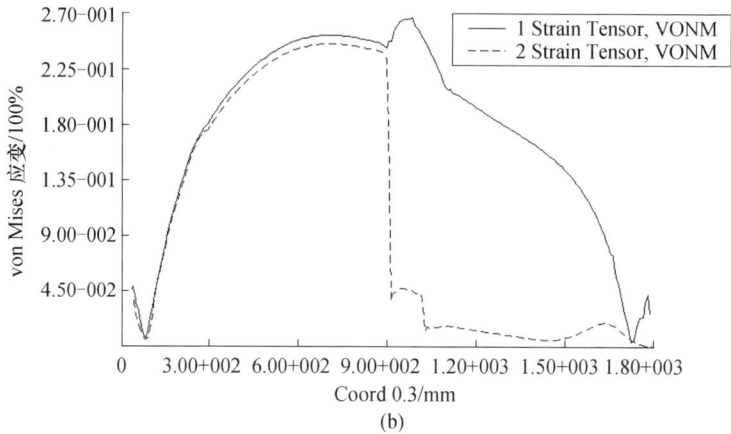

(b)

图 3-119　固体降温至-40℃时发动机药柱的 von Mises 应变场

(a) 发动机药柱的 von Mises 应变场分布云图；(b) 发动机药柱的 von Mises 应变沿两条特征线的分布规律。

　　固化降温至-40℃时，发动机药柱 von Mises 应变集中位于发动机前段内表面和过渡段内表面，其中最大值位于过渡段内表面，值为 26.6%，低温丁羟推进剂最大许用 von Mises 应变为 45%，安全系数 1.69，发动机药柱的结构完整性满足要求。

　　总之，在温度载荷的作用下，其变形为药柱两侧向中心收缩，von Mises 应变最大值均位于发动机过渡段内表面，这是由于发动机结构及承受载荷特点所决定的。温度载荷产生的 von Mises 应变分布于整个发动机药柱内表面，于发动机药柱中段表面较为均匀，没有出现特别突出尖峰点(较周围高 30%的峰值点)，可见该药型的设计可较好地承受温度载荷的作用。

3.3.2　复合载荷作用下发动机的结构完整性评估

　　根据实际工作情况，考虑到战场环境的变化，火箭、导弹需适应不同环境温度，确保无论是高温还是低温环境，火箭、导弹都能正常发射，要求温度适应范围为-40℃～50℃，下面将固化降温、燃气内压和轴向过载三种载荷进行复合，分别评估高温(50℃)、常温(20℃)和低温(-40℃)三种环境温度下点火发射时发动机的结构完整性。

1. 高温点火发射时发动机的结构完整性

1) 发动机壳体 von Mises 应力场

　　在高温载荷工况下对发动机进行仿真计算，获取发动机壳体的 von Mises 应力场如图 3-120(a)所示，von Mises 应力沿两条特征线的分布规律见图 3-120(b)。

(a)

(b)

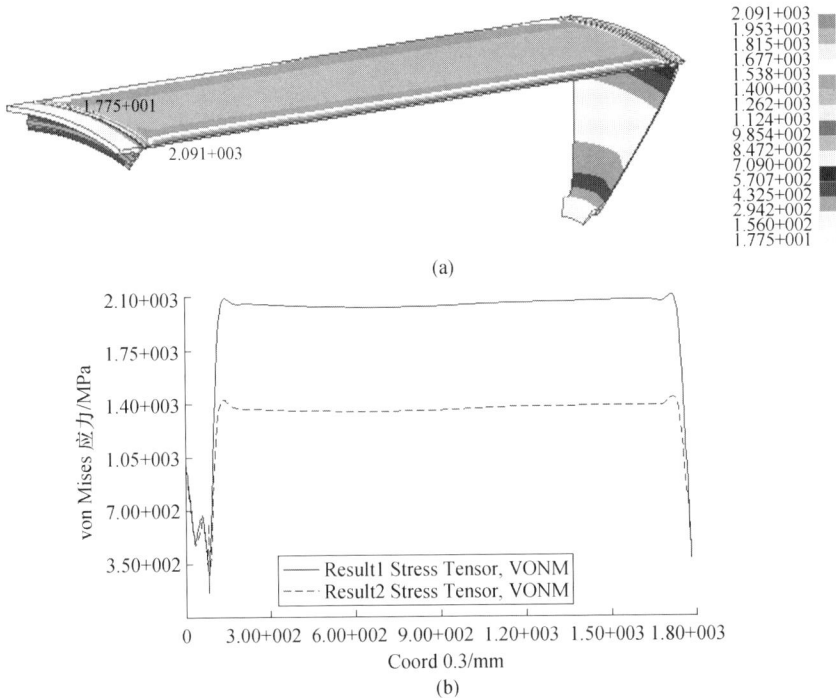

图 3-120　高温点火发射时壳体的 von Mises 应力场

(a) 壳体的 von Mises 应力场分布云图；(b) 壳体的 von Mises 应力沿两条特征线的分布规律。

高温点火发射时，发动机壳体上 von Mises 应力分布于后翼槽对应的壳体最大，两端相对较小。壳体最大 von Mises 应力为 2091MPa，而壳体的强度为 2000MPa，由于是以压力峰进行计算的，而压力峰值作用时间仅为几毫秒，壳体强度是勉强满足要求(没有超过强度的 5%)。但是，为了确保使用安全，建议适当增加壳体厚度，将安全系数提高到 1.30 以上。

2) 发动机药柱 von Mises 应变场

发动机高温点火发射时，药柱的 von Mises 应变场如图 3-121(a)所示，von Mises 应变沿两条特征线的分布规律见图 3-121(b)。

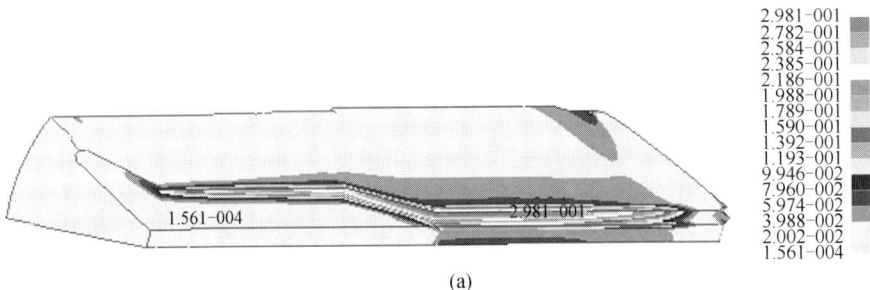

(a)

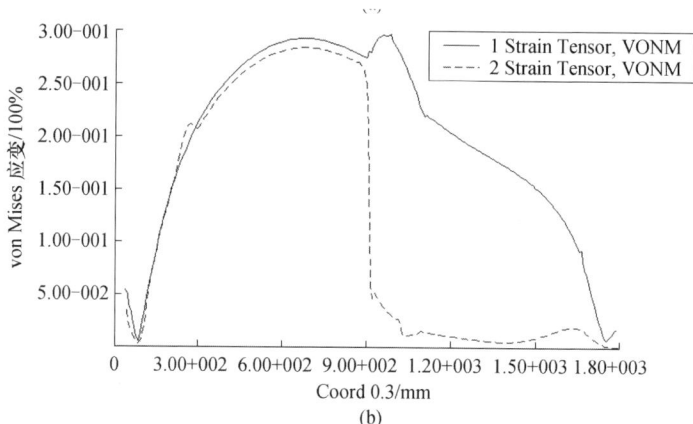

图 3-121　高温点火发射时发动机药柱的 von Mises 应变场

(a) 药柱的 von Mises 应变场分布云图；(b) 发动机药柱的 von Mises 应力沿两条特征线的分布规律。

高温点火发射时，发动机药柱出现 von Mises 应变集中的部位位于药柱前段内表面和过渡段，其中最大值位于前段内表面，值 29.8%，高温丁羟推进剂的最大许用 von Mises 应变为 40%，安全系数为 1.34，发动机结构完整性满足要求。

2. 常温点火发射时发动机的结构完整性

1) 发动机壳体 von Mises 应力场

当发动机固化后，降温到 20℃点火发射，其壳体的 von Mises 应力场如图 3-122(a)所示，von Mises 应力沿两条特征线的分布规律见图 3-122(b)。

常温点火发射时，发动机壳体上 von Mises 应力分布规律与高温点火发射时相似，后翼槽对应处壳体的最大 von Mises 应力为全局最大，值为 1829MPa，壳体强度为 2000MPa，安全系数 1.09，壳体强度满足要求。与高温点火发射相比，壳体的最大 von Mises 应力(2091MPa)下降 13.1%，可见温度较低时壳体的安全性提高。同样，常温发射时壳体的安全储备明显不足，建议适当增加壳体厚度，将常温发射时壳体的安全系数提高到大于 1.30。

2) 发动机的 von Mises 应变场

发动机常温点火发射时，药柱的 von Mises 应变场如图 3-123(a)所示，von Mises 应变沿两条特征线的分布规律见图 3-123(b)。

常温点火发射时，发动机药柱 von Mises 应变集中位于药柱前直段、过渡段以及后直段内孔沟槽表面，其中最大 von Mises 应变位于过渡段区域，值为 32.4%，常温允许 von Mises 应变为 40%，安全系数为 1.23，即固化降温至常温后立即点火发射时，发动机的结构完整性满足要求。工程中通常要求固体火箭发动机的安全系数大于 1.30，故常温发射时的安全储备略显不足，建议通过优化过渡段药型结构，以缓解其应力应变集中。

(a)

(b)

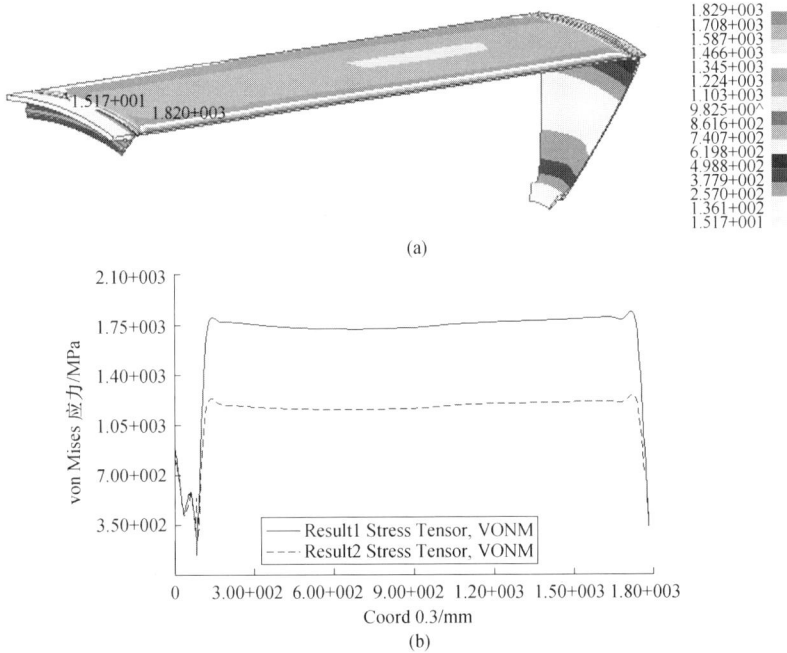

图 3-122 常温点火发射时发动机壳体的 von Mises 应力场

(a) 壳体的 von Mises 应力场分布云图；(b) 发动机壳体的 von Mises 应力沿两条特征线的分布规律。

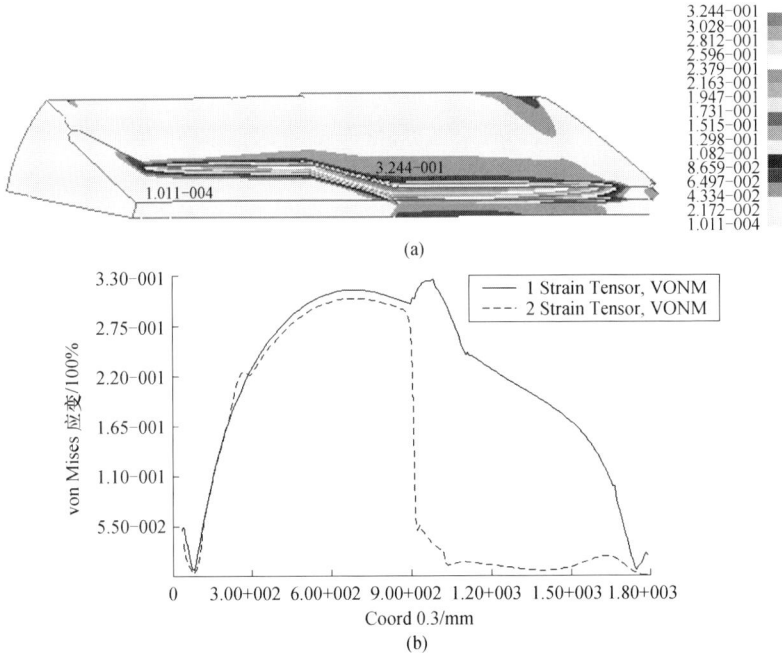

(a)

(b)

图 3-123 常温点火发射时发动机药柱的 von Mises 应变场

(a) 发动机药柱的 von Mises 应变场分布云图；(b) 发动机药柱的 von Mises 应力沿两条特征线的分布规律。

3. 低温点火发射时的发动机结构完整性

1) 发动机壳体 von Mises 应力场

当发动机固化后，降温到-40℃点火发射，其壳体的 von Mises 应力场如图 3-124(a)所示，von Mises 应力沿两条特征线的分布规律见图 3-124(b)。

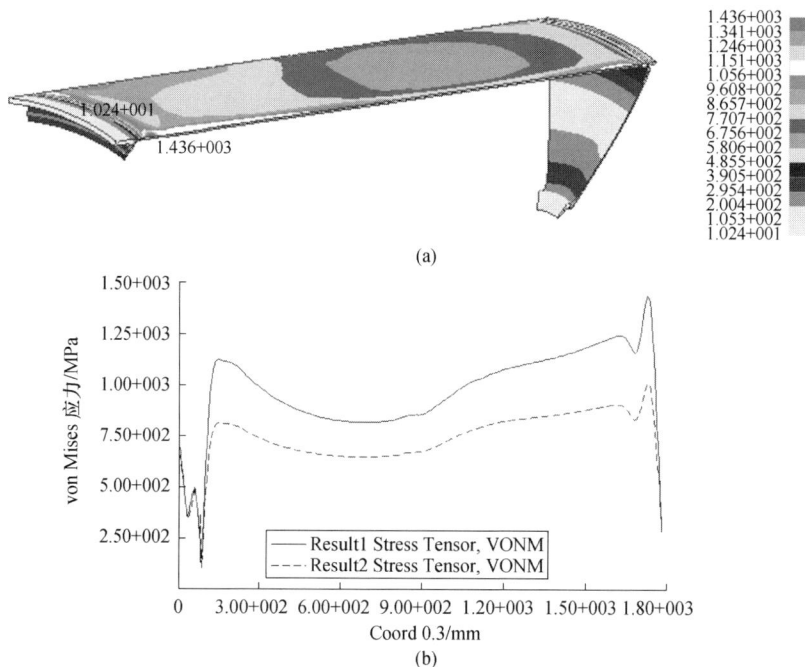

图 3-124　低温-50℃点火发射时壳体的 von Mises 应力场

(a) 壳体的 von Mises 应力场分布云图；(b) 壳体的 von Mises 应力沿两条特征线的分布规律。

低温点火发射时，发动机壳体上 von Mises 应力分布规律与高温及常温点火发射时相似，后翼槽对应处壳体的最大 von Mises 应力为全局最大，值为1436MPa，较常温时(1829MPa)低 21.5%，较高温时(2091MPa)低 31.3%，可见温度较低时壳体的安全性更好。壳体的强度为 2000MPa，安全系数为 1.39，壳体强度满足要求。

2) 发动机药柱 von Mises 应变场

发动机低温点火发射时，发动机药柱的 von Mises 应变场如图 3-125(a)所示，von Mises 应变沿两条特征线的分布规律见图 3-125(b)。

发动机低温-40℃点火发射时，药柱 von Mises 应变集中位于药柱前直段、过渡段以及后直段内孔沟槽表面，其中最大 von Mises 应变位于过渡段区域，值为37.8%，允许 von Mises 应变为 45%，安全系数为 1.19，由 von Mises 应变准则，发动机由零应力温度降到低温后，立即点火发射时的结构完整性满足要求。

(a)

(b)

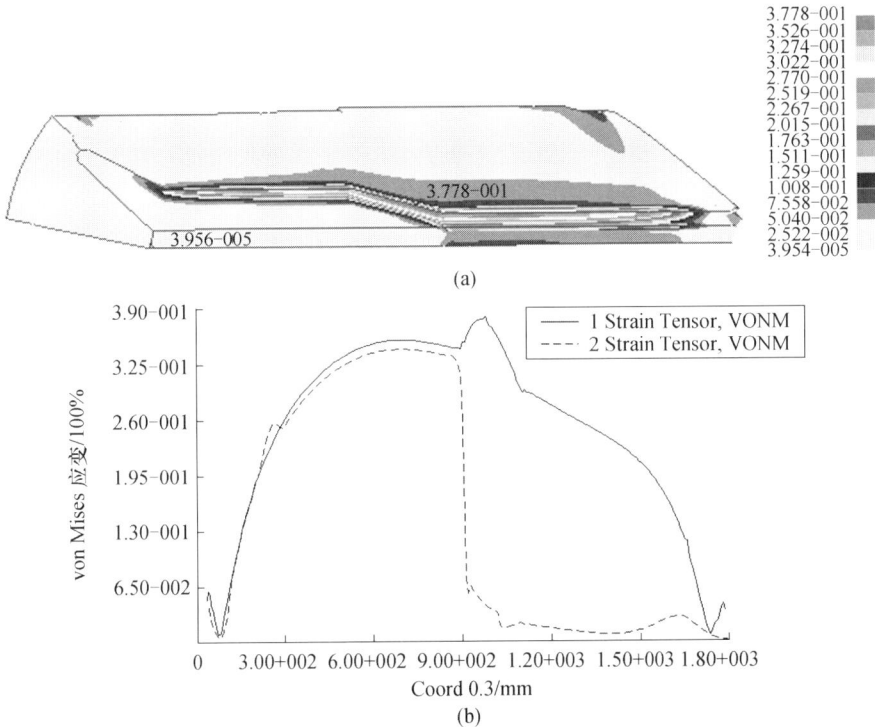

图 3-125   低温点火发射时发动机药柱的 von Mises 应变场

(a) 发动机药柱的 von Mises 应变场分布云图；(b) 发动机药柱的 von Mises 应变沿两条特征线的分布规律。

固化降温至低温后立即使用的低温发射载荷工况是一种极端边界情况，由于固化降温从零应力温度降到常温，会导致发动机药柱中存在约 10%的温度应变，而发动机的使用往往在固化降温后 6 个月以后，更不用说长期贮存后的发动机，其热应力应变已经松弛、蠕变释放，零应力温度即为贮存处的温度，一般在 10℃～30℃范围内，这种一经固化立即使用的情况极少出现，因此，发动机药柱低温点火发射时的最大 von Mises 应变在 30%左右，安全系数约为 1.5。当然，最根本的措施是优化药型，缓解应力应变集中。

发动机低温性能是火箭发动机最关键的性能，为检验发动机低温性能，通常采用多个 1∶1 的发动机进行低温点火试验，这样需要经费较多，易发生低温穿火、爆裂和爆轰等故障，由于试验的不可重现性导致分析原因困难。因而进行这方面的理论分析和数值仿真，不但可以节约经费，而且可对发动机可能出现的危险情况有一定的预见性，对固体火箭发动机的设计和改进提供量化的指导。

要提高发动机的安全性，提高推进剂的低温力学性能是至关重要的，主要有两个途径：一是改进发动机装药工艺及配方，二是改进发动机药型设计。在改进配方和工艺困难时，可考虑对发动机应力应变集中部位的几何形状进行优化设计，使得发动机在低温时处于较低的应力应变水平，有效地提高发动机的低温安全性。对于本书所研究的发动机，建议对发动机壳体适当加厚，同时，鉴于发动机药柱常温发射安全系数为1.23、低温发射时的安全系数仅有1.19(最好大于1.30)，建议可考虑在不影响内弹道的情况下，采取加宽沟槽、增加中段孔径等优化措施缓解应力应变集中，以提高发动机的低温力学性能，具体优化几何尺寸需要进一步的结构完整性分析来完成。

3.4 小结

通过对无缺陷发动机在温度载荷与各种环境温度下复合载荷作用下的结构完整性分析，发动机的结构完整性基本满足要求。发动机药柱最大 von Mises 应变位于发动机过渡段内表面处，应变于整个内表面分布较为均匀，没有特别突出尖峰点。高温发射时壳体结构完整性勉强满足要求，但已经没有了安全储备(一般要求安全系数大于 1.30)，常温发射时壳体安全储备也不足，建议适当加厚壳体；低温点火发射是发动机最危险的情况，存在发动机药柱安全系数偏低、安全储备不足的情况，建议对药型进行优化设计。

编者注：该型发动机根据此数值仿真的结果，采取了加厚壳体、优化药型等措施，全面提升了发动机的结构完整性。限于篇幅，不再赘述。

第4章
野战火箭发动机贮存寿命预估

野战火箭、导弹是一种投资巨大、长期贮存、一次使用的武器。由于长期贮存的需要和固体推进剂是一种化学不稳定性材料的现实，与液体火箭、导弹不同，野战火箭、导弹有一项重要的战术技术指标：贮存寿命，是指野战火箭、导弹在能完成设计的战术技术指标前提下所能贮存的最长时间。野战火箭、导弹装备部队后面临的一个重要问题是寿命预估问题，准确预估贮存寿命可以确保野战火箭、导弹预期的打击能力，又可避免提前退役带来的浪费以及过期服役可能导致的丧失作战能力甚至威胁自身安全的严重后果。贴壁浇注的野战火箭发动机在贮存期间不能更换装药，发动机的绝热层、包覆层和固体推进剂属于高分子材料，其物理化学性能不太稳定。在载荷/环境谱作用下，材料内部存在多种物理和化学降解，导致推进剂的力学性能（主要指松弛模量、泊松比、热膨胀系数、延伸率与强度等）及发动机药柱各粘接界面的粘接性能（主要指各界面即：壳体/绝热层Ⅰ界面、绝热层/包覆层Ⅱ界面和包覆层/推进剂Ⅲ界面的拉、剪与断裂韧性等）随着贮存时间增长而不断劣化。除发动机外，野战火箭、导弹其它部件对环境因素不敏感(如弹体结构)或易于检测和更换(如弹头、控制系统的电子元器件、密封件等)。因此，野战火箭、导弹的贮存寿命主要依赖于野战火箭发动机的贮存寿命。

4.1 野战火箭发动机贮存寿命预估方法

美国主要通过长期使用寿命分析(LRSLA)计划对火箭发动机的贮存寿命进行预估，依靠全尺寸发动机贮存试验和解剖，这种大规模的全弹贮存、监测方法耗费巨大。因此，不少学者用不同的方法对固体推进剂的贮存寿命进行了研究，如：根据测量推进剂加速老化试验的活化能、推进剂的老化反应机理、比冲与推力内弹道性能参数变化以及根据自然贮存推进剂方坯的力学性能变化对可靠性影响来预估寿命。

目前工程上预估野战火箭发动机寿命的方法主要有 3 种。

方法一是推进剂方坯加速老化试验预估野战火箭发动机寿命方法。单纯通过推进剂方坯加速老化试验，测试其力学性能参数变化来预测野战火箭发动机的贮存寿命，主要以推进剂某项力学性能参数(如最大延伸率)劣化到某一定值作为评判寿命的标准，这一方法简单便捷，但是会导致同一种推进剂无论浇注成何种野战火箭发动机，其寿命均相同的不合理结果，因此，这种方法个体针对性差，预估误差太大，结果往往难以指导野战火箭发动机的使用，只能作为概略估计。

方法二是推进剂方坯加速老化试验与少量自然贮存野战火箭发动机定期点火静试相结合的野战火箭发动机寿命预估方法。这种方法是方法一的改进，试图克服个体针对性差的不足，但是野战火箭发动机点火的结果仅能确定该贮存时间野战火箭发动机的情况，为方坯加速老化性能参数评估的寿命提供佐证，不能对老化性能参数进行修正，无法得到野战火箭发动机点火安全余量，无法推测未来的寿命。该方法唯有野战火箭发动机到寿命时，才能确定发动机的贮存寿命，并确定方坯加速老化性能参数劣化与贮存寿命的对应关系，这种以自然贮存野战火箭发动机点火试验失败来确定野战火箭发动机寿命的方法，存在很大的安全风险。同时，由于野战火箭发动机静试时间间隔和发动机使用环境差别，该方法仍然存在较大的误差。

方法三是基于结构完整性分析和老化试验相结合的野战火箭发动机寿命预估方法。近年来计算机硬软和软件技术发展促进了该方法的发展与应用，通过大型数值仿真软件，建立野战火箭发动机真实三维模型及黏弹性本构关系，结合老化试验测取野战火箭发动机材料力学性能参数随贮存时间的变化，获取任一贮存时间发动机在真实载荷环境作用下完整的数字化虚拟发射结果，更好地观测在发动机静试中无法观测的现象和数据，提取发动机结构完整性劣化的动态量化指标随发动机材料力学性能参数的演变规律，由此确定野战火箭发动机的贮存寿命，当然，若条件允许，还可通过自然贮存的发动机静试来检验预估结果。该方法具有能够反映野战火箭发动机的真实构型、真实载荷历程、理论完备和方便快捷等特点，并可获取发动机各贮存时间点的发射安全余量，大大提高了发动机寿命预估的针对性和分析结果的准确性。该方法的关键是准确获取发动机材料力学性能参数随着贮存时间的变化规律，通常有三个途径获取：第一个途径是通过新浇注方坯进行加速老化试验测取；第二个途径是浇注发动机的同时浇注一定量的方坯，随发动机自然贮存，过一定时间间隔即取部分方坯测量其力学性能参数；第三个途径是对自然贮存的野战火箭发动机进行解剖，从中取得推进剂制备试件测取力学性能参数。

随着发动机药型的日益复杂，不考虑发动机药柱的实际贮存及承载情况，仅由解剖发动机测试推进剂的力学性能参数来预估发动机的寿命，无疑会影响预估的准确性。因此，采用通过定期解剖自然贮存的野战火箭发动机测取推进剂力学性能与基于发动机三维结构完整性分析相结合的方法是一种准确而又较为经济的方法，该方法最终归结为贮存一定时期的发动机在某些载荷/环境谱作用下，其响应超过了某种失效模式的破坏极限。书中所研究的野战火箭弹预计贮存年限为 10 年，已经到服役年限，发动机服役寿命确定日益迫切，以最大von Mises 应变作为判据，通过解剖发动机，测取力学性能参数，对发动机在常温点火发射进行数值仿真，根据发动机药柱最大 von Mises 应变与长期贮存的推进剂强度(最大延伸率)演变规律，评估发动机的贮存寿命。

4.2 基于推进剂加速老化的野战火箭发动机贮存寿命预估

目前常用推进剂加速老化试验来概略预估野战火箭发动机的寿命,根据《复合固体推进剂高温加速老化试验方法》(QJ2328A－2005)对推进剂进行加速老化试验，测定经加速老化后推进剂的力学性能的变化，通常采用最大延伸率的变化规律来确定发动机的寿命。表 4-1 所示为某推进剂在不同温度不同时间下老化后的最大延伸率。

表 4-1   推进剂最大延伸率 ε_m(%)测试数据表

老化时间/周	推进剂 ε_m/%		
	70℃	60℃	50℃
0	49.4	49.4	49.4
2	45.7	46.0	46.4
4	45.1	45.3	45.5
6	43.5	44.1	44.4
8	43.2	43.4	43.6
12	42.0	43.1	43.3
16	41.1	42.6	43.0
20	40.0	41.7	42.2

导出推进剂老化试验后测定的最大延伸率与贮存时间的关系，首先，设最大延伸率与化学反应速率及老化时间的关系为

$$\varepsilon_{\mathrm{m}} = A\exp(-Kt) \tag{4-1}$$

式中：ε_{m} 为最大延伸率；A 为常数；K 为化学反应速率；t 为时间。

其次，建立贮存温度与化学反应速率的关系。老化过程中，假定固体推进剂中的物理化学性能变化遵循 Arrhenius 方程，即

$$K = H \cdot \exp\left[-\left(\frac{E}{R}\right)\frac{1}{T}\right] \tag{4-2}$$

式中：K 为温度 T 时的反应速率；E 为活化能；H 为频率因子；R 为气体常数。

最后，确立任一贮存温度下力学性能参数与贮存时间的关系。由式(4-1)和式(4-2)可得任一贮存温度 T_{s} 下最大延伸率 ε_{m} 与贮存时间 t 的关系，即

$$\varepsilon_{\mathrm{m}} = A_{T_{\mathrm{s}}} \exp\left[-H\exp\left(-\frac{E}{RT_{\mathrm{s}}}\right)t\right] \tag{4-3}$$

式中：$A_{T_{\mathrm{s}}}$ 为对应贮存温度 T_{s} 时的常数。

根据老化试验结果，表 4-1 所列推进剂在同一贮存温度下不同贮存时期的最大延伸率，由式(4-1)拟合得到 A 与 K 两参数，进而得到不同老化温度下该力学性能参数最大延伸率 ε_{m} 与老化时间 t 的关系中的 A 与 K 两参数，由式(4-1)所得的不同老化温度 T 时的化学反应速率 K，对式(4-2)通过数据拟合可确定式中的 H 和 (E/R) 两参数，可得到 20℃ 最大延伸率 ε_{m} 与贮存时间 t 的关系为

$$\varepsilon_{\mathrm{m}} = a_1 \exp\left[-b_1\exp\left(\frac{-c_1}{T_{\mathrm{s}}}\right)t\right] \tag{4-4}$$

式中：a_1、b_1 和 c_1 为常数值，分别对应式(4-3)的 $A_{T_{\mathrm{s}}}$、H 和 (E/R)。式(4-4)为推进剂 20℃ 最大延伸率 ε_{m} 与贮存时间 t 的关系曲线，如图 4-1 所示。

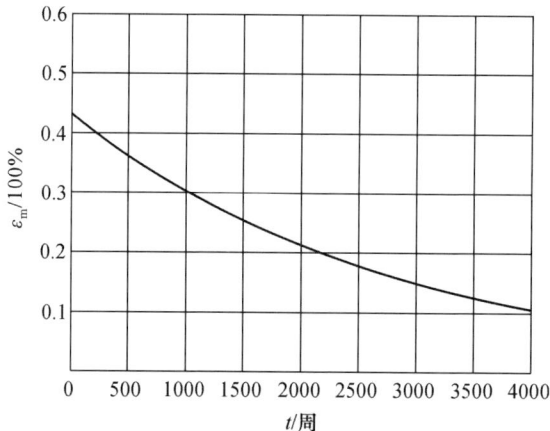

图 4-1 推进剂 20℃ 最大延伸率 ε_{m} 与贮存时间 t 的关系曲线

单纯以推进剂力学性能参数的变化来评估野战火箭发动机的寿命时，以最大延伸率下降 10%、15%或 20%作为评估标准，其评估方法是由式(4-4)在某贮存温度 T_s 下，延伸率下降 10%、15%或 20%时所用的时间，即为发动机的贮存时间。以推进剂最大延伸率下降到某一定值作为失效判据时有：推进剂最大延伸率下降 10%时，发动机贮存寿命为 302.4 周(约 5 年 10 个月)，最大延伸率下降 15%时，发动机贮存寿命为 466.45 周(约 9 年 0 个月)，最大延伸率下降 20%时，发动机贮存寿命为 640.5 周(约 12 年 4 个月)，如表 4-2 所示。

表 4-2　基于推进剂最大延伸率变化预估发动机贮存寿命

延伸率下降	10%	15%	20%
推进剂	5 年 10 个月	9 年 0 个月	12 年 4 个月

可见，以材料方坯加速老化的方法预估野战火箭发动机的贮存寿命，主要存在两个方面的局限性，一是由材料决定结构贮存寿命存在先天的关联性不足，二是决定发动机贮存寿命的使用载荷/环境要素缺失。以材料方坯加速老化的方法预估野战火箭发动机的贮存寿命，会得到同样的推进剂材料浇注不同药型结构的发动机其寿命均相同的结论，但是发动机药型结构不同，在全寿命周期历程中其响应不同，寿命必然不同，故以材料决定寿命会导致较大的误差(一般估计为 30%左右)。再者，不同的野战火箭发动机的载荷/环境工况存在较大的差别，如贮存地域、使用环境和工作压力等方面的区别，其贮存寿命是不一样的。因此，材料方坯加速老化的方法预估野战火箭发动机的贮存寿命只能作为一种概略的方法，用于大致估算发动机的贮存寿命。而采用基于结构完整性评估与老化试验相结合的野战火箭发动机寿命的方法，综合考虑了发动机的真实几何结构、全寿命周期的真实载荷历程、真实的失效模式以及可靠的推进剂老化性能参数，可较为精确地预估发动机的剩余寿命。

4.3　基于结构完整性评估的野战火箭发动机贮存寿命预估

4.3.1　获取自然老化发动机药柱推进剂力学性能参数

为仿真发动机点火发射时的响应随贮存时间变化，需要获取发动机推进剂力学性能随贮存时间的变化，通过解剖自然贮存 4 年、7 年、8 年、9 年、10 年、11 年后的发动机，依据国军标《火药试验方法》(QJB770B－2005)中方法 413.1 "最大抗拉强度、断裂强度、最大伸长率和断裂伸长率　单向拉伸法"的要求制备推进剂试件，由方法 413.2 "初始模量　单向拉伸法"测定固体推进剂单向拉伸初始模量，由方法 413.3 "应力—应变主曲线 单向拉伸法" 测定固体推进剂的抗拉强度和伸长率主曲线，由方法 413.4 "应力松弛模量 单向拉伸法" 测定固体推进剂的应力松弛模量及主曲线，由方法 414.1 "泊松比 引伸计法" 测定固体推进剂的泊松比等参数。

通过试验测量得各贮存期推进剂松弛模量，并拟合 Prony 级数，取 15 项为

$$E(t) = E_\infty + \sum_{n=1}^{15} E_n e^{-\frac{t}{\tau_n}} = E_0 \left(q_\infty + \sum_{n=1}^{15} q_n e^{-\frac{t}{\tau_n}} \right) \tag{4-5}$$

式中：E_0 为初始模量，$E_0 = E_\infty + \sum_{n=1}^{15} E_n$；系数 $q_n = E_n / E_0$。试验数据拟合表明，贮存时间的变化对推进剂松弛特征参数 q_n 和 τ_n 基本无影响，模量的变化主要由 E_0 决定。推进剂的黏弹性参数可通过第 2 章 2.2.2 节 "黏弹性材料参数的赋值及赋予单元材料特性" 介绍的方法进行赋值。

通过定期解剖自然贮存火箭发动机，测得推进剂的不同贮存时间的力学性能参数变化，为数值仿真提供准确的材料性能参数是贮存寿命预估准确的前提保证，需要获得推进剂模量及延伸率等参数随贮存时间的变化规律，在老化过程中，推进剂中的物理化学变化过程十分复杂，其力学性能变化是这些复杂变化的总表现，假定这种总表现服从 Arrhenius 方程，即式(4-2)。

建立固体推进剂力学性能参数 P 随贮存温度 T 和贮存时间 t 的变化数学模型：

$$P(t) = f(P_0, K, t) \tag{4-6}$$

式中：P_0 为初始力学性能参数。

通常将最大延伸率和初始模量等参数 P 与化学反应速率 K 及贮存时间 t 的关系设为

$$p(t) = P_0 \exp(-Kt) \tag{4-7}$$

根据式(4-6)和式(4-2)可得某贮存温度 T 时，推进剂力学性能参数 P 与贮存时间 t 的关系为

$$p(t) = P_0 \cdot \exp\left[-A \exp\left(-\frac{E}{RT} \right) t \right] \tag{4-8}$$

于是可通过推进剂在某贮存温度 T 下不同贮存时间的力学性能参数测量值，对式(4-8)数据拟合确定式中的 P_0、A 和 (E/R) 常数。

如解剖贮存于甲地、贮存温度为 $T_{20}=293.15K$ 的发动机，将测量推进剂所得的最大延伸率 ε_m 按式(4-8)拟合，可得推进剂常温最大延伸率与贮存时间的关系为

$$\varepsilon_m = a_2 \exp\left[-b_2 \exp\left(-\frac{c_2}{T_{20}} \right) t \right] \tag{4-9}$$

式中：a_2、b_2 和 c_2 为常数值，贮存时间 t 的单位为天。同样可得该推进剂低温最大延伸率与贮存时间的关系为

$$\varepsilon_{\mathrm{m}} = a_3 \exp\left[-b_3 \exp\left(-\frac{c_3}{T_{20}} \right) t \right] \tag{4-10}$$

式中：a_3、b_3 和 c_3 为常数值，贮存时间 t 的单位为天。

4.3.2　预估野战火箭发动机常温贮存寿命

以火箭弹在常温 20℃ 的环境下贮存所能达到的最大寿命为例，研究发动机在常温点火发射时的最大 von Mises 应变与贮存时间的关系，并与推进剂许用 von Mises 应变相比较，通过发射安全系数与贮存时间的关系来预估发动机的贮存寿命。

图 4-2 所示为贮存于未曾老化、贮存 7 年及 11 年发动机点火发射时的 von Mises 应变场等值线图。发动机等值线图通过第 1 章 1.5.2 节结果后处理(Results)中的(4)等值线(Contour)进行设置。

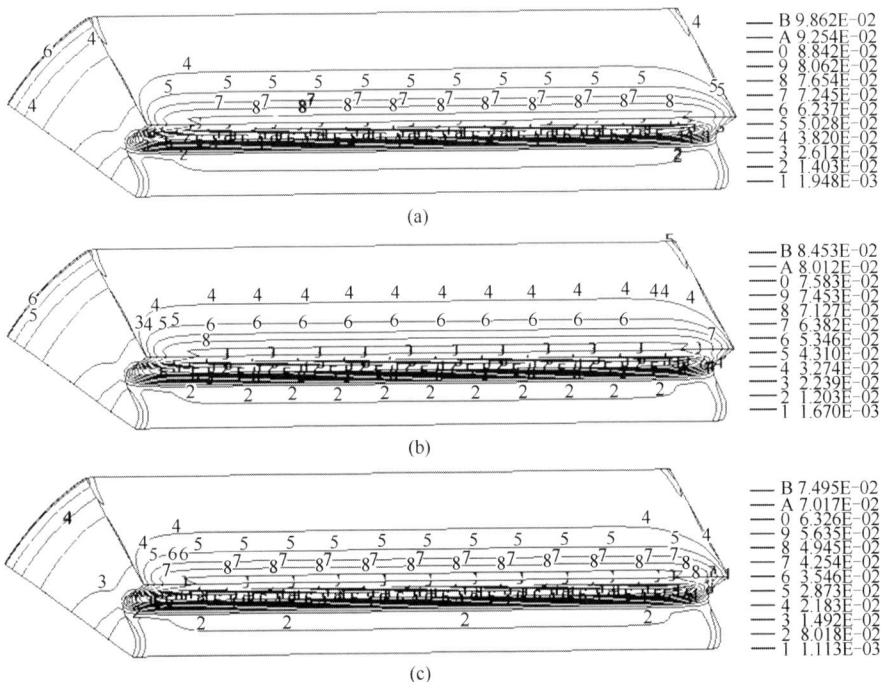

图 4-2　常温贮存时各老化时间发动机点火发射的 von Mises 等值线图

(a) 未贮存发动机点火发射时的 von Mises 等值线图；

(b) 贮存 7 年后发动机点火发射时的 von Mises 等值线图；

(c) 贮存 11 年后发动机点火发射时的 von Mises 等值线图。

对发动机进行三维黏弹性分析，计算结果表明发动机点火增压和轴向过载联合作用时，如图 4-2 所示，危险点位于发动机前翼槽内。由发动机于甲地贮存 4 年、7 年、8 年、9 年、10 年、11 年后常温发射的 von Mises 应变拟合式(4-8)得到 von Mises 应变与贮存时间 t 的关系为

$$\varepsilon_{\mathrm{v}} = a_4 \exp\left[-b_4 \exp\left(-\frac{c_4}{T_{20}}\right) t\right] \tag{4-11}$$

式中：a_4、b_4 和 c_4 为常数值，贮存时间 t 的单位为天。

同样，由发动机于甲地贮存 4 年、7 年、8 年、9 年、10 年、11 年后低温发射的 von Mises 应变拟合式(4-8)得到 von Mises 应变与贮存时间 t 的关系为

$$\varepsilon_{\mathrm{v}} = a_5 \exp\left[-b_5 \exp\left(-\frac{c_5}{T_{20}}\right) t\right] \tag{4-12}$$

式中：a_5、b_5 和 c_5 为常数值，贮存时间 t 的单位为天。

由式(4-9)与式(4-11)可得如图 4-3 所示甲地常温贮存常温点火发射安全系数 1.50 时的贮存天数为 5380 天(即 14 年 9 个月)，同样，可以得到甲地常温贮存常温点火发射安全系数与贮存天数的关系。于是由分别贮存于甲、乙和丙地的火箭弹，可获得如图 4-4 所示各地常温贮存常温点火发射时安全系数与贮存时间的关系。

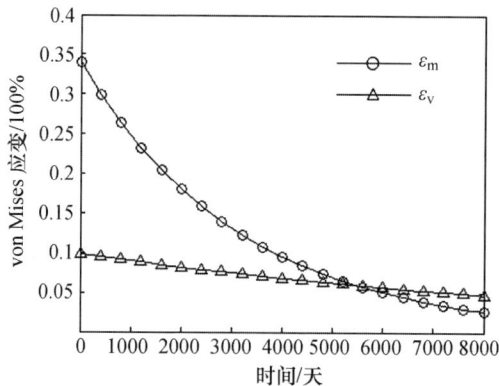

图 4-3　甲地区贮存常温发射安全系数 1.50 时的寿命预估图

由式(4-10)与式(4-12)可得如图 4-5 所示甲地常温贮存低温点火发射安全系数 1.50 时的贮存天数为 3650 天(即 10 年 0 个月)，同样，火箭弹分别贮存于甲、乙和丙地，可获得如图 4-6 所示各地常温贮存低温点火发射安全系数与贮存时间的关系。

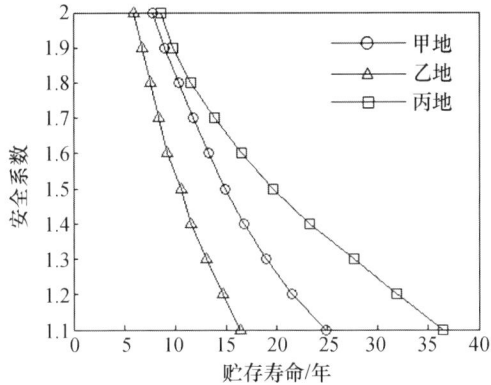

图 4-4　常温贮存常温发射时贮存寿命与安全系数的关系

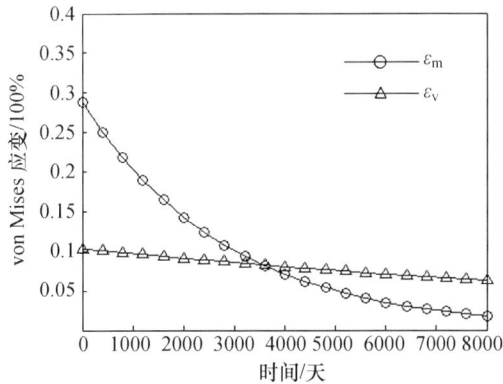

图 4-5　甲地区贮存低温发射安全系数 1.50 时的寿命预估图

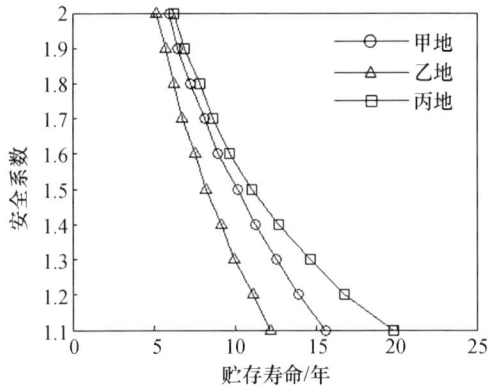

图 4-6　常温贮存低温发射时贮存寿命与安全系数关系

由图 4-4 和图 4-6 可以直观看到，各地区贮存的火箭发动机在其任一贮存年限里，常温和低温环境下发射时的安全系数，当然，同样可以方便地知道，常温和低温环境下任一发射安全系数所对应的贮存年限。当火箭发动机达到出厂预期寿命 10 年时的安全性为：常温点火发射时，贮存于甲地的安全系数为 1.82，贮存于乙地的安全系数为 1.54，贮存于丙地的安全系数约为 1.88，可见，贮存了 10 年后火箭弹常温发射安全性较高,但须重点注意乙地火箭发动机安全系数较其余两地低；低温点火发射时，于甲地贮存 10 年的火箭发动机安全系数为 1.52，贮存于乙地的安全系数为 1.30，贮存于丙地的安全系数约为 1.58。可见，贮存于乙地的火箭发动机低温发射时危险性较高。当以安全系数 1.50 来评估贮存寿命时，常温点火发射时甲地火箭发动机贮存寿命 14 年 9 个月，乙地贮存寿命 10 年 7 个月，丙地贮存寿命 19 年 7 个月；低温点火发射时甲地火箭发动机贮存寿命 10 年 1 个月，乙地贮存寿命 8 年整，丙地贮存寿命 11 年 8 个月。

总之，贮存于乙地的火箭发动机寿命最短，甲地次之，丙地最长。低温发射是最严酷的情况，通常以低温点火发射安全系数为 1.50 时的贮存寿命作为发动机的服役寿命，则该型号火箭发动机目前已经贮存了 11 年后，于甲地和乙地的均应立即报废，贮存于丙地的还有 8 个月寿命，应当及时安排实弹射击，避免浪费。当然，若火箭弹在常温下使用，则其贮存寿命可以根据以上计算结果适当延长。

4.4 小结

本章简述了工程上预估野战火箭发动机贮存寿命的方法，分别介绍了基于发动机材料力学性能劣化率预估贮存寿命和基于结构完整性评估预估贮存寿命的两种方法，重点叙述了采用基于结构完整性评估与定期解剖常温贮存发动机测取力学性能参数相结合的方法，预估了贮存于不同地域野战火箭发动机在常温和低温发射时的贮存寿命。

第5章
野战火箭发动机喷管温度场分析

随着对野战火箭弹、导弹机动性要求越来越高，通常需要安装尾翼机构来增强尾翼功能，由于喷管外壁上有尾翼机构存在，对喷管的热防护提出了更高的要求。喷管是野战火箭弹、导弹发动机的关键部件，主要包含收敛段绝热层、喉衬、扩张段绝热层、背衬和壳体等五个部分，为了热防护的需要，不同部分由不同材料加工而成，不同材料之间几何参数和物理参数不同，并且不同材料之间存在接触。在工作过程中，热传导必然不同，导致喷管外壁温升不一，需要喷管设计时根据各组成材料，调整几何尺寸，使得喷管外壁温升满足指标要求。在喷管的设计中，若单纯采用试验的方法进行调试或调整设计，无疑耗资巨大，研制周期长。另外，喷管燃气温度很高，试图采用试验的方法对温度进行测量是十分困难的。而采用有限元数值仿真方法进行温度分析，具有精度高、耗费小的优点，特别是能够方便地调整喷管结构设计，得到不同设计的发动机喷管整体温度分布，给喷管的优化设计提供支持。

采用 MSC.Patran 2012 和 MSC.Nastran 2012 进行发动机喷管温度场分布及结构响应的数值仿真，重点是发动机喷管有限元模型的建立及求解参数的设置，是获取在温度作用下位移场、应力场、应变场计算及结构完整性评估的基础。发动机喷管是典型的对称结构，建模时需绕轴向旋转数度即可。本章给出了发动机喷管有限元建模的详细描述，其中包括各种材料的物理参数、对接触面的处理方法以及对有限元计算模型的简要说明。

5.1 发动机喷管有限元建模方法

第一，根据图纸建立发动机喷管的二维平面单元，在建立有限元平面单元时，注意按照构成材料的不同划分单元。这不仅在给材料赋以不同性质时是必需的，在建立喷管间隙的 GAP 单元时也是不可缺少的。

第二，喷管是轴对称的，建模建议先建其沿轴向的截面的平面单元，如图 5-1 所示。

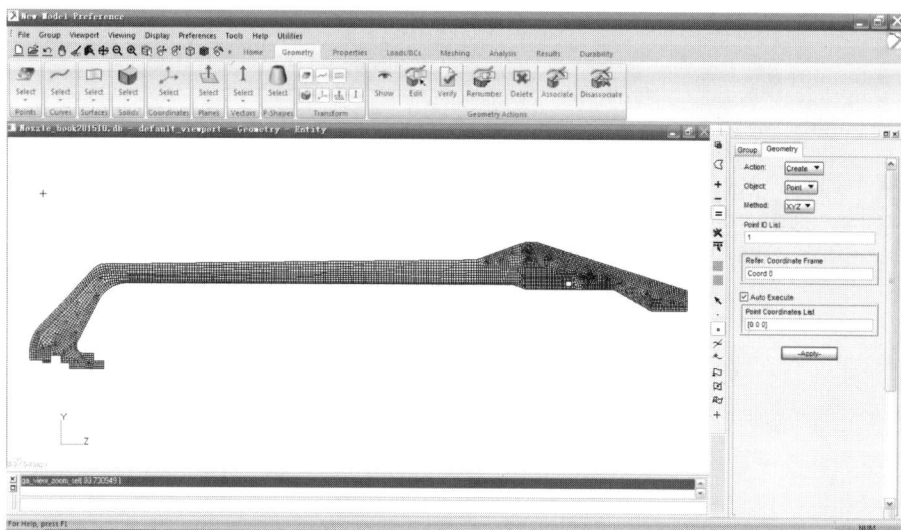

图 5-1　喷管的二维有限元模型示意图

第三，构建体单元时，通过旋转面单元即可，通常可旋转几层，为简单起见，可以仅转过一层，如图 5-2 所示，划分规模：单元 4696 个，节点 10792 个。为明确其整体结构，图 5-3 所示为喷管的 1/2 模型。

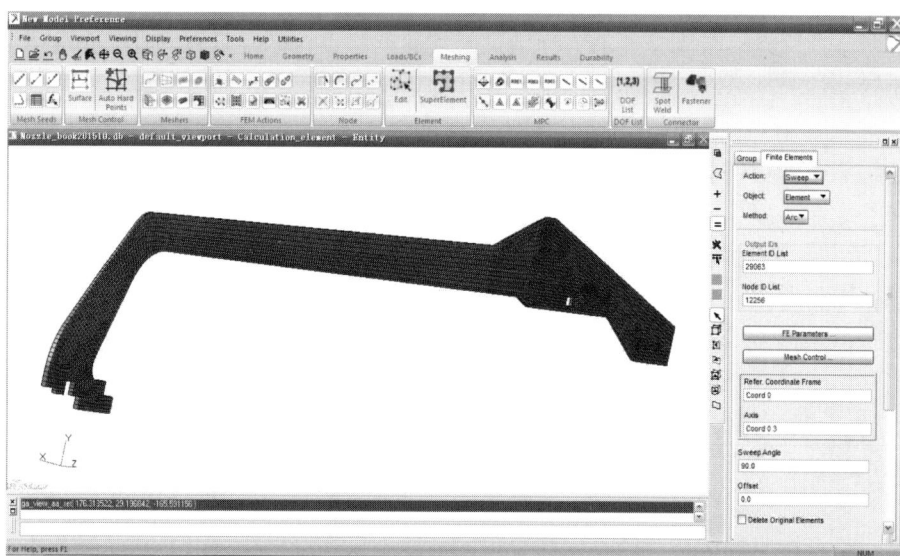

图 5-2　喷管的三维有限元模型示意图

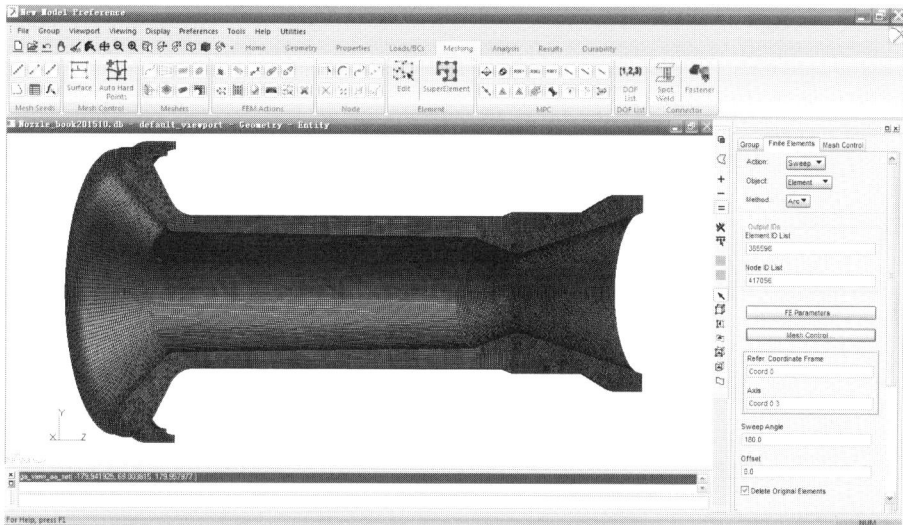

图 5-3　喷管的 1/2 有限元模型示意图

第四，为了便于选取材料，可以考虑对每种材料所在的单元单独编号，这对提取特征部位的情况带来一定的便利。

第五，建立热传导时，为了模拟喷管内壁的温度分布，将内单元上的节点沿垂直方向升起一定的距离，通常可取 0.1mm～1mm 不等，但为了便于捡取节点，升高一些为佳。

5.2　发动机喷管材料的物理参数

组成野战火箭发动机喷管的材料与其部位有关：其中喷管的喉衬、扩散段绝热层、背衬和收敛段绝热层等材料为复合材料或高分子材料，而壳体为金属材料。表 5-1 所列为发动机喷管材料的物理参数。

表 5-1　喷管材料的物理参数

材料	壳体(钢)	碳/酚醛模压	高硅氧/酚醛模压	石墨
密度/(kg/m³)	7800	1600	1700	1750
比热/[J/(kg·K)]	543	845	845.1	2512
导热系数/[W/(m·K)]	41	0.4735	0.779	125
线膨胀系数/(1/K)	1.2×10^{-5}	8.6×10^{-6}	8.39×10^{-6}	2.7×10^{-6}
泊松比	0.28	0.23	0.13	0.4

发动机喷管的参数通过第 2 章 2.2 节"定义材料特性"中所述方法输入，并给喷管各构成材料赋予特性。

5.3 发动机喷管温度场分析的边界条件

传热温度场的计算与以往在燃气内压和过载的计算不同，在处理边界条件时有很大的区别。设燃气流动是稳态的一维等熵流，与喷管内壁通过对流进行热交换；由于喷管的背壁和外界环境的热交换量很少，故假设为绝热壁；喷管的初始温度取室温 293.15K(20℃)；喷管的位移边界条件根据燃气压力和温度载荷的轴对称性，喷管整体结构在环向位移上加以约束。具体可参考《野战火箭发动机结构完整性评估数值方法》第 8 章相关内容。

5.4 发动机喷管温度场计算与分析

5.4.1 发动机喷管温度场计算方法

1. MSC.Patran 2012 中热分析设置

如图 5-4 所示，在 MSC.Patran 2012 界面的"Preferences"中选取"Analysis"项，于右侧的"Analysis type"中选"Thermal"项即可。

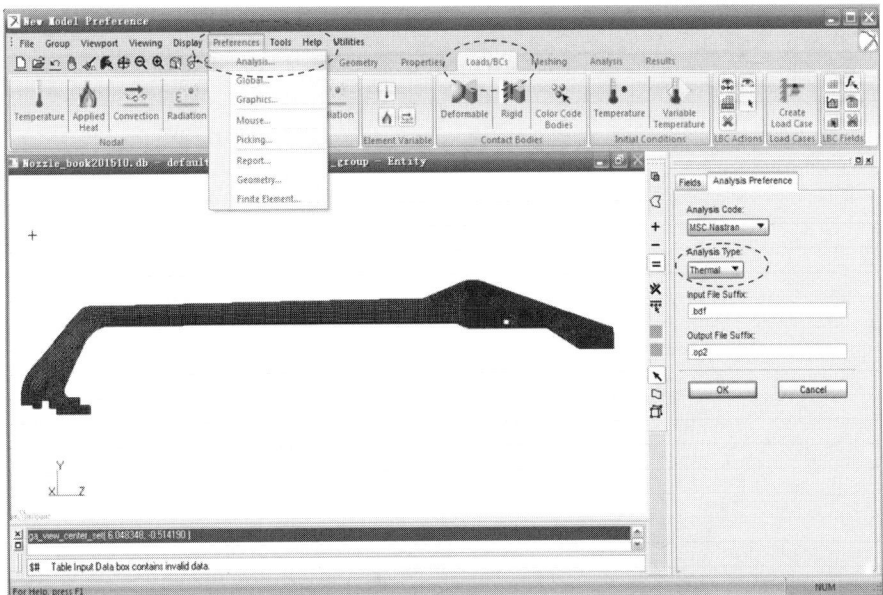

图 5-4　MSC.Patran 2012 中热分析类型的选取

2．温度边界条件设置

如图 5-5 所示，根据喷管温度沿轴向的分布，建立喷管内部沿轴向的温度边界条件。在 MSC.Patran 2012 的"Loads/BCs"中的"Fields"中设置。

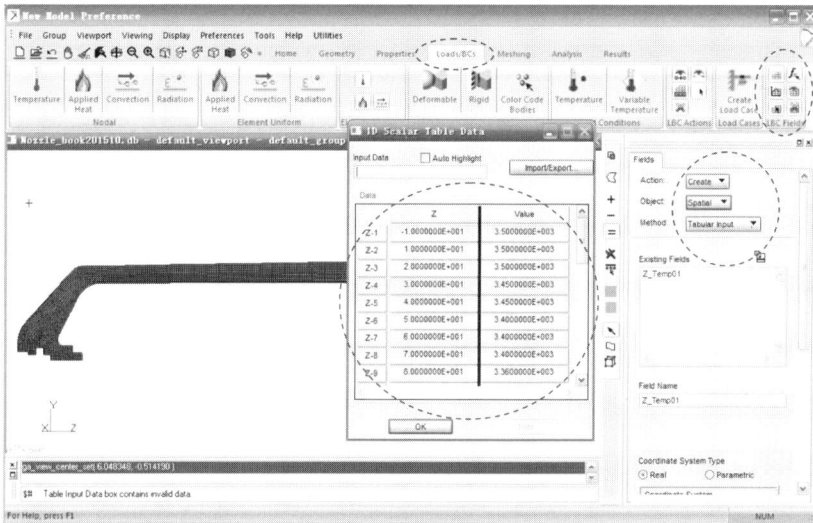

图 5-5　喷管内部温度场沿分布的设置

3．热传导设置

将喷管内壁上升的节点与喷管内壁单元建立热传导关系，如图 5-6 所示，在 MSC.Patran 2012 中的"Loads/BCs"中设置。

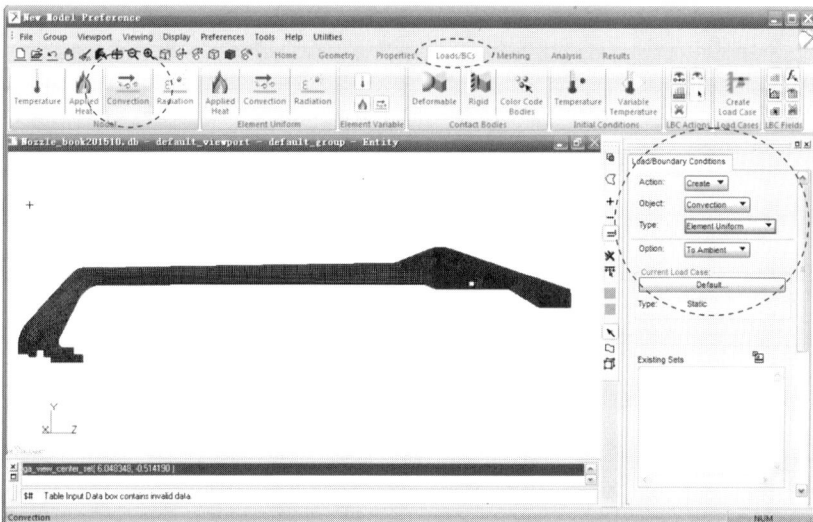

图 5-6　喷管内壁热传导设置

4. 热传导计算

最后如图 5-7 所示，通过 MSC.Pastran 2012 的 Analysis 界面上，通过 Solution Type 提交 MSC.Nastran 2012 的 ⊙ TRANSIENT ANALYSIS 模块计算，得到喷管的温度场。

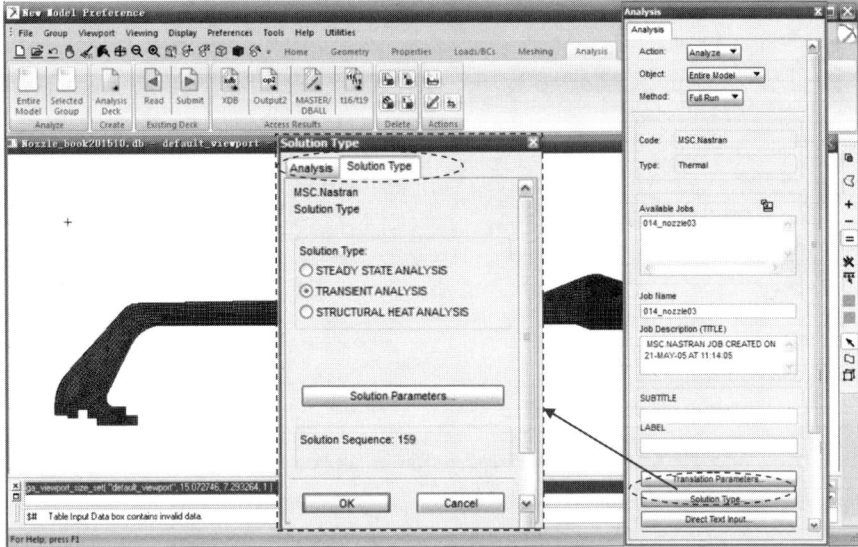

图 5-7　喷管温度场计算

5.4.2　发动机喷管温度场分布

有限元分析所得发动机在 0～180s 各时刻温度场分布如图 5-8 所示。

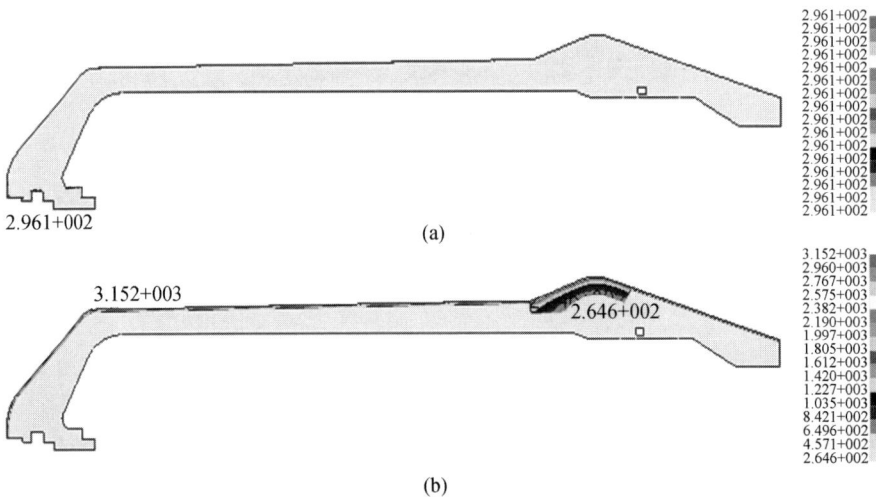

(a)

(b)

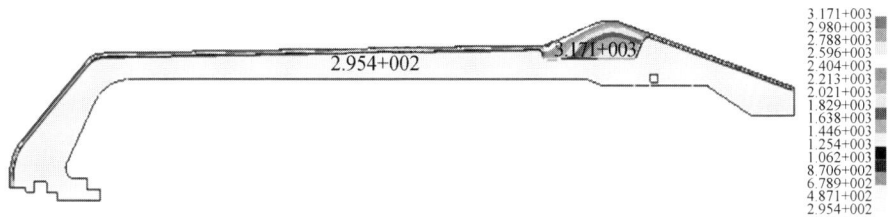

(c)

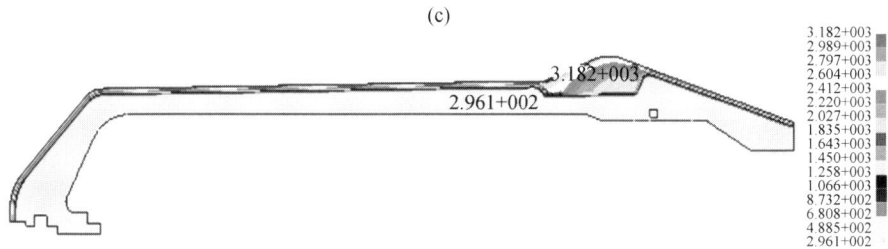

(d)

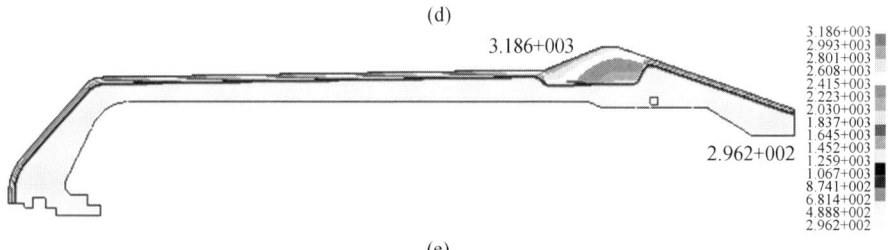

(e)

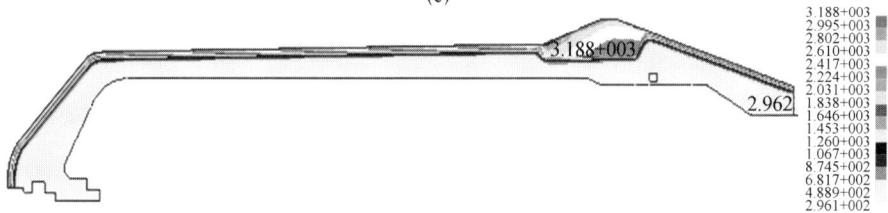

(f)

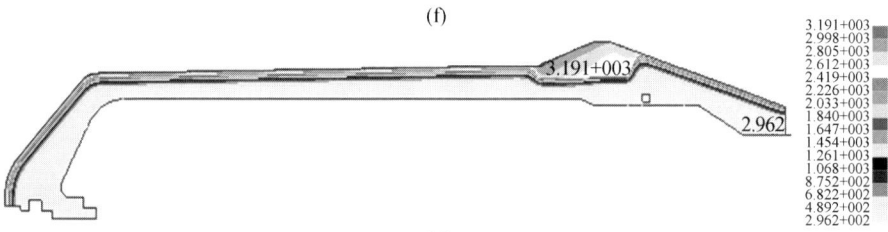

(g)

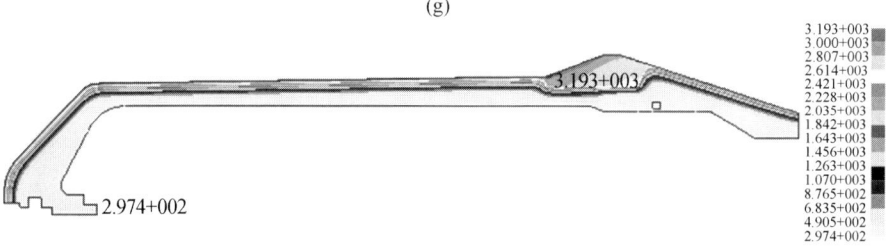

(h)

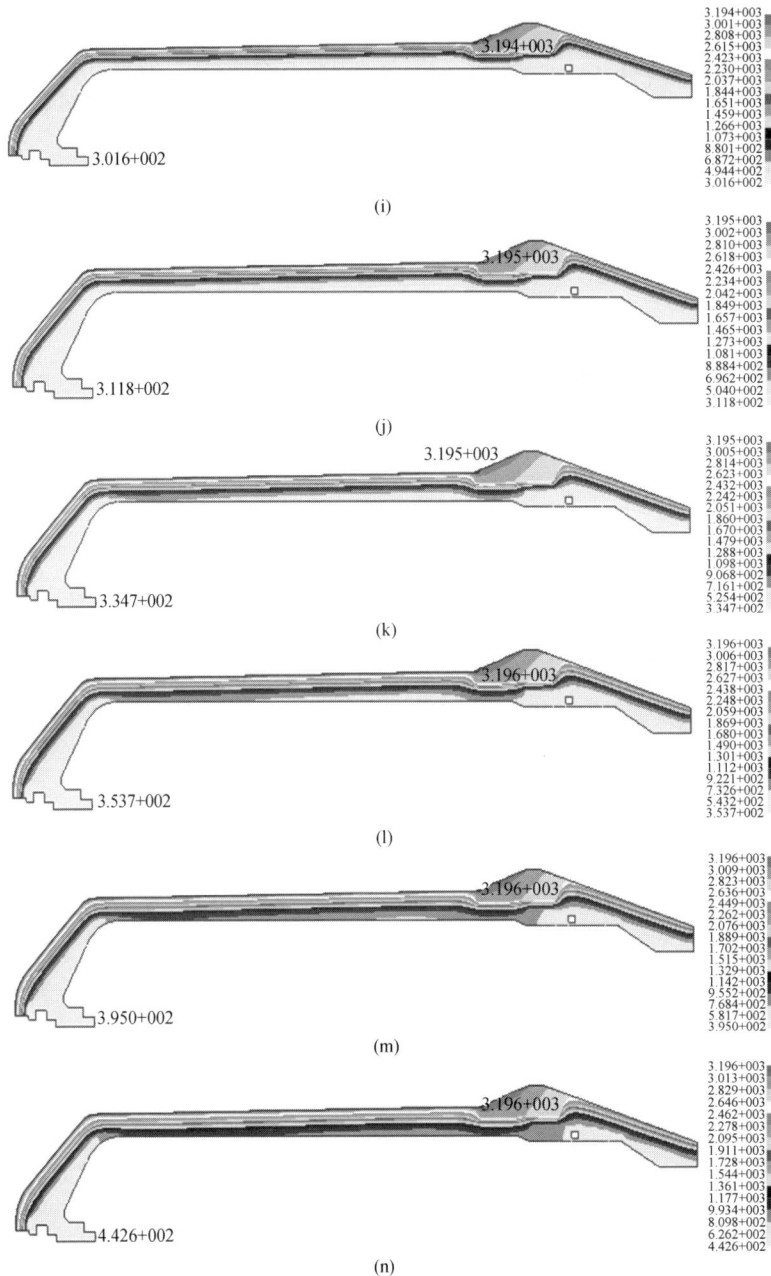

图 5-8　各时刻发动机喷管温度场云图

(a) 0s 时刻喷管温度场云图；(b) 1.12s 时刻喷管温度场云图；(c) 5.12s 时刻喷管温度场云图；
(d) 10.24s 时刻喷管温度场云图；(e) 15.04s 时刻喷管温度场云图；(f) 19.2s 时刻喷管温度场云图；
(g) 32.0s 时刻喷管温度场云图；(h) 44.8s 时刻喷管温度场云图；(i) 60.8s 时刻喷管温度场云图；
(j) 80.0s 时刻喷管温度场云图；(k) 105.6s 时刻喷管温度场云图；(l) 121.6s 时刻喷管温度场云图；
(m) 150.4s 时刻喷管温度场云图；(n) 180.0s 时刻喷管温度场云图。

208

由于发动机喷管外需要安装尾翼等机构,要求在野战火箭弹、导弹飞行期间喷管外壁温度不能超过某一规定值。为研究喷管外壁的温度分布规律,如图 5-9 所示,考察各时刻温度沿特征线的分布,其分布规律如图 5-10 和图 5-11 所示。

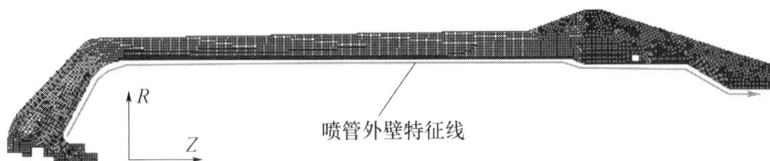

图 5-9　发动机喷管外壁特征线的位置示意图

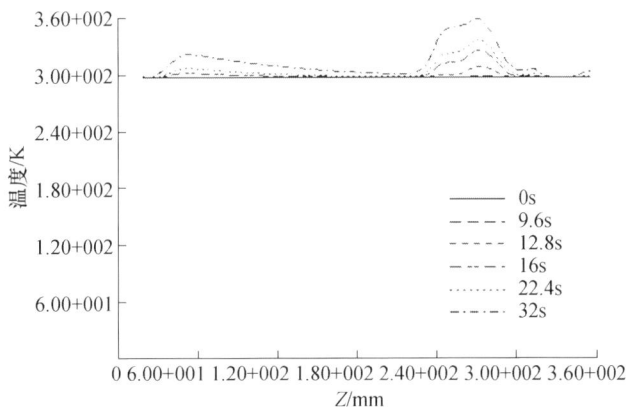

图 5-10　发动机喷管外壁 32.0s 时特征线温度沿轴向分布示意图

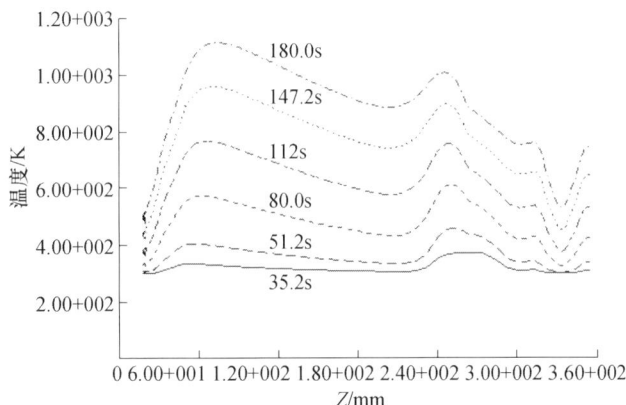

图 5-11　35.2~180.0s 发动机喷管外壁特征线温度沿轴向分布示意图

由图 5-10 和图 5-11 可知发动机喷管外壁温度随时间的变化,从而评估发动机喷管设计是否满足要求。计算结果表明,喷管外表面温度在 9s 内基本不变,在前 1min 内,由于石墨导热较快,发动机喷管外壁温度最高处位于喷管喉部对应处。随着时间的增加，喷管前部直段的燃气温度较高及结构较薄，对应外壁温度慢慢成为全局最大。若需要进行进一步的结构分析，则需要将温度场转换成载荷场，复合压力进行结构计算即可。

5.5 小结

本章叙述了采用 MSC.Patran 2012 和 MSC.Nastran 2012 对发动机工作时，喷管温度场的仿真计算方法，以及如何采用 MSC.Patran 2012 进行结果后处理，获取喷管各时刻温度分布云图，以及温度沿喷管外壁特征线分布规律，可为喷管设计提供量化参考。

第6章
含裂纹缺陷野战火箭发动机结构完整性评估

　　野战火箭发动机在固化降温、长期贮存、运输、勤务处理及点火发射期间，其结构的某些部位，如药柱应力应变集中处、壳体与绝热层、绝热层与包覆层以及包覆层与推进剂粘接面等均有可能发生裂纹或脱粘。发动机中存在裂纹是个隐患，裂纹破坏了原药型设计的燃烧规律，导致燃面增大、压力增高，严重者可引起发动机穿火、爆炸。由于对野战火箭发动机的性能和可靠性要求很高，对含有裂纹或脱粘的发动机药柱在没有可靠的结构完整性评估手段的情况下，通常作报废处理。若这些缺陷并没有导致发动机的结构完整性破坏就淘汰，显然会造成很大的浪费。而发动机点火发射过程的不可重现性，加上点火过程的高温、高压作用，通过试验测量发动机药柱裂纹的断裂参量和扩展稳定性异常困难。黏弹性有限元方法的发展为获取推进剂药柱裂纹的断裂参量和预判裂纹扩展趋势提供了手段，因此，用黏弹性断裂力学数值方法来评估含有裂纹或脱粘药柱的结构完整性尤为重要。然而，研究药柱裂纹或界面脱粘裂纹扩展特性时必须根据发动机结构的具体形式、所受载荷大小和分布以及裂纹情况来计算控制裂纹开裂的物理参量，随着数值仿真技术的发展，采用数值方法计算推进剂药柱裂纹开裂的物理参量取得了长足的进步，数值方法不受发动机的结构形状、承受载荷种类及药柱裂纹分布等方面的限制，可大大减少物理样机试验，节约研发经费。开展药柱裂纹、脱粘裂纹的三维黏弹性有限元研究，根据药柱危险部位含裂纹的发动机在可能的载荷环境下的响应，为含药柱裂纹、脱粘裂纹发动机提供判废参考，是含缺陷野战火箭发动机结构完整性分析的重要发展方向之一。

　　野战火箭发动机药柱裂纹数值仿真技术发展的重要方向是提高计算精度，不仅需要通过构建平面奇异单元提高计算平面裂纹的应力强度因子的精度，而且为进一步模拟发动机的真实响应，还需要通过构建发动机的三维有限元模型，获取推进剂药柱三维裂纹的断裂参量。实际使用及贮存试验表明发动机药柱裂纹多为纵向浅表裂纹，并且大多分布在发动机药柱的翼槽底部，裂纹所在部位的几何尺寸较小，给为减小常规单元不能描述裂尖奇异性而取尽可能大的 J 积分圆柱围道曲面带来了困难。将三维 J 积分圆柱围道曲面内的裂纹采用奇异裂纹元模拟而获得较高的计算精度，解决 J 积分圆柱围道曲面半径取值受限，提高三维 J 积分计算精度，便捷地应用于发动机药柱几何突变及几何尺寸较小部位裂纹 J 积分计算，如发动机药柱翼槽裂纹、裂纹群和界面裂纹等，请参阅《野战火箭发动机结构完整性数值评估方法》第 6 章的相关内容。本章重点叙述采用 MSC.Patran 2012 和 MSC.Marc 2012 创建二维奇异裂纹元和三维奇异裂纹元的步骤和方法，并采用 MSC.Marc 2012 计算裂纹 J 积分，最后介绍获取发动机推进剂裂纹断裂参数的试验测定方法。

6.1 二维奇异裂纹元有限元建模方法与 J 积分计算

6.1.1 二维奇异裂纹元构建

二维奇异裂纹元通常由 8 个奇异等参元绕裂纹尖端构成。图 6-1(a)所示为四节点四边形单元。如图 6-1(b)所示，由 4 节点的四边形单元节点 1 和节点 4 塌缩构成 3 节点三角形奇异等参单元，从而节点 1 处的位移就具有 $\sqrt{r}$ 阶行为的奇异单元，形函数为

$$N_1(\xi,\eta)=1-\sqrt{\xi}\ ,\quad N_2(\xi,\eta)=\sqrt{\xi}\,(1-\eta)\ ,\quad N_3(\xi,\eta)=\sqrt{\xi}\eta \tag{6-1}$$

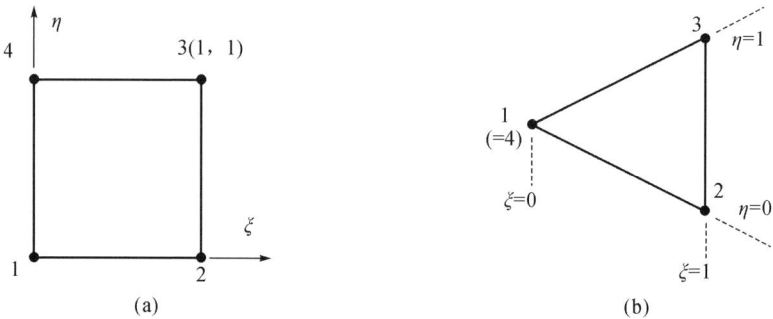

图 6-1 塌缩四边形单元的 1-4 边构建奇异单元

(a) 4 节点四边形单元；(b) 塌缩 1-4 边的三角形奇异等参单元。

图6-2(a)所示为二维奇异裂纹元，由8个塌缩四边形单元构成3节点单元绕裂纹尖端一周构成，节点1为奇异点；图6-2(b)为有限元单元划分及J积分围道构建示意图，裂纹尖端用裂纹元描述，其它不含裂纹的结构仍用一般的单元描述，通过刚度矩阵组合后，计算获取整个结构的位移、应力和应变场。

如图 6-2(b)所示，药柱裂纹 J 积分的求解，可由药柱裂纹下表面至上表面构建围道Γ，即

$$J = \int_{\Gamma}[\omega(\varepsilon)n_1 - n\cdot\sigma\cdot\partial u/\partial x_1]\mathrm{d}\tau \tag{6-2}$$

式中：ω为弹性能密度；n 为围道线外单位法线；n_1 为 x_1 方向的分量。

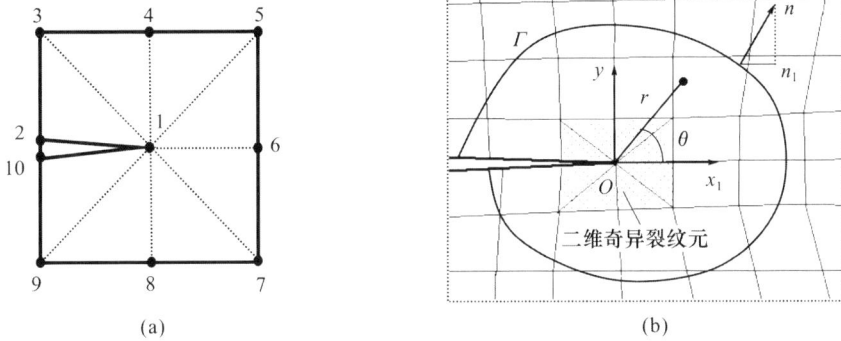

图 6-2　二维奇异裂纹元构建及有限元划分

(a) 二维奇异裂纹单元构建；(b) 单元划分及 J 积分围道示意图。

6.1.2　创建二维奇异裂纹元模型及 J 积分计算

某型野战火箭发动机为贴壁浇注星式翼椎药型结构，如图 6-3(a)所示。在温度、内压和轴向过载联合作用下，如图 6-3(b)所示为发动机点火发射时药柱

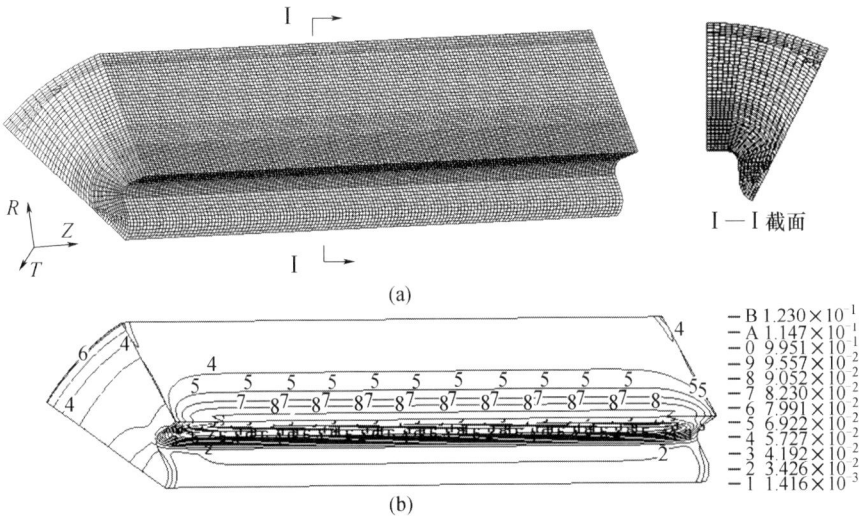

图 6-3　某型野战火箭发动机三维有限元模型及点火发射时的 von Mises 应变场等值线图

(a) 三维有限元模型；(b) von Mises 等场值线图。

全局 von Mises 应变场等值线图，应变极值位于发动机药柱中部，中部翼椎根部应变集中处容易出现轴向裂纹，需要重点探讨该部位药柱裂纹的稳定性。由于药柱中段为平面应变状态，故取Ⅰ—Ⅰ截面进行分析。

图 6-4 所示为某型野战火箭发动机药柱点火发射时的 von Mises 应变场分布等值线图，发动机翼槽根部为应变集中主要部位，在应变集中部位设置深度为 10mm 的药柱裂纹，围绕裂纹尖端建立奇异裂纹元，获取点火发射时药柱裂纹的 J 积分。药柱裂纹扩展判定采用 J 积分判据，即当某一深度裂纹尖端处的 J 积分达到临界值 J 积分 J_{IC} 时，表明药柱裂纹将会失稳扩展。通过试验测取了该发动机推进剂的 $J_{IC}=0.7673 \text{Nmm/mm}^2$。

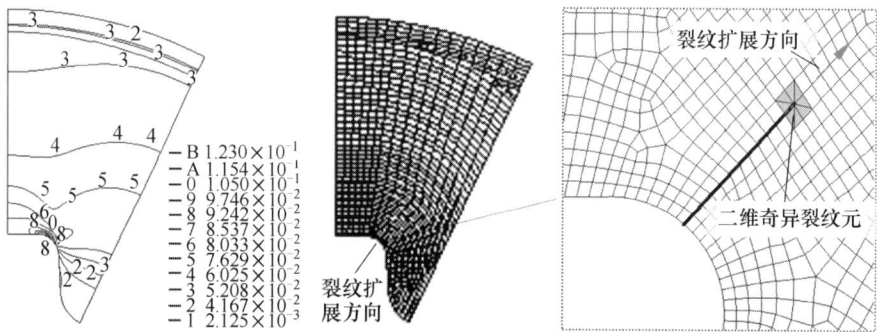

图 6-4 发动机药柱中段的 von Mises 应变场等值线图及预设裂纹扩展方向

第一，创建有限元几何模型。在 MSC.Patran 2012 中创建如图 6-4 所示的发动机截面模型，在预设裂纹方向设置与面关联的曲线，如图 6-5 所示，在线上撒"种子"，使得沿预设裂纹扩展方向的单元形状较为规范，便于构建二维奇异裂纹元。图 6-6 所示为发动机截面的有限元模型。

第二，删除裂纹尖端及裂纹线上单元。为设置二维奇异裂纹元和裂纹，将预设裂纹尖端的 4 个单元及预设裂纹线一侧单元删除，如图 6-7 所示。

第三，形成新节点。在"Geometry"界面上，于裂纹预设方向上创建局部坐标，回到"Meshing/Finite Elements"界面，将预设裂纹线上的节点垂直方向升起一小段距离(约 0.05mm 或更小)，模拟裂纹呈开裂状态，由"Action/Transform""Object/Node""Method/Translate"完成。也可通过多个"Group"形式重建删除单元，以模拟裂纹开裂状态，如图 6-8 所示。

第四，创建新单元。利用升起节点将删除单元重新创建，采用 `Standard ▼` 方法，依次捡取 4 个节点创建新单元，裂纹线一侧使用升起节点，则裂纹的开裂状态即可形成，如图 6-9 所示。

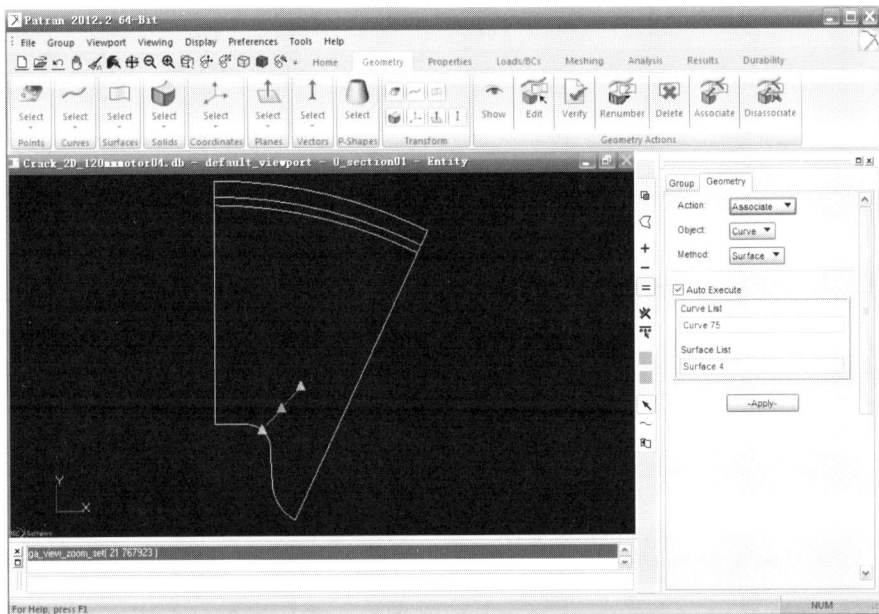

图 6-5　MSC.Patran 2012 "Geometry" 界面中扩展方向的曲线与曲面关联

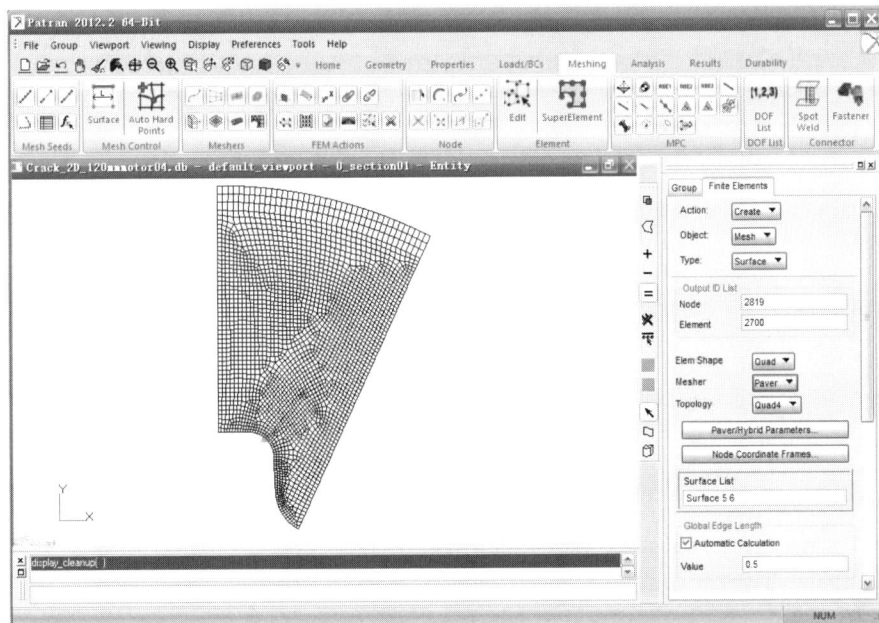

图 6-6　MSC.Patran 2012 "Meshing/Finite Elements" 界面创建发动机截面有限元模型

215

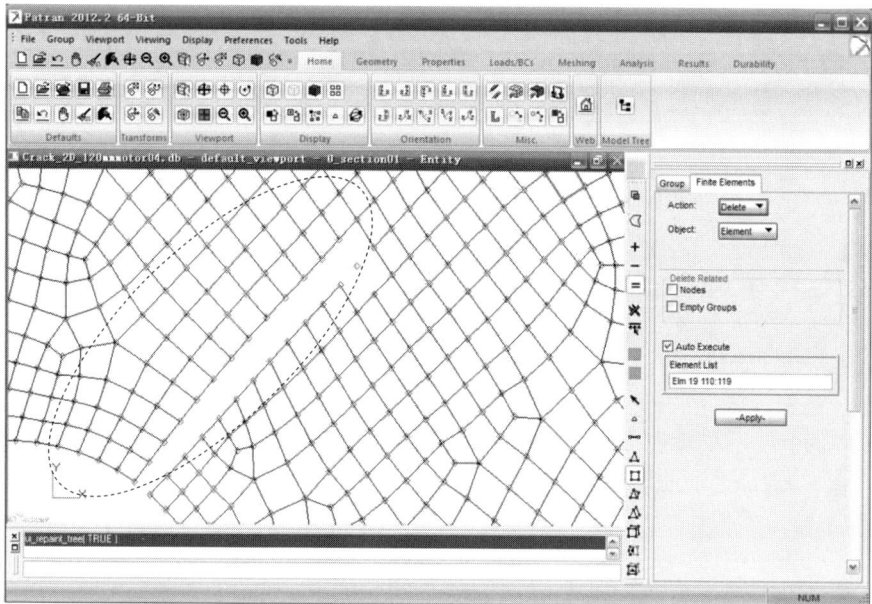

图 6-7 在"Meshing/Finite Elements"界面中删除预设裂纹一侧及裂尖单元

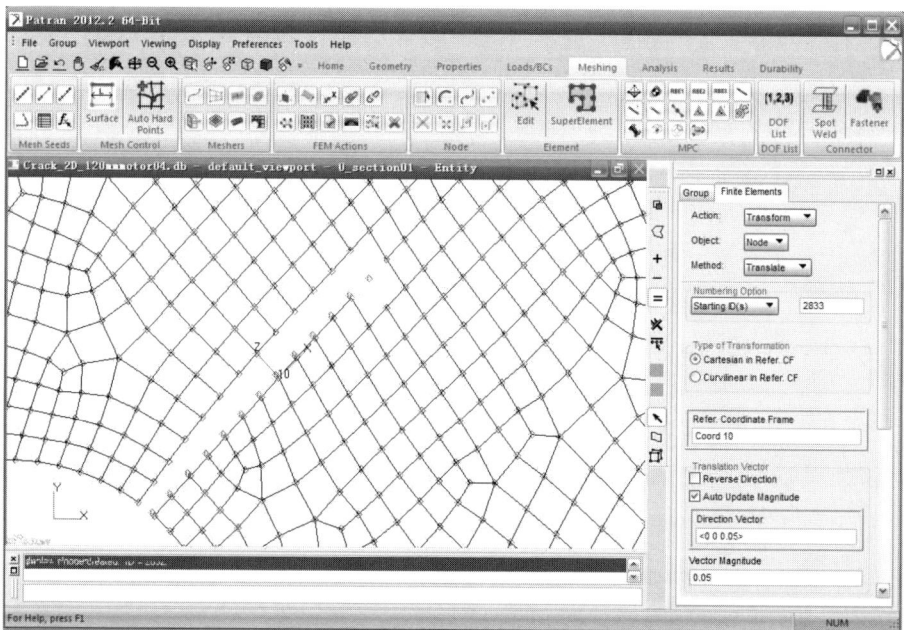

图 6-8 在"Meshing/Finite Elements"界面中创建局部坐标系及升起节点

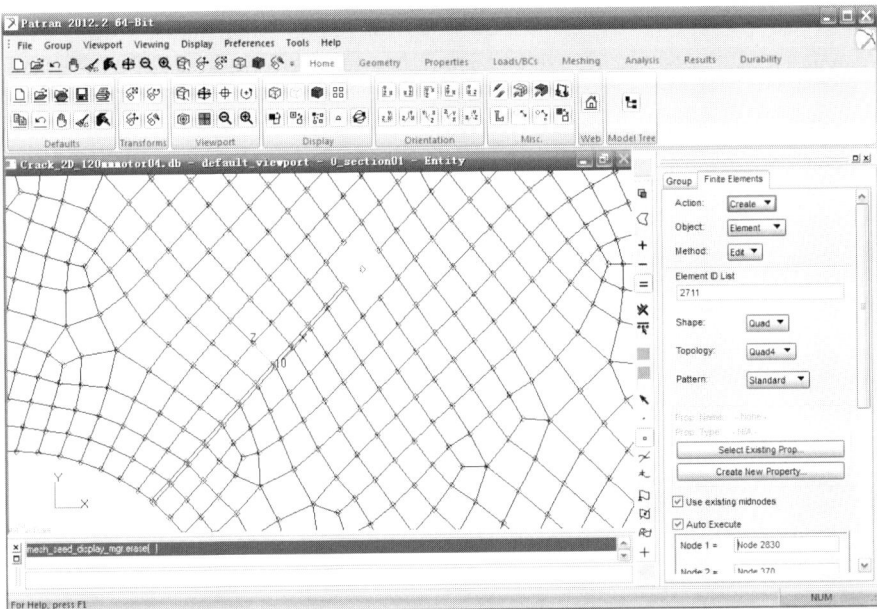

图 6-9　在"Meshing/Finite Elements"界面中创建新单元形成裂纹开裂状态

第五，创建首个裂尖新单元。图 6-10 所示为形成的塌缩前的第 1 个四边形单元，注意图中蓝色节点为原删除单元对应节点，沿局部坐标系 Z 方向"Translate"形成新节点，与另外 3 个节点共同创建塌缩前的第 1 个四边形单元。

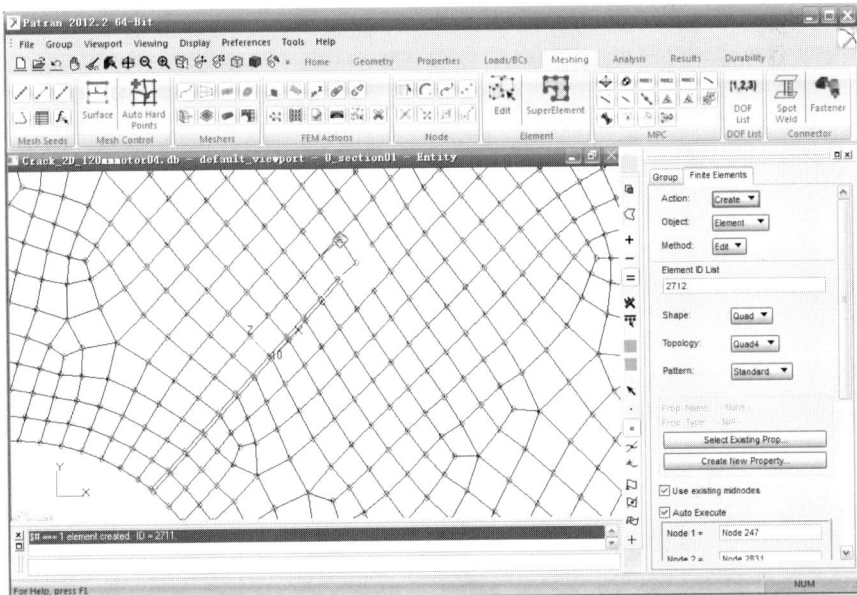

图 6-10　在"Meshing/Finite Elements"界面中创建塌缩前的第 1 个四边形单元

第六，塌缩首个裂尖新单元。在"Meshing/Finite Elements"界面中，采用"Action/Modify""Object/Node""Method/Move"，将图 6-10 中塌缩前第 1 个四边形单元的蓝色新节点移动到裂尖节点，实现四边形单元一边塌缩，如图 6-11 所示。

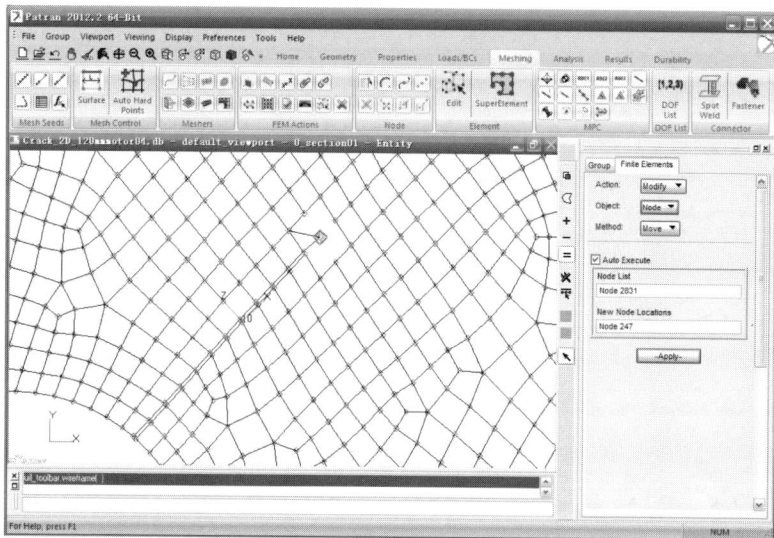

图 6-11　在"Meshing/Finite Elements"界面中移动单元点至裂尖节点创建第 1 个塌缩单元

第七，创建第 2 个裂尖新单元。为创建塌缩前第 2 个四边形单元，如图 6-12 所示，沿局部坐标系 Z 方向"Translate"形成新蓝色节点，与另外 3 个节点共同创建塌缩前的第 2 个四边形单元，为便于操作，采用 进行局部放大。

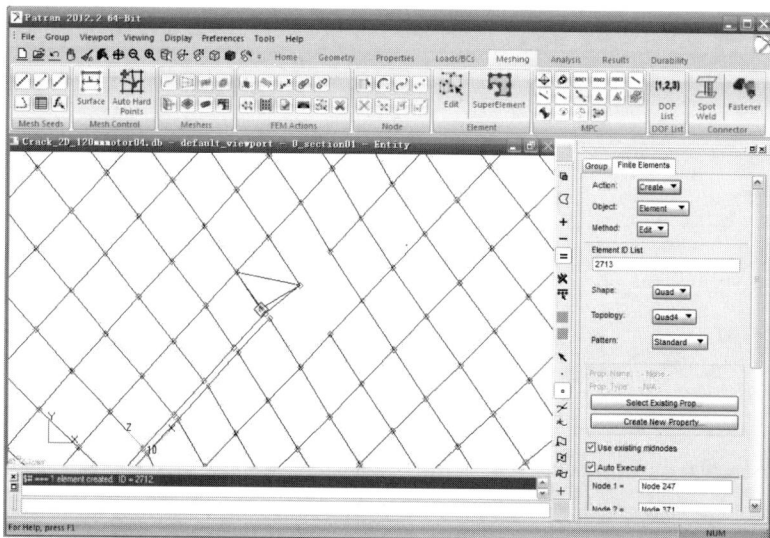

图 6-12　在"Meshing/Finite Elements"界面中创建塌缩前的第 2 个四边形单元

第八，塌缩第 2 个裂尖新单元。在"Meshing/Finite Elements"界面中，采用"Action/Modify""Object/Node""Method/Move"，将图 6-12 中塌缩前第 2 个四边形单元的蓝色新节点移动到裂尖节点，实现四边形单元一边塌缩，如图 6-13 所示。

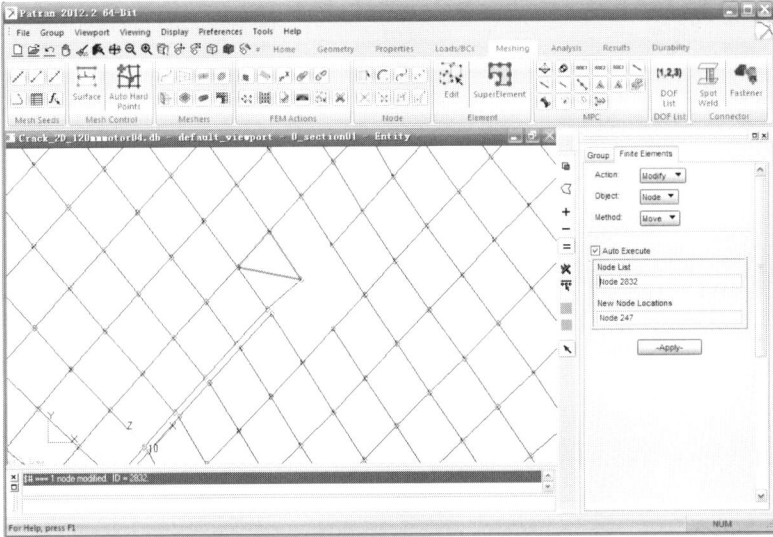

图 6-13　在"Meshing/Finite Elements"界面中移动单元点至裂尖节点创建第 2 个塌缩单元

第九，依次创建第 3～8 个新单元并分别向裂尖塌缩，构建二维奇异裂纹元。围绕裂纹尖端节点构建 8 个单元，再向裂尖节点塌缩单元边，形成围绕裂尖节点的 8 个三角形奇异等参单元构成二维奇异裂纹元，如图 6-14 所示。

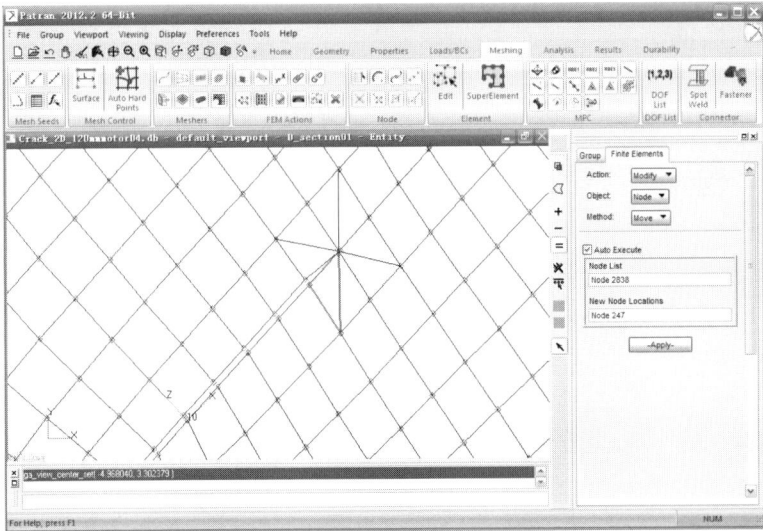

图 6-14　在"Meshing/Finite Elements"界面中创建二维奇异裂纹元

另外，通过工具栏中的平滑阴影"Smooth Shaded" 按钮，可显示出二维奇异裂纹元由 8 个塌缩单元构成情形，如图 6-15 所示。

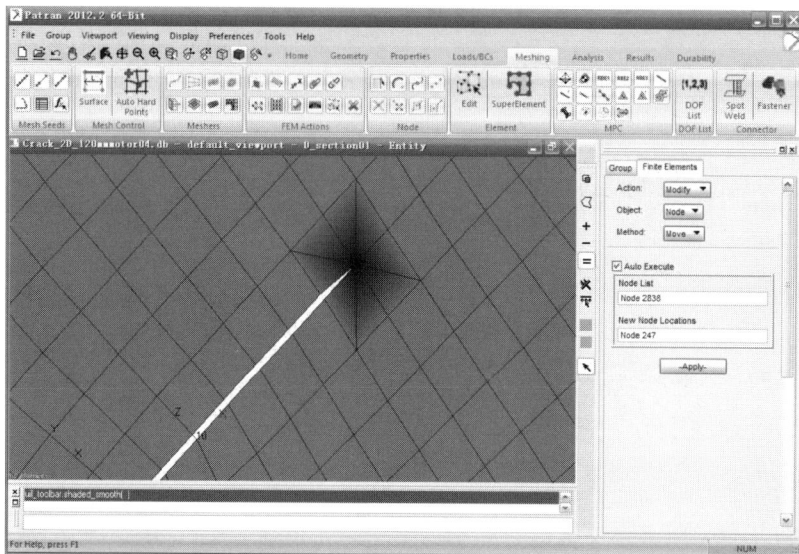

图 6-15　在"Meshing/Finite Elements"界面中阴影显示二维奇异裂纹元

在"Meshing/Finite Elements"界面中，采用"Action/Verify""Object/Element""Test/Boundaries"，显示单元边界，可清晰见到裂纹、裂尖及奇异单元在 MSC.Patran 2012 中的形态，如图 6-16 所示。

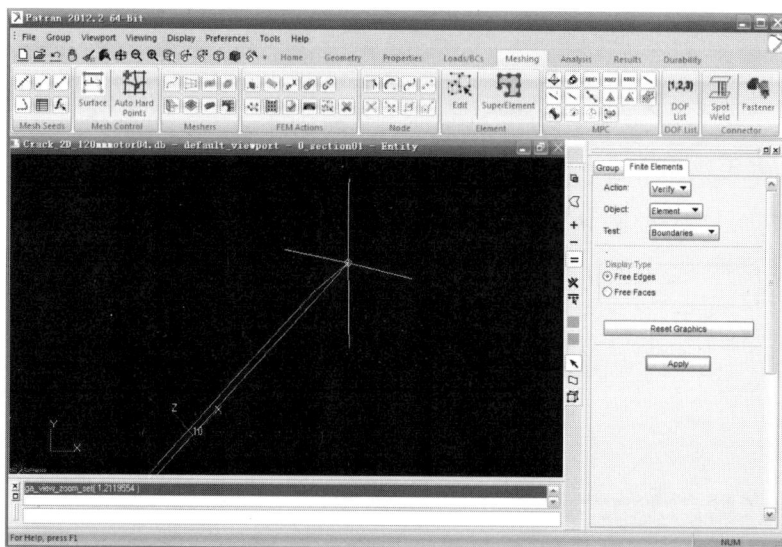

图 6-16　在"Meshing/Finite Elements"界面中进行单元边界检查情形

至此，在 MSC.Patran 2012 中模型创建完成，通过界面上的"File/Export"导出*.out 格式模型文件，如图 6-17 所示为"Crack20151006.out"文件。

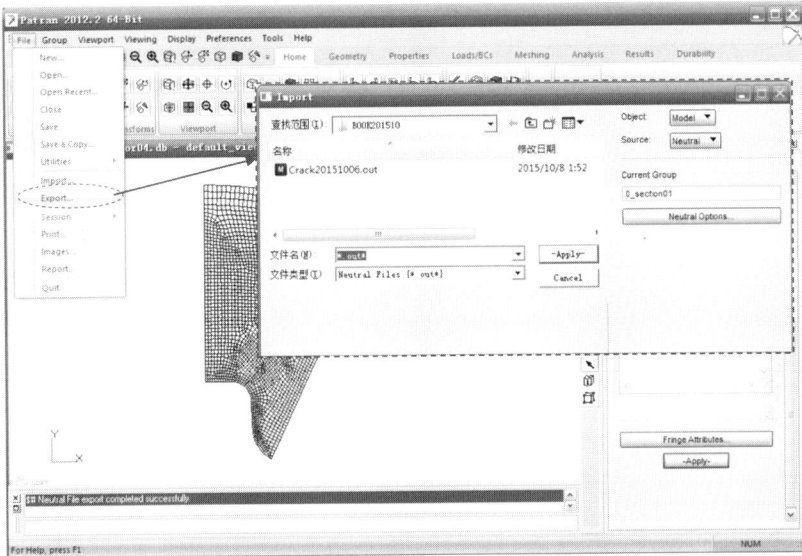

图 6-17　在 MSC.Patran 2012 中导出*.out 格式模型文件

打开MSC.Marc 2012 界面，通过"File/Import/Patran"到 Marc Mentat Patran... 界面，选中"Crack20151006.out"模型文件，单击 Open 即可在 MSC.Marc 2012 形成有限元模型，如图 6-18 所示。

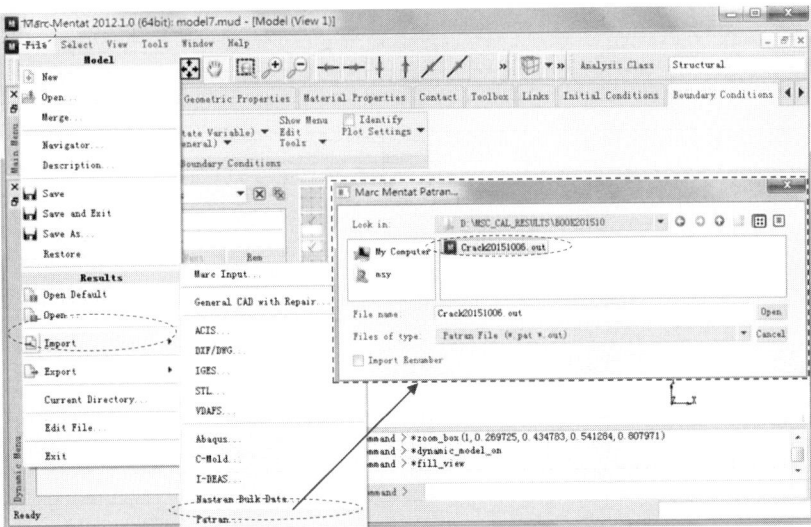

图 6-18　在 MSC.Marc 2012 中读入*.out 格式模型文件

在 MSC.Marc 2012 界面，通过 `Geometry & Mesh` 选项中的 `Sweep` ，进行节点等效，删除重复节点，选中"Nodes"，单击 图标 即可，如图 6-19 所示。

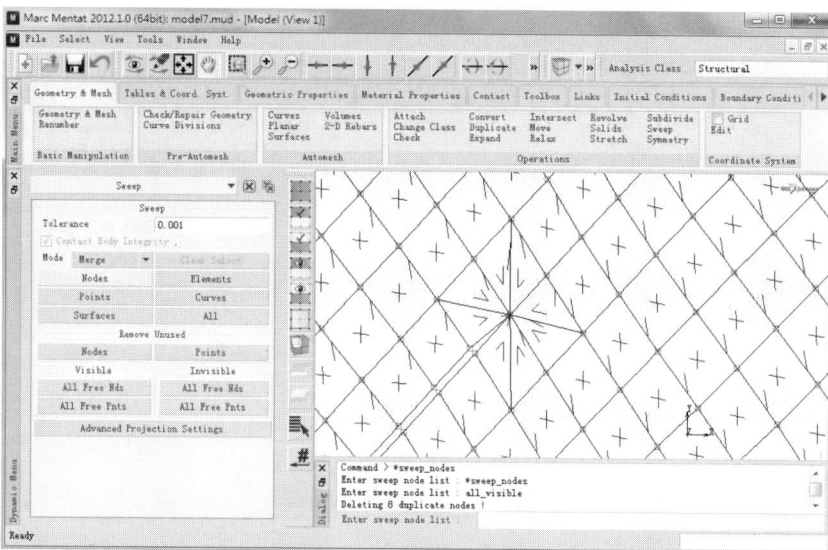

图 6-19 在 MSC.Marc 2012 "Geometry & Mesh/Sweep"中等效节点形成二维裂纹元

在 MSC.Marc 2012 界面，通过 `Toolbox` 选项中的 `Cracks ▼` 定义二维裂纹，通过 `Set` 项定义裂尖节点，由 `Rigid Regions` 定义裂纹围道数，即输出 J 积分数量，如图 6-20 所示。

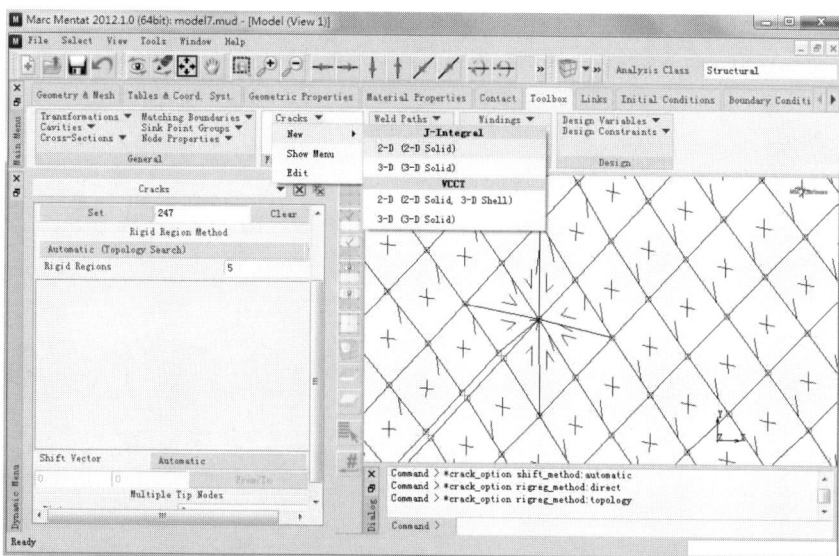

图 6-20 在 MSC.Marc 2012 中"Toolbox/Cracks"定义二维裂纹元及输出 J 积分的围道数

裂纹定义好后，其余的操作见第 2 章内容，提交运算后在结果文件 *.out 中读取 J 积分值，裂纹深度 10mm 时的 J 积分值为 0.5637Nmm/mm^2，小于 J_{IC}，裂纹将是稳定的，不会扩展，安全系数为 1.36。

6.2　三维奇异裂纹元有限元建模方法与 J 积分计算

6.2.1　三维奇异裂纹元构建

将二维奇异单元的形函数相应推出三维奇异单元的形函数，如图 6-21(a)所示，仍设为沿 r 轴方向的奇异行为，则六节点楔形体奇异单元的形函数为

$$N_1(\xi,\eta,\zeta) = N_1(\xi,\eta)\ \zeta \tag{6-3a}$$

$$N_2(\xi,\eta,\zeta) = N_2(\xi,\eta)\ \zeta \tag{6-3b}$$

$$N_3(\xi,\eta,\zeta) = N_3(\xi,\eta)\ \zeta \tag{6-3c}$$

$$N_4(\xi,\eta,\zeta) = N_1(\xi,\eta)\ (1-\zeta) \tag{6-3d}$$

$$N_5(\xi,\eta,\zeta) = N_2(\xi,\eta)(1-\zeta) \tag{6-3e}$$

$$N_6(\xi,\eta,\zeta) = N_3(\xi,\eta)\ (1-\zeta) \tag{6-3f}$$

如图 6-21(a)所示，式(6-3)表明，沿 ζ＝常数的截面在裂纹前沿都具有应力奇异性。对于三维裂纹体，如图 6-21(b)所示于裂纹尖端用 8 个楔形体奇异单元绕一圈构建成三维奇异裂纹元，亦称为体裂纹元，每个奇异裂纹体单元的奇异边位于 1～11 边，即裂纹前沿。于是，通过裂纹尖端附近的奇异单元可以有效地模拟其奇异行为。

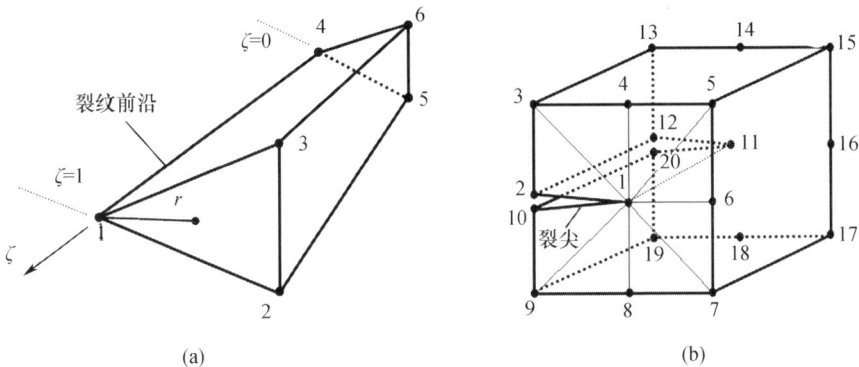

图 6-21　三维奇异裂纹单元的构建

(a) 六节点楔形体奇异等参元；(b) 三维奇异裂纹单元。

6.2.2 创建三维奇异裂纹元模型及 J 积分计算

与二维裂纹元划分类似，对包含裂纹尖端的单元用裂纹元模拟，对于不含裂纹尖端的单元则用一般的单元模拟，于是在整体有限元划分时，存在二类单元，一类单元是采用位移具有 $\sqrt{r}$ 阶的行为的位移模式，另一类单元为常规位移模式，由二类单元的位移模式可知，在二维单元的交界边和三维单元的交界面上位移协调。图 6-22 为三维界面裂纹有限元单元划分及 J 积分圆柱围道构建示意图，裂纹尖端用裂纹元描述，其它不含裂纹的结构仍用一般的单元描述，通过刚度矩阵组合后，计算获取整个结构的位移、应力和应变场。为求解发动机药柱裂纹三维 J 积分，首先，计算如图 6-22(a) 所示裂纹前沿线任节点 M 处垂直于裂纹前沿线的平面 $(x_1$-$x_2)$ 内的二维 J 积分。其次，将二维 J 积分沿着裂纹前沿线逐点积分，可得如图 6-22(b) 所示裂纹前沿线的三维 J 积分。围绕着裂纹前沿线建立一个完全围绕奇异裂纹单元的封闭圆柱围道积分曲面，图中 A_1 和 A_4 为圆柱围道曲面两端的端面，A_2 为外层圆柱围道曲面，A_3 为内层圆柱围道曲面，A_5 为裂纹腔上下裂纹面。于是，A_1、A_2、A_3、A_4 和 A_5 组成的曲面形成了一个体积为 V 的区域。由高斯定理封闭曲面的面积分转化为体积分，得

$$J = -\iint\limits_{V} \frac{\partial}{\partial X}[\omega(\varepsilon)I - \sigma\frac{\partial u}{\partial X}\bar{\rho}]\mathrm{d}v - \int\limits_{A_1+A_4+A_5} \sigma_s \frac{\partial u}{\partial X}\bar{\rho}\,\mathrm{d}A \tag{6-4}$$

式中：ω 为应变能；n 为外法线方向；ρ 为裂纹扩展方向的单位矢量，$\bar{\rho}$ 为体积分区域内定义的一个权函数，在 A_2 上 $\bar{\rho}$ 的模为 0，在 A_3 上 $\bar{\rho} = \lambda(l)\rho$，在曲面内 $\bar{\rho}$ 在这两个值之间平滑变化；σ_s 为 A_1、A_4 和 A_5 上的表面张力。

于是，在裂纹前沿线上每一节点 M 的 J 积分可表示为

$$J_M = \frac{J}{\int_L \lambda(l)\,\mathrm{d}l} \tag{6-5}$$

式中：$\lambda(l)$ 为沿着裂纹前沿线节点 M 处的长度。

以固体火箭发动机人工脱粘层裂纹研究其点火发射时的稳定性，发动机人工脱粘层裂纹的稳定性与发动机的安全性息息相关，一直是发动机研发部位关注的重点。固体火箭发动机固化降温时，药柱收缩导致发动机两端产生很高的应力应变集中，人工脱粘层的设置就是为了降低温度载荷时发动机两端的应力应变集中水平，特别是对于宽温使用的战术火箭/导弹发动机，需要适应的温度跨度接近 100℃，其应力应变集中更为严重，发动机固化后，不像保温发射的战略导弹重新将人工脱粘层灌注黏合剂进行黏合，而通常保持人工脱粘层的分离状态。呈分离状态的人工脱粘层在点火发射时燃气将进行脱粘层腔内，因此，

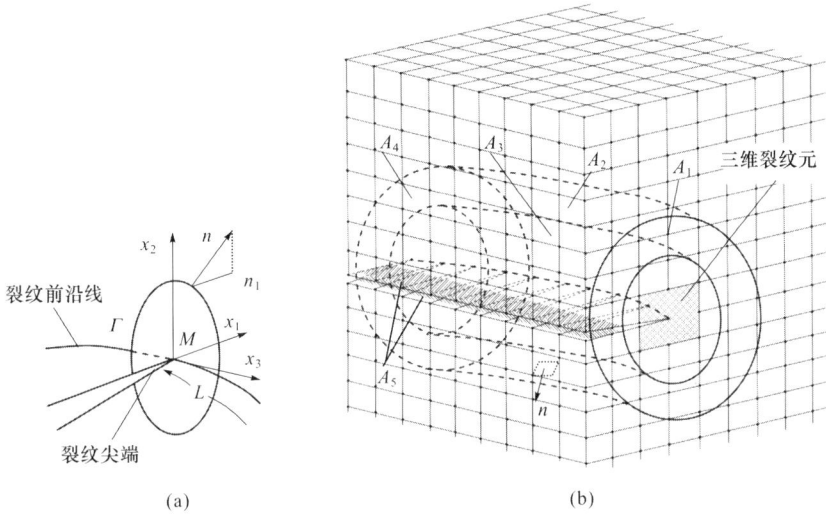

图 6-22　三维裂纹前沿线与三维 J 积分圆柱围道曲面

(a) 裂纹前沿线及 J 积分围道；(b) 裂纹体三维有限元划分及 J 积分圆柱围道曲面。

人工脱粘层需要设置在绝热层之间，可有效抵抗燃气烧蚀和冲刷，从而人工脱粘层的末端往往自然形成裂纹，在点火高压燃气的作用，人工脱粘层裂纹容易失稳扩展，丧失绝热作用而导致发动机发生穿火、爆裂等故障。

　　图 6-23 所示为第 3 章所研究发动机药柱绝热层前人工脱粘层尖端裂纹的计算模型，人工脱粘层长约 80.0mm，在人工脱粘层尖端构建三维奇异单元，再模拟裂纹在绝热层中沿裂纹前端向前扩展，扩展深度分别设置为 5.0mm 和 10.0mm，于是人工脱粘层裂纹深度共有 80.0mm、85.0mm 和 90.0mm，对应为裂纹 1、裂纹 2 和裂纹 3，各裂纹对应的节点为节点 1～节点 11，图 6-23 所示为深度为 80.0mm 时的模型。分别计算在常温、高温和低温点火发射时人工脱粘层裂纹的 J 积分值，分别获取裂纹 1、裂纹 2 和裂纹 3 的 J 积分值。试验测得该发动机绝热层的常温断裂韧性，即临界 J 积分 J_{IC} 为 2.353Nmm/mm^2。

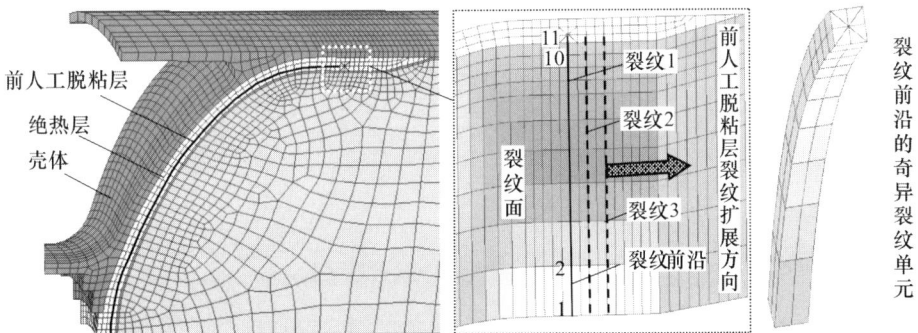

图 6-23　前人工脱粘层裂纹设置的有限元模型(裂纹深度 80.0mm)

在 MSC.Patran 2012 中单独取出发动机人工脱粘层裂纹前沿线上的 44 个单元，与二维裂纹元模型的创建相似，建立起局部坐标系，用于生成新节点，如图 6-24 所示。

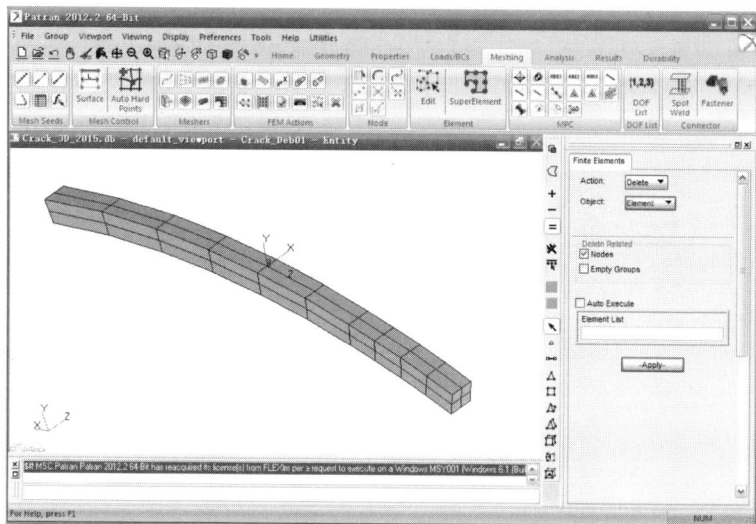

图 6-24 在 MSC.Patran 2012 中显示发动机前人工脱粘层裂纹前沿单元(对应裂纹深度 80.0mm)

第一，删除原裂纹前沿线单元。为便于观察和操作，最好沿环向每次删除一条 10 个原单元，再形成新节点，形成的新节点位置为与前沿线相邻的节点，如图 6-25 所示。

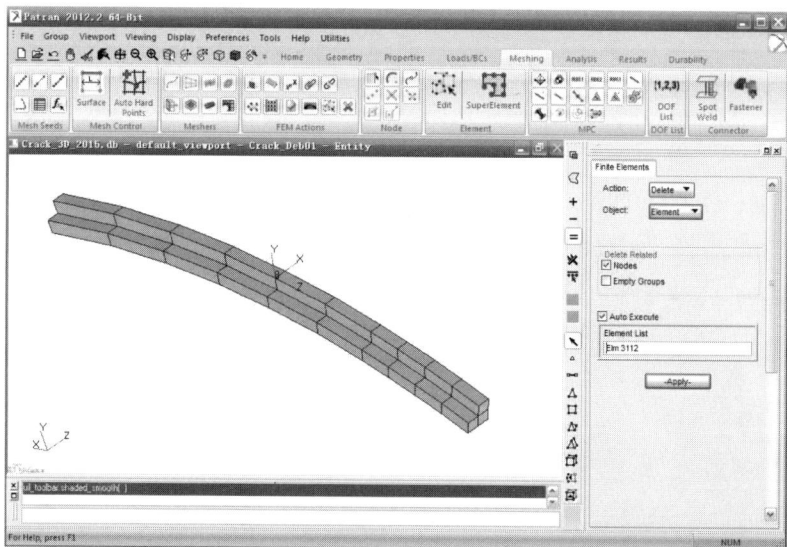

图 6-25 在"Meshing/Finite Elements"界面中删除环向一条 10 个单元

第二，创建裂纹前沿线上方新节点。为避免节点相互之间的干扰，可创建多个"Group"将每一环向单元独立操作，由于仅对节点操作，在每个"Group"中，仅需保留对应一环单元的节点，再创建裂纹前沿线上方新节点，如图 6-26 所示。

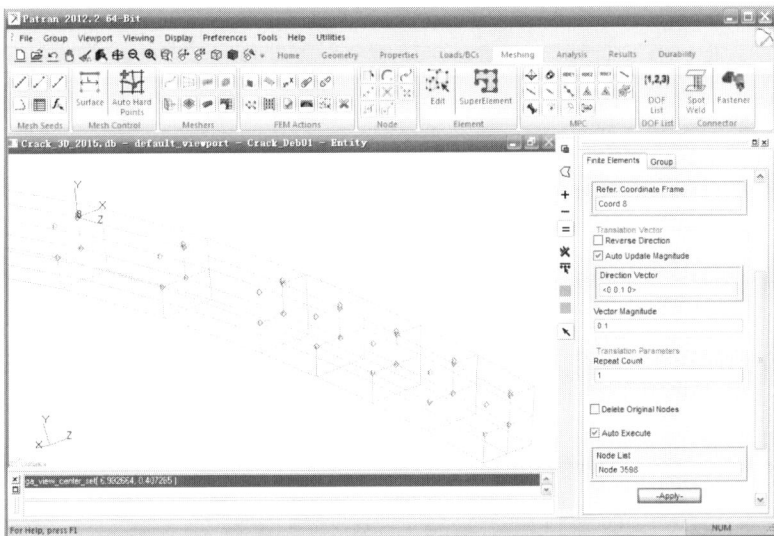

图 6-26　在"Meshing/Finite Elements"界面中生成新节点

第三，形成第 1 环塌缩前六面体单元。利用新节点生成新单元，即为第 1 环塌缩前六面体单元，如图 6-27 所示。

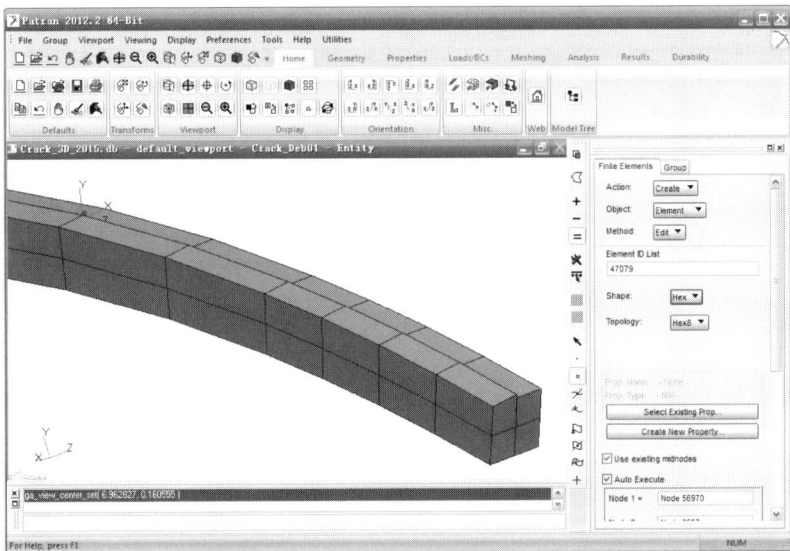

图 6-27　在"Meshing/Finite Elements"界面中生成塌缩前的第 1 环新单元

第四，塌缩六面体单元构成奇异楔形体单元。将新单元的新节点一边向裂纹前沿线塌缩，构成奇异楔形体单元，如图 6-28 所示。

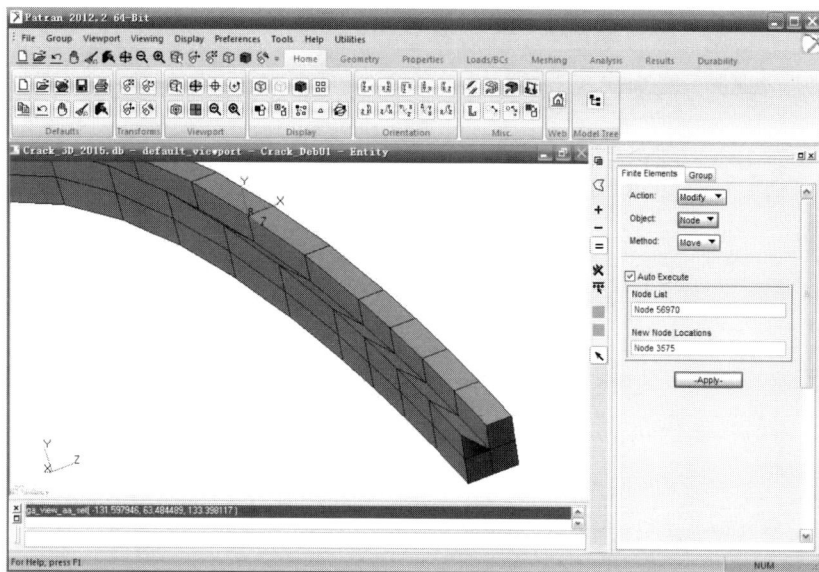

图 6-28　在"Meshing/Finite Elements"界面中创建塌缩第 1 环奇异楔形体单元

第五，创建裂纹前沿线后方新节点。为生成另一奇异楔形体单元，将裂纹线后方节点生成新节点，如图 6-29 所示。

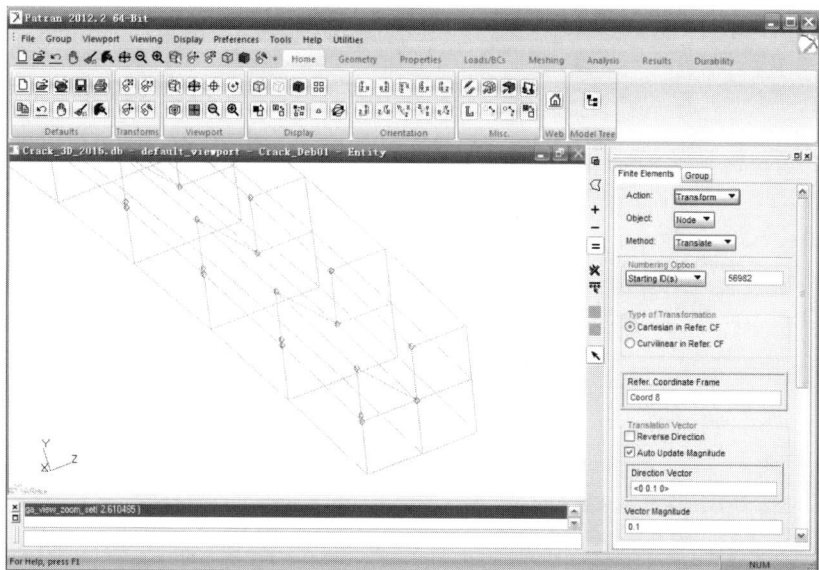

图 6-29　在"Meshing/Finite Elements"界面中裂纹前沿线后方生成新节点

第六，形成第 1 环另一半塌缩前六面体单元。利用裂纹前沿线后方新节点生成新六面体单元，即为第 1 环塌缩前另一半六面体单元，如图 6-30 所示。

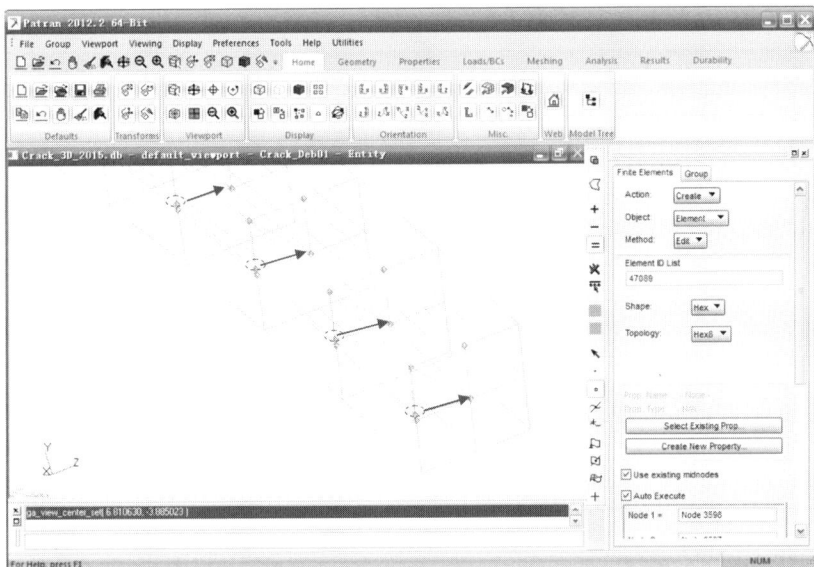

图 6-30　在"Meshing/Finite Elements"界面中生成塌缩前的第 1 环另一半新单元

第七，塌缩另一半六面体单元构成奇异楔形体单元。将新单元的裂纹前沿线后方新节点向裂纹前沿线塌缩，构成奇异楔形体单元，如图 6-31 所示。

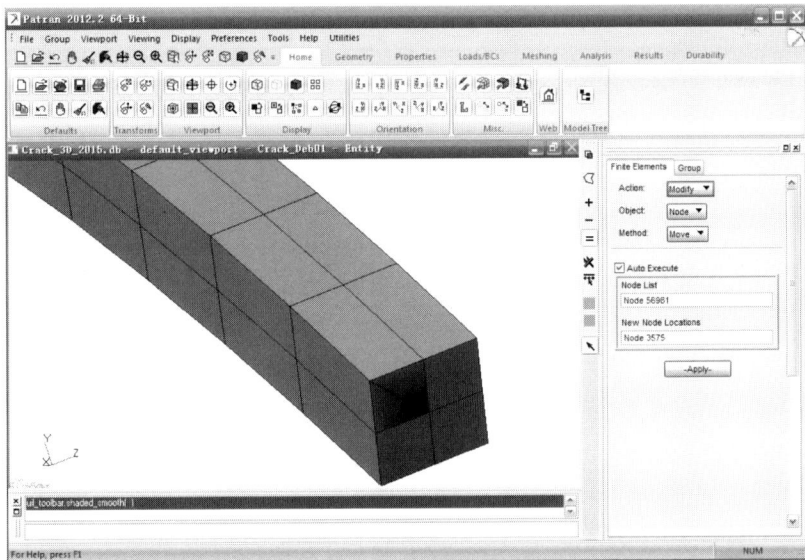

图 6-31　在"Meshing/Finite Elements"界面中创建塌缩第 1 环另一半奇异楔形体单元

第八，类似操作另外 3 个环单元，构成裂纹前沿线的三维裂纹元，如图 6-32 所示。

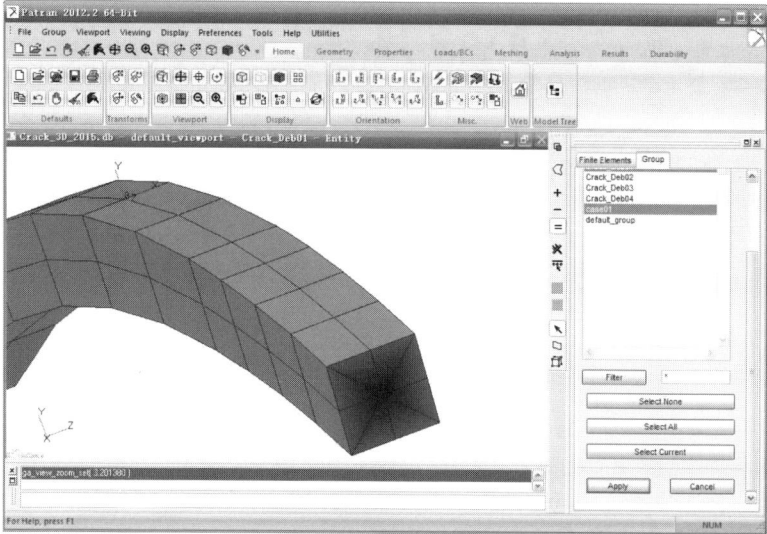

图 6-32 在"Meshing/Finite Elements"界面中阴影显示三维奇异裂纹元

最后，导入 MSC.Marc 2012 进行三维 J 积分计算。与上节所述的求解二维裂纹 J 积分相似，在 MSC.Patran 2012 中生成 *.out 模型文件，再打开 MSC.Marc 2012 通过"File/Import/Patran"到 Marc Mentat Patran... 界面，选中"Crack_3D_20151007.out"模型文件，单击 Open 即可在 MSC.Marc 2012 形成有限元模型，如图 6-33 所示。

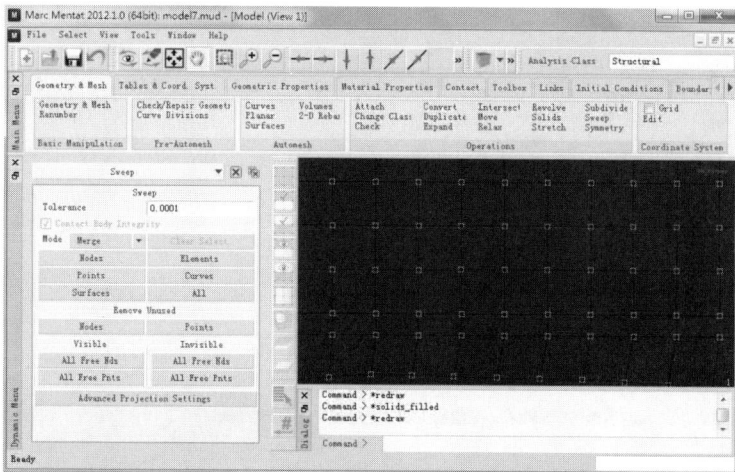

图 6-33 在 MSC.Marc 2012"Geometry & Mesh/Sweep"中等效节点形成三维裂纹元

在 MSC.Marc 2012 界面，通过 `Toolbox` 选项中的 `Cracks ▼` 定义三维裂纹，通过 `Set` 项依次捡取裂纹前沿线各节点，定义裂纹前沿线，由 `Rigid Regions` 定义裂纹围道圆柱面数，即输出 J 积分数量，如图 6-34 所示。

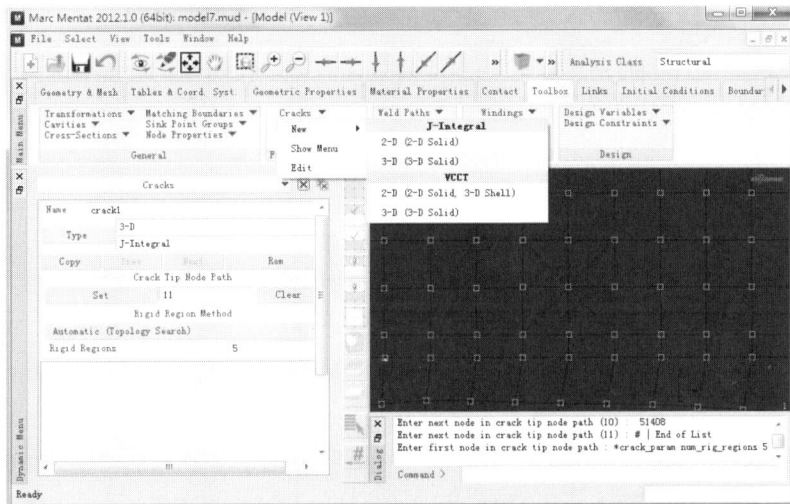

图 6-34　在 MSC.Marc 2012 中 "Toolbox/Cracks" 定义三维裂纹元及输出
J 积分的围道圆柱面数

三维裂纹定义好后，其余的操作与第 2 章内容相同，提交运算后在结果文件*.out 中读取三维 J 积分值。图 6-35 所示为发动机前人工脱粘层裂纹在常温点火发射时，脱粘层裂纹 J 积分随着裂纹深度的变化趋势。结果表明，发动机常温点火发射，药柱前人工脱粘层裂纹深度 80.0mm 时，对应 J 积分最大值(节点 2)为 1.576Nmm/mm^2，安全系数为 1.49，脱粘层裂纹(对应节点 1～节点 11)将不会扩展；前人工脱粘层裂纹深度 85.0mm 时，对应 J 积分最大值(节点 4)为

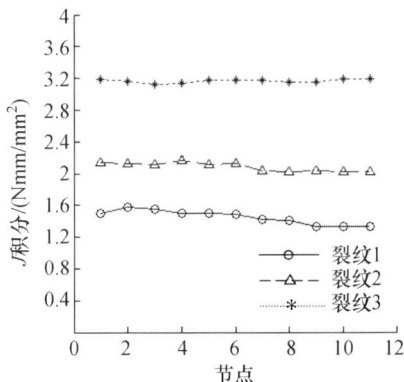

图 6-35　常温点火发射时前人工脱粘层裂纹不同深度的 J 积分变化

2.165Nmm/mm^2，安全系数为 1.09，脱粘层裂纹不会扩展；当人工脱粘层裂纹深度为 90.0mm 时，对应 J 积分最大值为 6.472Nmm/mm^2，已超过绝热层的常温临界 J 积分，因此，常温点火发射时，该处脱粘层裂纹扩展深度一经超过 5.0mm，脱粘层裂纹将失稳扩展。

6.3 野战火箭发动机缺陷模拟试验件 J 积分测量与计算

材料的断裂韧性即临界 J 积分 J_{IC} 的测量方法有很多种，但主要集中在对金属材料的研究上，美国材料与试验协会(ASTM)的材料断裂韧性测量标准 ASTME1820—09 规定了金属材料的 J 积分测量方法，我国国标 GB2038—91 也规定了金属材料延性断裂韧度 J_{IC} 试验方法，两种标准的测量方法基本相同。然而像绝热层、包覆层和推进剂等黏弹性材料裂纹断裂韧性的测量还没有测量标准，一是这类黏弹性材料模量较低，且其裂纹在拉伸试验过程中裂尖的钝化现象十分明显，适于弹塑性材料的标准不能直接用于此类延性极好的黏弹性材料中来；二是试验测试不仅难度大，还需要充足的经费保障；三是测试结果重现性不大好。因此，研究通过奇异裂纹单元的数值计算与试验测试相结合的方法来获取黏弹性材料的临界 J 积分，试验测量和数值仿真相互印证，试验测量可为数值仿真修正模型、参数和算法提供实践支撑，而数值仿真结果又可为试验提出裂纹试件制备、模拟试验件设计和试验测试方法提供理论指导，在数值仿真的支撑下，可以减少试件的制备量和试验次数，不失为一种快速、经济的方法。

6.3.1 推进剂断裂韧性测量方法

图 6-36 所示为单边推进剂裂纹拉伸试验试样示意图。将丁羟(HTPB)推进剂切割成厚度为 B，宽度为 W、长度为 H 的长方形，试样侧面使用刀片制作长度为 a 的单边裂纹。

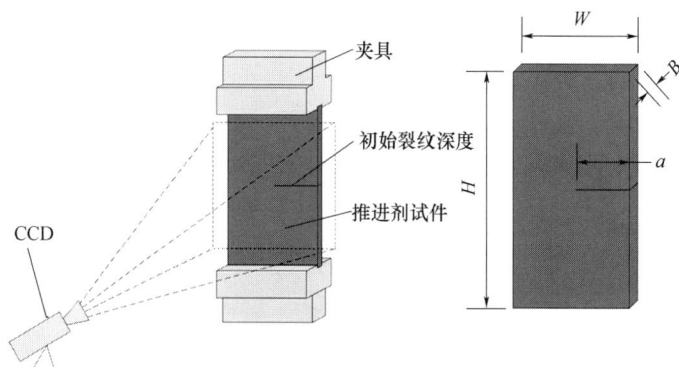

图 6-36 单边裂纹拉伸试验试样示意图

丁羟推进剂的 J 积分求解公式为

$$J = \eta U / B(W-a)|_u \qquad (6-6)$$

式中：η 为几何形状影响因子；U 为载荷位移曲线积分；B 为试样厚度；W 为试样宽度；a 为初始裂纹长度；η 的获取通过多试样法进行标定。η 因子的标定需要一组不同初始裂纹长度下的拉伸试验获取。

根据断裂力学理论，对于固定边界位移 u 下的 J 积分为

$$J = -\mathrm{d}U / \mathrm{d}A|_u \qquad (6-7)$$

式中：A 为裂纹体初始断裂韧带面积，$A=aB$。

对比式(6-6)和式(6-7)，得 η 因子的公式为

$$\eta = -\frac{(W-a)}{U}\frac{\mathrm{d}U}{\mathrm{d}a} \qquad (6-8)$$

首先使用多试样法对式(6-8)中的 η 因子进行试验标定，之后使用单试样法和式(6-6)确定 HTPB 推进剂在不同拉伸速率下的临界 J 积分 J_{IC}。通常对于推进剂而言，其断裂韧性与拉伸速率、温度有关，因此还需考虑 J_{IC} 随拉伸速率、温度的变化特性。

以常温 HTPB 推进剂在 20mm/min 的拉伸速度下试验测量临界 J 积分为例：首先，试样制备了设置 5 种不同初始裂纹长度的单边裂纹拉伸试验试样；其次，进行单轴拉伸试验，并在获得的拉伸曲线(力—位移曲线)上找出 5 个位移值及对应的力值，积分求输入能量 U；再次，在同一坐标系下，绘制 5 种不同初始裂纹长度试件的 U—a 曲线，线性拟合得到 $\mathrm{d}U/\mathrm{d}a$；最后，利用式(6-3)计算 η 值，由式(6-6)计算获取 J_{IC}。试验测得 J_{IC} 为 $1.007\pm0.050\mathrm{Nmm/mm}^2$。

6.3.2　推进剂裂纹试件 J_{IC} 的数值计算

图 6-37 为 150.0mm×60.0mm×10.0mm 的推进剂裂纹试件三维有限元计算模型，并于裂纹的尖端构建三维奇异单元，图中所示为深度 10.0mm 时的有限元局部模型，由图中左侧裂纹尖端第 1 个点为节点 1，每个节点间距约 0.6mm，共有 6 个节点构成裂纹前沿线。沿裂纹前沿设置 J 积分的半径，计算在常温受拉推进剂裂纹试件的临界 J 积分值。图 6-38 所示为裂纹前沿的 J 积分对应各节点的值。

丁羟推进剂裂纹试件在加载时的起裂时间根据试验过程中的 CCD 图像确定，对比试验机中的位移—时间曲线就可以确定出裂纹起裂时的临界拉伸位移、载荷，为数值计算确定边界条件提供可靠的依据。计算得裂尖平均 J_{IC} 为 $0.954\mathrm{Nmm/mm}^2$，与试验测量值的相对误差为 5.3%。结果表明，基于黏弹性断裂有限元方法分析推进剂裂纹时同样具有较高的精度。

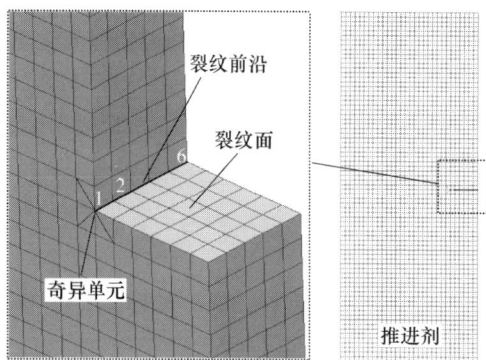

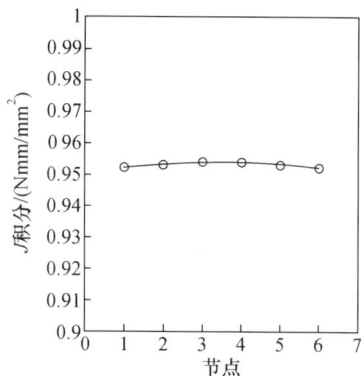

图6-37 推进剂裂纹试件模型及奇异裂纹元设置　图6-38 推进剂裂纹试件起裂时的J积分

6.3.3 绝热层裂纹试件 J_{IC} 的数值计算

图6-39为60.0mm×60.0mm×4.0mm的壳体/绝热层/壳体组合绝热层裂纹试件三维有限元计算模型，其中绝热层厚度为12.0mm，在绝热层中间人工制作一条深10.0mm的裂纹，于裂纹的尖端构建三维奇异单元，图中所示为绝热层裂纹试件的有限元局部模型，由图中左侧裂纹尖端第1个点为节点1，每个节点间距约1.0mm，共有5个节点构成裂纹前沿线。沿裂纹前沿设置J积分的半径，计算在常温受拉绝热层裂纹试件的临界J积分值。图6-40为裂纹前沿的J积分对应各节点的值。

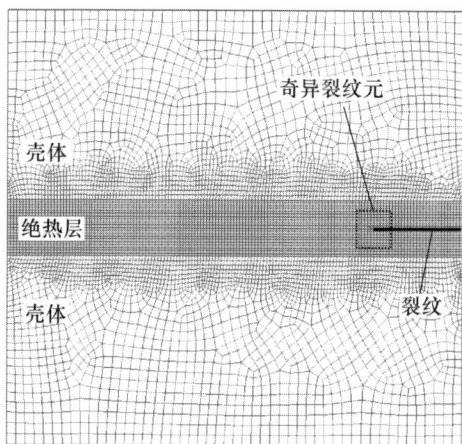

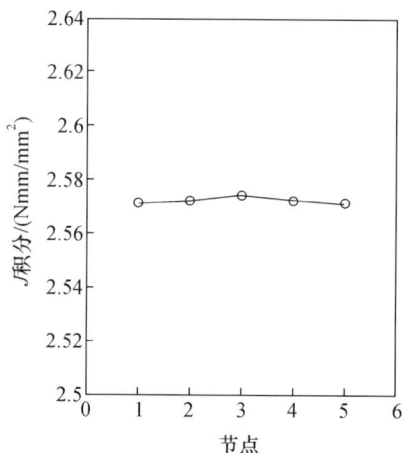

图6-39 绝热层裂纹试件模型及奇异裂纹元设置　图6-40 绝热层裂纹试件起裂时的J积分

通过试验过程中的CCD图像确定绝热层裂纹起裂时的边界条件，通过数值计算得裂尖平均 J_{IC} 为2.572Nmm/mm²，试验测量值为2.721Nmm/mm²，计算与试验测量值的相对误差为5.5%。

234

6.3.4　界面裂纹试件 J_{IC} 的数值计算

图 6-41 为 60.0mm×30.0mm×28.0mm 的壳体/绝热层/包覆层/推进剂药柱的绝热层/包覆层界面裂纹试件三维有限元计算模型，其中壳体厚度为 4.0mm，绝热层厚度为 3.0mm，包覆层厚度为 1.0mm，推进剂药柱厚度为 22.0mm。

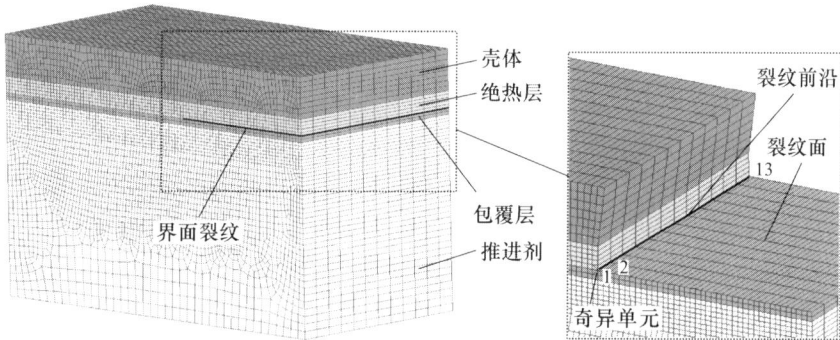

图 6-41　绝热层/包覆层界面裂纹试件试件模型及奇异裂纹元设置

在绝热层/包覆层界面之间存在一条深 10.0mm 的界面裂纹，于界面裂纹的尖端构建三维奇异单元。由图中左侧界面裂纹尖端第 1 个点为节点 1，每个节点间距约 2.33mm，共有 13 个节点构成界面裂纹前沿线。沿界面裂纹前沿设置 J 积分的半径，计算在常温受拉绝热层/包覆层界面裂纹试件的临界 J 积分值。图 6-42 为绝热层/包覆层界面裂纹前沿的 J 积分对应各节点的值。

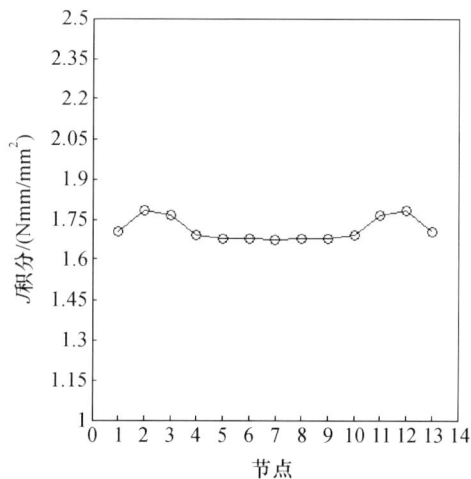

图 6-42　界面裂纹试件起裂时的 J 积分

绝热层/包覆层界面裂纹试件在加载时的起裂参数，可根据试验过程中的 CCD 图像，对比试验机中的位移-时间曲线就可以确定出裂纹起裂时的临界拉伸位移、载荷，试验测量值为 1.803Nmm/mm^2；计算界面裂尖 13 个裂纹点平均 J_{IC} 为 1.714Nmm/mm^2，与试验测量值的相对误差为 4.9%。结果表明，基于黏弹性断裂有限元方法分析绝热层/包覆层界面裂纹具有较高的计算精度。

总之，研究通过黏弹性断裂有限元方法与发动机药柱裂试验测试相结合起来的方法，可以达到数值仿真结果与试验测量值之间相互印证。

6.4 小结

本章主要以某型野战火箭发动机含药柱裂纹和绝热层人工脱粘层脱粘裂纹典型缺陷为例，详细叙述了利用 MSC.Patran 2012 和 MSC.Marc 2012 进行二维和三维裂纹建模、求解 J 积分的方法，评估了药柱裂纹和人工脱粘层裂纹常温点火发射时的稳定性。另外，还探讨了野战火箭发动机裂纹模拟试验件测量 J 积分的方法。

参 考 文 献

[1]   威廉斯 F A，黄 C，巴雷尔 M.固体推进剂火箭发动机的基本问题[M]. 京固群，译. 北京：国防工业出版社，1977.

[2]   董师颜，张兆良. 火箭发动机原理[M]. 北京：北京理工大学出版社，1996.

[3]   陈汝训. 固体火箭发动机设计与研究[M]. 北京：宇航出版社，1991.

[4]   Rogers T G，Lee E H. The cylinder problem in viscoelastic stress analysis[J]. Quart. Appl. Math.，1964，22: 117-131.

[5]   王元有. 推进剂药柱在内压力载荷下的应力、应变的粘弹性分析[J]. 兵工学报，1993(3): 20-33.

[6]   White J L. Finite elements in linear viscoelasticity[J]. Pro. of 2nd. Conf. on Matrix Method in Struct. Mech.，AFF DL-TR-68-150，1968：449-516.

[7]   Zienkiewicz O C，Watson M，King I P. A numerical method of viscoelastc stress analysis[J]. International Journal Mechanics Science，1968(10): 807-827.

[8]   王本华，刘晓，张戈. 固体药柱的大变形分析[J]. 推进技术，1993(5): 25-30.

[9]   沈亚鹏，陈宜亨，彭亚非. 以 Kirchhoff 应力张量-Green 应变张量表示本构关系的粘弹性大变形平面问题的有限元法[J]. 固体力学学报，1987(4): 310-320.

[10] 沈亚鹏，殷家驹，陈书婵. 基于 Updated Lagrangian 法的三维粘弹性大变形问题的有限元分析[J]. 计算结构力学及其应用，1987，4(2): 43-52.

[11] Shen Y P，Hasebe N，Lee L X. The finite element method of three-dimensional nonlinear viscoelastic large deformation problems[J]. Comput. Struct.，1995，55(4): 659-666.

[12] 唐国金，周建平. 自由装填药柱的结构完整性分析[J]. 固体火箭技术，1994(2):13-19.

[13] Jana M K，Rengathan K，Venkateswara R G. Effect of bulk modulus variation with pressure in propellant grain elastic stress analysis[J]. Computers and Structures，1987,26(5):761.

[14] Jana M K，Rengathan K，Venkateswara R G. Effect of geometric and material non-linearities on the propellant grain stress analysis[J]. Journal Spacecraft Rocket,1988,25(4):317.

[15] Jana M K，Rengathan K，Venkateswara R G. A method of non-linear viscoelastic analysis of solid propellant grains for pressure load[J]. Computers and Structures，1994,52(1):61-67.

[16] Jana M K，Rengathan K，Venkateswara R G. The effect of nonlinearities on the strain concentration factors in solid propellant grains[J]. Computers and Structures，1996,58(2):301-311.

[17] 史宏斌，朱祖念，张善祁. 多种材料人工脱粘应力场分析[J]. 固体火箭技术，1995，18(1): 24-29.

[18] 李录贤，叶天麒，沈亚鹏，等. 三维药柱的热粘弹性有限元分析[J]. 推进技术，1997，18(3): 45-50.

[19] 朱智春，蔡峨. 固体火箭发动机三维温度场应力场有限元分析[J]. 推进技术，1997，18(2): 21-26.

[20] 王锟，田维平. 固体火箭发动机前、后翼药柱三维有限元分析[J]. 推进技术，1997，18(4): 36-41.

[21] 蔡国飙，田辉. 旋转对固体火箭发动机的影响[J]. 推进技术，1999，20(1): 11-15.

[22] Shiang-Woei Chyuan. A study of loading history e.ect for thermoviscoelastic solid propellant grains[J]. Computers and Structures，2000，77:735-745.

[23] Shiang-Woei Chyuan. Nonlinear thermoviscoelastic analysis of solid propellant grains subjected to temperature loading[J]. Finite Elements in Analysis and Design，2002, 38: 613-630.

[24] Shiang-Woei Chyuan. Studies of poisson's ratio variation for solid propellant grains under ignition pressure loading International[J]. Journal of Pressure Vessels and Piping，2003，80: 871-877.

[25] Shiang-Woei Chyuan. Dynamic analysis of solid propellant grains subjected to ignition pressurization loading[J]. Journal of Sound and Vibration，2003，268: 465-483.

[26] 田俊良，朱祖念，张善祁，等. 复合材料壳体固体火箭发动机工作内压三维结构分析[J]. 固体火箭技术，2001，24(3): 34-38.

[27] 田俊良，朱祖念，杜建科，等. 复合材料壳体发动机推进剂药柱立式贮存应力分析[J]. 固体火箭技术，2003，26(4): 34-37.

[28] 杨月诚，傅学金，张永鑫. 固体推进剂药柱在内压载荷下的应力应变分析[J]. 上海航天，2004(4): 44-47.

[29] 徐新琦，于胜春. 固化降温过程中推进剂药柱的瞬态响应分析[J]. 固体火箭技术，2004，27(3): 180-183.

[30] 刘中兵，利凤祥，李越森，等. 轴向过载下固体推进剂药柱变形研究[J]. 推进技术，2004，25(2): 162-164.

[31] 利凤祥，刘中兵，李越森，等. 药柱结构对其抗轴向过载能力的影响[J]. 推进技术，2004，25(2): 165-169.

[32] 蒙上阳，唐国金，雷勇军. 材料性能对固体火箭发动机结构完整性的影响[J]. 国防科技大学学报，2002，24(5): 10-15.

[33] 蒙上阳，唐国金，雷勇军. 固体火箭发动机人工脱粘层最佳深度的获取方法[J]. 广西科学，2004，11(2): 106-108,112.

[34] 蒙上阳，唐国金，雷勇军. 低温环境下固体火箭发动机伞盘结构设计[J]. 推进技术，2004，25(5):397-400.

[35] 罗怀德，张昊，杜娟. 固体推进剂使用寿命快速预测探索研究[J]. 固体火箭技术，2000，23(1): 31-35.

[36] 王春华，彭网大，翁武军，等. HTPB 推进剂贮存寿命的理论预估[J]. 推进技术，2000，21(3): 63-66.

[37] 鲁国林，罗怀德. 定应变下丁羟推进剂贮存寿命预估[J]. 推进技术，2000，21(1):79-81.

[38] 唐庆明，裴哲，吴建业. 固体火箭发动机的寿命研究[J]. 战术火箭弹技术，2006(2): 30-32.

[39] 高鸣，徐廷学. 固体火箭发动机药柱可靠性及寿命预估研究[J]. 固体火箭技术，2008，31(3): 220-224.

[40] 杨挺青，罗文波，徐平，等. 粘弹性理论与应用[M]. 北京：科学出版社，2004.

[41] 马爱军，周传月，王旭. Patran 和 Nastran 有限元分析专业教程[M]. 北京：清华大学出版社，2005.

[42] 周焕林，胡宗军，胡龙飞. MSC.Patran & MSC.Nastran 入门和实例[M]. 合肥：合肥工业大学出版社，2006.

[43] 李增刚. Nastran 快速入门和实例[M]. 北京：国防工业出版社，2007.

[44] 张硕,王宁飞,张平.固体火箭发动机喷管及出口处流场特性的数值分析[M]. 弹箭与制导学报，2007，27(1):177-180.

[45] 刘文芝，张乃仁，张春林，等. 某型号固体火箭发动机喷管型面设计与数值计算[J]. 工程设计学报，2006,13(2):99-103.

[46] 田四朋，唐国金，李道奎，等. 固体火箭发动机喷管结构完整性分析[J]. 固体火箭技术，2005,28(3):180-183.

[47] 陈火红. Marc 有限元实例分析教程[M].北京：机械工业出版社，2002.

[48] 梁清香，张根全. 有限元与 Marc 实现[M].北京：机械工业出版社，2003.

[49] 马爱军，周传月，王旭. Patran 和 Nastran 有限元分析专业教程[M]. 北京：清华大学出版社，2005.

[50] 陈火红，于军泉，席源山. MSC.Marc/Mentent 2003 基础与实用实例[M]. 北京：科学出版社，2004.

[51] 阚前华，常志宇. MSC.Marc 工程应用实例分析与二次开发[M]. 北京：中国水利水电出版社，2006.

[52] 李邦国，路华鹏，胡仁喜，等. Patran 2006 与 Nastran 2007 有限元分析实例指导教程[M]. 北京：机械工业出版社，2008.

[53] 冯超，孙丹丹，陈火红. 全新 Marc 实例教程与常见问题解析[M]. 北京：中国水利水电出版社，2012.

[54] 陈火红，杨剑，薛小香，等. 新编 Marc 有限元实例教程[M]. 北京：机械工业出版社，2007.

[55] 杨剑，张璞，陈火红. 新编 MD Nastran 有限元实例教程[M]. 北京：机械工业出版社，2008.

[56] 田利思，李相辉，马越峰，等. MSC Nastran 动力分析指南[M]. 北京：中国水利水电出版社，2012.

[57] 龙凯，贾长治，李宝峰，等. Patran 2010 与 Nastran 2010 有限元分析从入门到精通[M]. 北京：机械工业出版社，2011.

[58] 张士宏，刘劲松，等. 材料加工先进技术与 MSC.Marc 实现[M]. 北京：国防工业出版社，2015.